国家公益性行业（农业）科研专项（项目编号 201303030）资助出版

种衣剂安全使用技术

闫凤鸣　文才艺　党永富　于思勤　郭线茹　主编

U0302617

科学出版社

北京

内 容 简 介

种衣剂是提高种子质量、实现种子质量标准化和有效防控作物病虫草害的重要农化产品。本书系统介绍了种衣剂的概念、类型及其推广应用前景，常用种衣剂的副作用及其早期诊断技术，种衣剂安全使用技术等，重点介绍了种衣剂在水稻、小麦、玉米、油菜、棉花、大豆、花生、中药材和瓜果蔬菜等作物病虫害防治中的安全使用技术，提出了13套常用种衣剂安全使用轻简化技术。

本书适用于植物保护及其相关专业的科研人员、技术推广人员、农化产品研发和营销人员，以及农业种植者与经营者学习和参考。

图书在版编目（CIP）数据

种衣剂安全使用技术 / 闫凤鸣等主编. —北京：科学出版社，2024.3
ISBN 978-7-03-076851-3

Ⅰ. ①种… Ⅱ. ①闫… Ⅲ. ①种子处理–包衣法–研究 Ⅳ. ①S351.1

中国国家版本馆 CIP 数据核字（2023）第 213391 号

责任编辑：罗 静 李 迪 尚 册 / 责任校对：严 娜
责任印制：赵 博 / 封面设计：无极书装

科学出版社 出版

北京东黄城根北街 16 号
邮政编码：100717
http://www.sciencep.com
天津市新科印刷有限公司印刷
科学出版社发行 各地新华书店经销

*

2024 年 3 月第 一 版　开本：787×1092　1/16
2025 年 1 月第二次印刷　印张：14
字数：332 000

定价：149.00 元
（如有印装质量问题，我社负责调换）

《种衣剂安全使用技术》
编写委员会

主　　编　闫凤鸣　文才艺　党永富　于思勤　郭线茹

副 主 编　白润娥　何　睿　李静静　赵　特　宋忠献

　　　　　朱改芝　刘沛义

参编人员　（以姓名汉语拼音为序）

白润娥　程书苗　党永富　杜会伟　高　飞

郭线茹　何　睿　黄　芳　贾述娟　雷彩燕

李红军　李红信　李静静　李连珍　李文明

刘　龙　刘沛义　刘艳敏　马　英　申顺善

宋忠献　王红卫　王志华　文才艺　闫凤鸣

杨凤连　于思勤　赵晨晨　赵　曼　赵　特

朱改芝

前　　言

种子是农业生产的"芯片"，关系到粮食安全和国泰民安。播种前的种子处理是丰收的重要保障。种子处理剂也称为种衣剂，是提高种子质量、实现种子质量标准化的重要农化产品，广泛应用于农业生产，在控制农作物种传和土传病害、地下害虫与苗期病虫害及提高种苗抗逆性和作物产量等方面均发挥了重要作用。依托种子包衣技术应运而生的种衣剂为世界公认的需积极推广的对环境友好的农药新剂型。种子包衣技术可以说是植保领域农药使用方式的一次革命，也是我国由传统农业向现代高科技农业过渡的桥梁之一。但是，因种衣剂质量差异、使用技术不规范及极端环境条件造成的药害事件时有发生，种衣剂的使用存在着药效不稳、残留污染、受环境条件影响大等问题，进而制约着种衣剂在农业生产上的应用，也在一定程度上困扰和阻碍我国种衣剂行业的发展。

种衣剂质量是防控副作用发生的重要前提，而制定种衣剂行业规范则是进行行业和产品质量管理的重要保障。对种衣剂副作用产生原因和防控技术进行研究，不但可以提供稳定、高效的种衣剂产品和技术体系，而且可以为制定产品质量标准和应用规范提供技术支撑。

在国家公益性行业（农业）科研专项"种衣剂副作用安全防控技术研究与示范"（项目编号 201303030）的资助下，我们系统开展了不同作物种衣剂副作用的发生情况、影响副作用发生的因素和副作用发生机理等方面的研究，开发出一系列高效安全的种衣剂安全剂、功能助剂，制定了种衣剂副作用防控轻简化技术及综合防控体系，并对技术进行了集成和示范推广。本书涉及的项目研究是由河南农业大学与河南奈安生物科技股份有限公司（以下简称"奈安公司"）分工合作完成的，河南农业大学负责机理研究，奈安公司负责产品研发和成果推广。特别感谢党永兴先生在项目实施过程中所做的工作，感谢中国科学院动物研究所乔传令研究员的指导。全国各地很多基层单位参与和支持了项目示范工作。本书是项目全体参与者的研究成果及经验总结，是集体智慧的结晶。

尽管我们在此专著中尽力体现专业性和知识性，希望其在种衣剂安全使用中发挥一定作用，但是限于我们的能力，不足之处在所难免，敬请读者批评指正。

闫凤鸣

2022 年 7 月于郑州

目　　录

第1章　种衣剂概况

种子是农业的"芯片"，也是农业领域的"卡脖子"技术，关乎国家的粮食安全。为此，"解决好种子和耕地问题"成为中央经济工作会议明确列出的 2021 年国家经济工作八大重点任务之一。国家在战略层面适时实施"种子工程"，着力提升种业科研创新能力、种子监管能力、种子生产能力和杂交作物育种创新能力，从强化科技创新支撑能力建设入手，构建现代种业体系。

种子包衣（seed coating）技术是提高种子科技含量、实现种子质量标准化的一项重要措施，它广泛应用于农业生产，在控制农作物种传和土传病害、地下害虫与苗期病虫害及促进苗期生长、提高种苗抗逆性和作物产量等方面均发挥重要作用，被普遍认为是充分挖掘农作物遗传基因潜力的技术措施之一。种子包衣技术既可服务于传统作物栽培，也是未来基于基因工程的现代农业不可或缺的重要措施之一。作为依托种子包衣技术应运而生的种衣剂（seed coating agent），是被公认为需要积极推广的环境友好型的农药新剂型，它作为良种包衣的专用产品，是增加种子科技含量、促进农作物增产和农民增收的高新技术产品，也是国家实施"种子工程"的重要组成部分和战略突破口。

1.1　种衣剂的概念

种衣剂是由杀虫剂、杀菌剂、复合肥料、微量元素、植物生长调节剂、缓释剂和成膜剂等化学成分经过系列工艺加工制成，再包裹于种子表面，形成具有一定强度和通透性保护膜的制剂。1998 年，有关专家曾在"编制我国农药剂型目录及命名"的评审会上建议将种衣剂确定为一种独立的剂型，但未形成共识（陈庆悟等，2000）。种衣剂的制剂形态包括悬浮剂、干悬浮剂、微粉剂、悬乳剂、水乳剂、水剂等。种衣剂作为农药制剂，由杀虫剂、杀菌剂等农药原药，加入肥料、生长调节剂、成膜剂、配套助剂（分散剂、助悬剂、增稠剂、消泡剂、抗冻剂、抗凝结剂等），以及色泽鲜艳的警示色料，采用特定加工工艺制成。其可经稀释后施用或直接包覆于特定的作物种子表皮，从而使包衣的种子表面形成具有一定强度和通透性的保护层膜，与其他种子处理药剂最显著的区别就在于其成膜性。

1.2　种衣剂发展概况

1607 年，运载谷物的货船沉没于英格兰沿海，当打捞出被海水浸泡的部分小麦籽粒作为种子播种后，人们发现在小麦生长期黑穗病明显减轻；此后 100 余年，苏打水、卤水、盐水、尿液等用于浸种以防治作物病虫害的方法广为流传；1700 年，铜制剂和温水开始被应用于浸种以防治作物苗期病虫害；1740～1800 年，砷制剂被应用于拌种；1860

年，美国人 Blessing 使用面糊处理棉种，使得棉种大粒化，从而方便播种和确定播种量，尽管其目的并非防治病虫害，但仍可将其追溯为种衣剂研究与应用的起源（熊远福等，2004a）。

1926 年，美国人 Thornton 和 Ganulee 首先提出了种子包衣（Kaufman，1991）。20 世纪 30 年代，英国 Ger-mains 种子公司首次研制出增加小粒种子体积和质量的禾谷类旱作物丸化种子包衣的药剂，并使其迅速商品化，其目的主要是针对机械化播种的便利性，由此强化种子的"适种性"。1941 年，美国缅因州种子科技人员实现了蔬菜和花卉等小粒种子包衣后的机械播种，约 20 年后此项技术传入日本、欧洲（吴学宏等，2003a）。1950 年，有学者提出薄膜种衣剂技术（熊远福等，2004a），同时发现包衣药剂中的一些黏着成分降低作物种子的发芽势。1962 年，美国科学家蕾切尔·卡森在《寂静的春天》中片面夸大化学农药的负面效应，导致人们提及农药时，尤为关注如畜中毒、生态条件恶化、对天敌和无害生物的伤害以及抗药性等造成人类健康与环境污染的负面影响（齐兆生等，1995）；然而，农药对世界粮食生产及增产的巨大贡献不可否认。此外，20 世纪 70 年代以前，农药的不良作用发生频繁，促使植物保护学家针对病虫害防治的观点从"杀死"转向"控制"，进而逐步形成综合治理的理论（史应，1991）。基于综合治理理论，种衣剂可最大限度地降低农药的毒副作用或不良作用，并改善、提高其使用效率，从而使现有农药的使用寿命延长，甚至还能为创制新农药提供基础理论。在此基础上，种衣剂作为能最大限度地发挥农药功效、减少对非靶标生物与环境负面作用的新农药制剂的理念得以形成与推广，其逐渐成为农药研发领域最具活力和吸引力的发展方向。

20 世纪 60 年代，苏联学者首次提出"种衣剂"概念，随后，种衣剂在欧洲被大规模商业化（吴学宏等，2003a）。1978 年，用山梨糖和醋酸纤维对棉种进行包衣处理后可防治立枯病的旱作物薄膜种衣剂被研制成功（熊远福等，2004a）；1989 年，Diarra 等成功研制出含过氧化钙的水稻直播用丸化种衣剂。20 世纪 70~80 年代，美国、德国等西方发达国家将种衣剂广泛应用于农作物、蔬菜、牧草、花卉和苗木等方面，使种子薄膜包衣技术飞速发展，种衣剂因而迅速风靡全球。甲霜灵、三唑类等新型杀菌剂陆续投放市场，进而开创了种子处理的新纪元；呋喃丹种衣剂的研发成功成为又一个里程碑，其很快在美国、巴西、中国和阿根廷等农产品生产大国被广泛应用，由此推动种衣剂应用技术的发展（高云英等，2012）。自 20 世纪 80 年代以来，在国际上种衣剂已经广泛地应用于种子加工，并发展出一系列适用于农户的高效种衣剂产品，如英国的莴苣种子和西北欧的甜菜种子基本实现丸粒化。高效、经济、安全的种衣剂新品种在不断地替代传统的种子处理剂；种衣剂制剂如悬浮剂、干悬浮剂、微粉剂、悬乳剂、水乳剂、水剂等剂型均已被开发，并投入应用于种子处理。当前，发达国家种子的良种包衣率达 95%以上，其中，美国种衣剂应用的重点是玉米、棉花、大麦、蔬菜；意大利和德国是蔬菜、小麦；荷兰是花卉、蔬菜；英国是大麦、小麦、牧草；瑞士是蔬菜、花卉、苗木；日本则是水稻、蔬菜（高云英等，2012）。20 世纪 90 年代，日本农村有至少一半种植面积的水稻采用过氧化钙丸衣进行直播栽培。1980~2000 年，多种杀菌和杀虫种衣剂及二元混剂相继推向市场，并在生产上获得广泛应用。随着科技进步和农药生产工艺的发展，20

世纪 90 年代以后高效新型种衣剂问世，因其安全高效，预防控制地下害虫、苗期病虫害以及种传和土传病害的效果突出，逐渐在农业生产中得到广泛应用。

1.3　我国种衣剂的发展历程

我国使用种子处理剂的历史较悠久，古代就有温汤泡种和药剂浸种，早在西汉晚期的《氾胜之书》中就有记载（武亚敬等，2007）。20 世纪 50 年代，我国开始推广浸种、拌种技术用于防治地下害虫，保护农作物种子的正常生长发育。20 世纪 70 年代末我国开始种衣剂的研发工作，20 世纪 80 年代其进入田间试验示范阶段，20 世纪 90 年代逐步推广应用，因此，我国种衣剂的发展经历了研究阶段、推广阶段和发展成熟阶段。

1.3.1　研究阶段

20 世纪 80 年代以前，国内没有专门用于农作物种子处理的药剂，农业生产上主要使用萎锈灵、五氯硝基苯、福美双、多菌灵、敌克松等，将其按照一定的剂量进行拌种或浸种防治作物种传和土传病害及苗期病害；使用有机氯、有机磷、克百威拌种防治地下害虫及苗期害虫，这些产品的应用在 20 世纪 80 年代达到高峰。由于这些产品具有内吸性差、毒性大、防效不高、拌种后种子不能储存等缺点，1983 年中国开始禁止或限制使用有机氯农药，20 世纪 90 年代有机氯农药及高毒有机磷农药逐步退出市场。1976 年我国轻工业部甜菜糖业科学研究所对甜菜种子包衣进行了研究，1978 年沈阳化工研究院进行了以甲拌磷与多菌灵或五氯硝基苯为有效组分混配开发种衣剂的探讨，1981 年中国农业科学院土壤肥料研究所成功研制出适用于牧草种子飞播的种子包衣技术。20 世纪 80 年代，种衣剂进入田间试验示范阶段，中国农业大学率先在国内开展了种衣剂系列产品配方、制造工艺及应用效果的研究和推广应用工作，先后研制成功了适用于不同地区、不同作物良种包衣的种衣剂产品 30 多个，主要用于玉米、小麦、棉花、水稻、大豆、蔬菜等作物上，并且利用此技术在全国各地建立种衣剂企业超过 20 个，之后陆续推出了不同的种衣剂产品。

1.3.2　推广阶段

随着国外先进种衣剂的引入和推广应用，种衣剂的作用得到了充分认可，国内种衣剂研发和推广应用奋起直追，1985～1993 年国内建起了多家新技术种衣剂厂，开发了适宜在不同地区防治不同作物、不同病虫害的一系列种衣剂。在这些种衣剂中，以多功能、防治多种病害的复合产品较多，占种衣剂品种的 40%左右，此外，还有一些药肥复合型种衣剂。1996 年，我国开始实施种子工程，种子包衣技术得到了更广泛的应用，种衣剂需求量迅速增加，种衣剂产业步入了快速发展的轨道。

1.3.3 发展成熟阶段

2000 年以后，国外种衣剂研发和应用已经进入高水平阶段，国内科研单位和生产企业努力攻克了种衣剂生产、应用的一系列难题，国产种衣剂的登记、生产和使用量逐渐增加。2006 年，全国植保工作会议提出了"公共植保、绿色植保"的理念，绿色环保农药引起人们的重视。种衣剂因用量少、污染小、防效好及安全性高等优点迎来了快速发展的机遇。大量的研究和试验结果证明，种衣剂能够从源头预防农作物苗期病虫害，防治效果和增产作用显著优于以前的拌种或浸种药剂。使用种衣剂处理种子能够减少农药使用量，实现隐蔽施药，减少对有益生物的伤害，有利于保护农田生态环境。自 2010 年以来，种衣剂成为农药行业增长最快的品种，广泛应用于多种作物的种子处理，成为防治作物苗期病虫害的重要措施。国内企业在参考跨国农化公司种衣剂产品的同时，根据中国的国情与国内生产的农药种类和剂型，将杀菌剂、杀虫剂、微肥复配在一起，陆续开发和登记了适合不同作物的种衣剂，借助国家良种补贴和农业高产开发项目，加大了产品宣传及示范推广力度，国产种衣剂逐渐占领了市场，种衣剂产业也迎来了快速发展的黄金时期。

目前，国内有 400 多家农药企业涉及种子处理剂业务，国产种衣剂有 600 多种，有效成分包括杀虫剂、杀菌剂等，以复配剂为主；剂型以悬浮种衣剂和种子处理悬浮剂为主，占种衣剂总数的 80%以上。

1.4　种衣剂在农业生产中的作用

鉴于农作物苗期病虫害种类多、危害严重的形势，为有效控制病虫危害，保护农作物正常出苗和生长，减轻中后期病虫害发生程度，自 20 世纪 90 年代开始，我国开始引进和生产种衣剂，在大量试验和示范的基础上，不断改进种衣剂的配方和剂型，使其能够在粮食作物、油料作物、瓜菜作物、中药材、牧草及草坪草等上推广应用。近年来，随着农药减量控害行动的实施及农作物病虫害绿色防控技术的大力推广应用，种子处理剂迎来了快速发展的契机。种子处理剂的生产和销量不断增加，生产上使用包衣种子的比例持续提升，使用种子包衣已经成为防控作物苗期病虫害、促进作物生长和减少农药使用量的重要措施。近 5 年来，全国年均种子处理应用面积在 7183.5 万公顷以上，种子处理呈现出快速发展的势头。

随着生态环境条件的变化、生产水平的提高和农作物品种的更替，农作物病虫草害的发生危害呈加重趋势，有效防控病虫草害是保障农业生产安全和可持续发展的重要措施。健康优良的种子是实现作物优质高产的基础，种子处理是提高种子质量、从源头预防和控制农作物病虫草害的有效措施。进入 21 世纪以来，伴随着新型高效种衣剂的研发与应用，种子处理技术已经广泛应用于农业生产，且应用面积及作物种类不断增加，其中，种衣剂在农作物病虫草害防控中的作用越来越重要。种衣剂在农业生产中的作用主要表现在如下几个方面。

1.4.1　提高种子质量

种衣剂促使良种标准化、丸粒化、商品化。使用种衣剂包衣,可以提高种子质量,保障出苗齐、全、壮。种子带有警示色,从而杜绝粮、种不分,减少人畜中毒事故发生。

1.4.2　杀菌灭虫

种衣剂对种子携带的病原菌和土壤中的病虫害具有杀灭与系统防治作用,能够实现精准施药,减少农药用量,保障作物生长在较佳的环境中。

1.4.3　保证出苗率

包衣种子出苗率高,有助于提高播种质量,实现机械播种,保障作物一播全苗,减少播种量,节约生产成本。

1.4.4　促进作物生长

种衣剂可以减轻土传病害及苗期病虫害的发生程度,有利于根系发育及下扎,增强作物对土壤水分与养分的吸收利用能力,促进作物健壮生长,提高作物抗旱、抗寒及抗倒能力。

1.4.5　减轻中后期病虫害发生

种子处理不仅能预防作物苗期病虫害,而且能推迟中后期病虫害的发生时间,减轻其发生程度,减少后期防控压力,有利于开展全程绿色防控。

1.4.6　增产效果显著

多年多地的试验证明,种衣剂包衣处理能显著提高作物产量,平均增产为玉米 10.0% 以上、小麦 6.0% 以上、水稻 6.6% 以上、大豆 16.0% 以上、棉花 8.8% 以上、油菜 6.0% 以上、瓜菜 10.0% 以上。

1.5　我国种衣剂存在的问题及建议

随着国内种衣剂市场的快速崛起及种衣剂的大面积推广应用,不可避免地出现了许多问题,主要表现为:一是种衣剂产品研发技术较为落后。国内种衣剂企业产品生产技术基本处于同一水平,企业规模小而分散,缺少核心技术及专利产品,在产品理化性状、悬浮性、稳定性、成膜性等方面存在一些问题,影响产品的质量和有效成分作用的发挥。二是使用技术不规范。缺少不同类型种衣剂在不同作物、不同环境条件下的使用技术规范。有的使用者出于成本考虑,往往选择价格低、质量差的种衣剂进行种子包衣;个别种子加工企业甚至将旧种、陈种、坏种包衣后销售，造成种子发芽率低、保苗效果差，使农民对包衣种子产生误解。农民自行购买种衣剂包衣时，往往出现不能合理选择种衣剂、使用量偏大、包衣不均匀等问题，影响种衣剂的使用效果。三是宣传推广力度不够。2003年以前，国家没有设立种衣剂研发和科研攻关项目，种衣剂生产和推广应用缺少技术标准；企业普遍存在重视营销、轻视技术服务的现象，没有针对不同种类的种衣剂制定使用技术规范，没有及时发现和解决使用中存在的问题；技术推广部门对种衣剂的科学使用技术及副作用产生的原因缺少广泛宣传。四是种衣剂副作用时有发生。种衣剂选择不当、产品质量差异大、使用剂量控制不严、环境因素变化大、使用技术不规范等因素，导致种衣剂在推广应用中药害问题突出，严重影响了种衣剂市场的健康发展。

面对种衣剂生产和推广应用中存在的问题，需要相关部门共同努力。首先，农药创制单位和生产企业应当加大研发资金投入与加强专业人才培养，保证生产出质量合格、安全性高、使用效果好的种衣剂产品，在市场开发过程中，加强使用技术培训和技术方案制定，为种衣剂市场开发和安全使用提供先期指导与规划，避免盲目开发、恶意竞争及市场定位不准等现象发生；其次，种子加工企业及农药经销商要严格遵照种衣剂登记范围、使用剂量及注意事项等，开展种子包衣培训或指导使用者科学地使用种衣剂；最后，技术推广部门应当加强种衣剂使用技术宣传、试验示范及种衣剂药害防治，提升种子加工企业和种植者使用优质种衣剂的信心，让种衣剂成为农作物病虫害绿色防控的首选药剂。同时，国家应加大对种衣剂产品研发、副作用预防及科学使用项目的支持力度，让种衣剂成为振兴我国民族种业的利器，成为化学农药减量控害和保障我国粮食安全的重要手段。

（于思勤　何　睿　党永富）

第 2 章　种衣剂类型

2.1　种衣剂成分

种衣剂一般由活性成分和非活性成分组成。活性成分是指起药效的组分，包括杀虫剂、杀菌剂、肥料、植物生长调节剂、微量元素及有益微生物等，其种类、组成、含量和功能直接反映种衣剂的功效。非活性成分本身虽然没有生物活性，但是在剂型配方中或施药过程中是不可缺少的添加物，包括成膜剂、安全剂、防腐剂、pH 调节剂、稳定剂、抗冻剂、消泡剂、增稠剂、润湿剂和分散剂等。随着科学技术的发展，种衣剂中的活性成分已由早期的呋喃丹、卫福合剂等高毒农药转向新型高效低毒产品，并由单一组分向多组分发展，如咯菌腈悬浮种衣剂、高巧（福美双+戊菌隆+吡虫啉）湿拌种剂等，对玉米丝黑穗病、小麦黑穗病和地下害虫蛴螬、根潜蝇、蚜虫、蓟马等有较好的防治效果。成膜剂作为种衣剂中的关键成分，其分解速度决定了种衣剂中营养物质被植物吸收的程度，直接影响种子的质量和应用效果。目前，生产中应用的成膜剂多为淀粉、纤维素及其衍生物、聚乙烯醇、聚丙烯酸酯等合成高聚物类。研究表明，新型成膜剂不仅对环境污染小，还能与土壤全方位共存，有的成膜剂还能为植株的生长提供其所需的部分营养物质。

2.2　种衣剂分类

2.2.1　根据适用作物的特性分类

按照适用作物的特性可将种衣剂分为旱地作物种衣剂和水田作物种衣剂。旱地作物种衣剂适用于旱地作物，包括旱作物种衣剂和水稻旱育秧种衣剂。例如，中国农业大学研制的 20 余种旱地作物种衣剂及旱稻种衣剂，湖南农业大学研制的油菜种衣剂等，其包衣种子适宜于旱地直播，不宜于浸种。适用于水田作物的水田作物种衣剂，能浸种或直播于水中，种衣不脱落，其活性成分在水中可按适宜速度缓释，如浙江省种子公司、安徽六安市种子公司研制的水稻种衣剂。

2.2.2　根据功能用途分类

种衣剂按照功能用途可分为物理型、化学型、生物型、特异型和综合型等五大类。

2.2.2.1　物理型种衣剂

物理型种衣剂含有大量填充材料及黏合剂等，主要用于油菜、烟草及蔬菜等小颗粒种子丸化包衣。包衣后种子体积、质量大幅增加，粒型规整，便于机播、匀播，同时对种子也可起到物理屏蔽作用。物理型种衣剂作为最早的种衣剂类型，主要功能就是便于播种。

2.2.2.2　化学型种衣剂

化学型种衣剂含有农药、肥料以及植物生长调节剂等化学活性物质，具有功效全面、见效快等特点，同时也是目前市场上的主流种衣剂，包括杀虫杀菌种衣剂、常量元素肥料和微肥种衣剂、除草剂种衣剂（除草剂在种衣剂中的应用还处于实验阶段）、复合型种衣剂等（熊远福等，2001a）。但一些化学型种衣剂在极端天气或使用方法不当等条件下可产生副作用。

2.2.2.3　生物型种衣剂

生物型种衣剂含有对作物有益的微生物或其代谢活性物质，如木霉菌、根瘤菌、固氮菌等。此类种衣剂安全性高、不易发生副作用、符合环保要求，是未来种衣剂的发展方向之一。美国早期应用木霉菌制备玉米和大豆的种子包衣剂，应用于大田生产。生物型种衣剂应用范围广泛，适用于各种农作物、中药材以及园艺植物等（崔文艳等，2016；张维耀，2018；陈丽华等，2018）。生物型种衣剂不仅能够改善种子与土壤的相容性，而且能改良土壤微生态环境，促进作物生长，进而增强作物的抗逆能力。此外，生物型种衣剂具有环境兼容性强、无残留、无污染、对靶标作物安全性好等特点，因此是目前种衣剂研发的热点。

2.2.2.4　特异型种衣剂

这类种衣剂是用于特定或特殊目的的种衣剂，如蓄水抗旱、逸氧、除草、pH调节等特殊功能。其可分为抗寒种衣剂、抗旱种衣剂、抗酸种衣剂、抗盐碱种衣剂、防鼠种衣剂及抑制除草剂残效的种衣剂等。如玉米种子经特异型种衣剂处理后，可增强种苗活力，提高种苗抵御低温冷害的能力，确保玉米早出苗、出壮苗；种子经含有过氧化钙的丸粒化处理后，则可以改善水田或者水灌旱田中水稻、小麦、大麦以及三叶草种子的萌发；利用某些高分子聚合物的吸水特性而制成的种子包衣，具有吸水和持水的功能，有利于提高种子的抗旱能力；用石灰作为牧草等种子的丸衣，在酸性土壤中播种后，可控制土壤酸度，以便增加或者保证根瘤菌的活动，从而起到确保种子萌发、幼苗生长、使植株早开花的作用，并最终达到增加产草量的目的（王宁堂，2011）。

2.2.2.5　综合型种衣剂

综合型种衣剂为上述4类种衣剂有效成分的综合应用类型，是目前国内外种衣剂的主要发展方向之一。如胡子材等（1998）研制的烟草种衣剂以及湖南农业大学研制的油菜丸化剂等兼有物理型、化学型和特异型种衣剂的特点。

2.2.3　根据剂型分类

根据农药加工剂型可将种衣剂分为水悬浮型（FS）、水乳型（EWS）、悬乳型（SES）、干胶悬型（DFS）、微胶囊型（CS）和水分散性粒剂型（WGS）等。

2.2.3.1　水悬浮型种衣剂

水悬浮剂是指主要以水为分散介质，将原药、助剂（表面活性剂、黏度调节剂、稳定剂、pH 调整剂和消泡剂等）经湿法超微粉碎制得的农药剂型。因其兼具可湿性粉剂和乳油的优点，曾被称为"划时代"的新剂型，水悬浮剂具有有效成分颗粒小、悬浮率高、活性比表面积大、药效好、与环境相容性好等特点，又因其以水为基质，且采用湿法加工，生产过程中无粉尘飞扬、无有毒溶剂挥发性气味、无易燃的危险，既可减少原材料的流失，又有利于安全生产。此外，在使用时其可兑水直接喷雾，也可用于地面或飞机的低容量喷雾，使用时无粉尘飞扬，操作方便、安全。因此，水悬浮剂是今后农药新剂型的发展方向之一。水悬浮型种衣剂是我国目前推广种子包衣技术后，使用最广泛且使用量最大的种衣剂类型，是先把固体农药活性成分以及其他辅助成分超微粉碎成小于 4 μm 的颗粒，然后制成的一种比较特殊的农药水悬浮剂，国际标准代号为 FS。水悬浮剂又分为普通型和浓缩型。水悬浮型种衣剂的最大特点是使用方便，但由于体积、运输量以及包装量很大，且包装物可能污染环境，因此不利于降低成本和减少污染。针对这些缺点，近年来，国内相继开发出了浓缩型水悬浮型种衣剂，可在使用时加水稀释后包衣。

2.2.3.2　水乳型种衣剂

水乳剂是指本不溶于水的原药在溶于有机溶剂后所得到的溶液，所以当水乳剂分散于水中后外观通常呈现为乳白色液体。因此，水乳剂相当于一种液相水悬浮剂。水乳剂一般是非均相液体，助剂的选择非常重要，一般来说，所需助剂有乳化剂、稳定剂、分散剂、抗冻剂和增稠剂等。水乳剂是将芳香类有机溶剂用水替换，然后从食品添加剂中选取黏度调节剂，因此对环境安全。水乳型种衣剂是一种新型的种衣剂剂型，目标是针对某些特殊作物的种子的病虫害防治需要，其主要操作就是把农药活性成分以液体形式、颗粒状态均匀地悬浮在种衣剂中，同时再配以特殊的成膜材料和渗透剂。其特点是活性物质具有极强的渗透性，以致于可迅速穿过质地较为坚硬的种皮而被种子吸收。另外，特殊材料制成的薄衣膜也可保证活性物质的单向渗透，因此具有特殊的效果。

2.2.3.3　悬乳型种衣剂

悬乳型种衣剂是水悬浮型种衣剂和水乳型种衣剂的复配剂型，即将不溶于水的原药以及各种助剂分散在介质水中后，形成稳定的高悬浮乳状体系，或者在各种助剂的协助下，将一种或多种不溶于水的固体原药以及液体原药均匀地分散于介质水中，形成高悬浮乳状液体，又称为三相混合物、多组分悬浮体系。悬乳剂是一种特殊的三相稳定体系，突破了通常原药以固体或液体配制而成的单剂型，在结合悬浮剂和水乳剂的优点后，实现了原药以固、液体形式同时存在的混合剂型，兼具贮存稳定性高、分散匀质性好、悬浮率高、生物活性良好、对环境污染小而且毒性低等优点。

2.2.3.4 干胶悬型种衣剂

干胶悬型种衣剂是以农药干胶悬剂为基础,然后配以成膜材料而研制出的一种新剂型。其含有的活性物质等固体颗粒大小必须严格符合水悬浮型种衣剂的要求,即平均粒径小于 4 μm。使用时可根据说明书具体配以定量的水进行稀释,使其恢复成悬浮型种衣剂再进行包衣。需要指出的是,不能把拌种剂与干胶悬型种衣剂混为一谈,前者是可湿性粉剂,可以湿拌种,但不能形成衣膜。干胶悬型种衣剂是固体粉末,运输和仓储较为方便,可节约包装费用和减少环境污染。干胶悬型种衣剂一般较适用于以超高效农药为配方的种衣剂,但是剧毒农药则不宜采用此剂型加工。

2.2.3.5 微胶囊型种衣剂

这类种衣剂的特点是把农药以 5～20 μm 或者更小直径的高分子小球形式包裹起来,形成一个个独立的微胶囊,继而按种衣剂的要求,再加工成水悬浮型的或者是干胶悬型的种衣剂,因为其具有控制释放的功能,所以可以延长药效,更可靠地确保种子的安全。目前,此类种衣剂正处于研制开发阶段。微胶囊剂的囊壁或囊膜一般是用高分子材料制成的,然后通过化学、物理方法制成半透明的微胶囊,以便储存农药的活性物质,使其在水中时以一定的质量浓度均匀稳定地分散、悬浮。20 世纪 50 年代,微胶囊剂最初是由美国现金出纳机(NCR)公司开发用于制造力敏复写纸,继而又在香料、医药、化妆品、农药等领域得到应用和开发。目前在农药领域,国际上微胶囊剂品种较少、产量也小,主要是因为囊壁材料贵,经济成本高,缺乏市场竞争力。近年来,随着国家对食品、环境安全和绿色农业发展的需求,微胶囊剂又逐渐受到重视。农药微胶囊剂可使农药有效成分缓慢释放,从而延长农药持效期,以达到减少施药次数、降低用药量和毒性的目的,因此其一直是农药剂型研究的热点之一。自 20 世纪 70 年代中期以来,美国佩恩沃特(PENNWALT)公司推出世界上第一个农药微胶囊剂——甲基对硫磷微胶囊剂(Pencap-M)后,相继有 30 多个相关商品问世,但产量并不大。随着囊壁材料及制剂化成本的降低以及市场需求量的增加,农药微胶囊剂将会得到快速发展。

2.2.3.6 水分散粒剂型种衣剂

水分散粒剂型种衣剂是在干胶悬型种衣剂的基础上进一步开发的剂型,是颗粒剂中的一种,具有颗粒剂的性能,但也区别于一般的颗粒剂(水中不崩解型),即能溶解在水中或均匀分散在水中。一般来说,水分散性粒剂型种衣剂是由活性成分、湿润剂、分散剂、隔离剂、崩解剂、稳定剂、黏结剂、成膜剂等助剂及载体等要素组成,由各种要素的不同性能,特别是活性物质的物理化学性质、作用机理及使用范围等来决定配制的方法和采取的工艺路线。水分散性粒剂型种衣剂具有以下特点:①由于 T-制剂理化性质较为稳定,因此在湿法研磨阶段物料的粒释要求比悬浮种衣剂相对宽松,达到 5 μm 即可,减少了研磨设备的能耗;②与悬浮种衣剂相比,有效成分含量高,产品相对密度大、体积小,为包装、贮存、运输带来了很大的经济效益和社会效益;③物理化学稳定性好,特别是在水中表现出不稳定性的农药,制成此剂型要比悬浮种衣剂好;④在水中分散性好、悬浮率高，当天用不完第二天再用时，只需搅拌，就可以重新悬浮为均一的悬浮液，照样可以充分发挥药效；⑤流动性好，易包装、易计量、不粘壁，包装物易处理；⑥剧毒品种低毒化，提高了对作业者的安全性。目前，其很多品种在国际市场上已有销售，如 75% 苯磺隆、20% 醚磺隆、90% 莠去津、90% 敌草隆、75% 赛克津、20% 扑灭津、80% 敌菌丹、80% 灭菌丹等。

2.2.4　根据核心活性成分的作用对象分类

根据种衣剂的核心活性成分的作用对象，可将种衣剂分为植物生长调节剂种衣剂、杀虫种衣剂、杀菌种衣剂、杀线虫种衣剂、除草种衣剂/耐除草剂种衣剂、肥料种衣剂和广谱种衣剂等。

2.2.4.1　植物生长调节剂种衣剂

植物生长调节剂能够有效调控植物的生长发育，包括从细胞生长、分裂，到生根、发芽、开花、结实、成熟和脱落等一系列生命活动。植物生长调节剂可以作为活性成分加入到其他种衣剂的活性材料中，以达到调控植物生长发育的目的。目前，种衣剂中的植物生长调节剂主要有烯效唑、多效唑、乙烯利、噻苯隆、赤霉酸（gibberellic acid，GA3）、矮壮素、吲哚丁酸钾、α-萘乙酸钠、芸苔素内酯、赤霉素和三十烷醇等物质。其主要作用是促进生长、促进坐果、促进细胞分裂、抑制营养生长、促进生殖生长、增强抗逆性等。目前，植物生长调节剂逐渐向新型高活性方向发展，国内植物生长调节剂种衣剂以促进生长和增产、催熟作用为主。截至 2018 年，在登记原药中，乙烯利和多效唑最为广泛，其数量分别占原药总数的 10.37% 和 8.54%；在我国登记的植物生长调节剂制剂种类共有 173 个，共 733 个产品，其中乙烯利有 95 个，占总数的 12.96%。噻苯隆和赤霉酸位居第二和第三，分别占 11.73% 和 11.60%。近年来，我国植物生长调节剂种衣剂的登记还在快速增长。在这些调节剂中，合理配比的吲哚丁酸钾与萘乙酸钠是常用的生根剂，能够打破休眠、提高出苗率、增加根重、加快幼苗和根系生长，是一种效果显著的苗期植物生长调节剂。含有这些物质的种衣剂能够调节植物的光合作用、促进蛋白质的合成过程和打破种子休眠。其他植物生长调节剂作为种衣剂或者拌种剂也有不少的研究和报道，如矮壮素、多效唑拌种可调节不同群体小麦茎秆生长及籽粒产量，拌种后均能有效降低小麦的株高、重心高度及基部节间长度，提高其抗倒伏能力和增加产量（王慧等，2016）。

2.2.4.2　杀虫种衣剂

杀虫种衣剂中的常见杀虫有效成分有七氟菊酯、吡虫啉、氟虫腈、溴氰虫酰胺、噻虫嗪、噻虫胺、丙硫克百威、硫双威、二嗪磷、辛硫磷等，对幼龄害虫的控制效果较好，尤其是新烟碱类、氨基甲酸酯类和苯基吡唑类等杀虫剂的效果更加显著。

杀虫种衣剂应用的报道很多，如郑洁等（2017）发现 5% 氟虫腈 FS 用量为 1∶150 时对玉米蚜虫的防治效果最好。研究表明，噻虫胺和噻虫嗪种子处理剂对小麦地下害虫的防治效果较好；吡虫啉、噻虫嗪、噻虫胺 3 种种子处理剂对小麦红蜘蛛的防治效果不理想；吡虫啉、噻虫嗪、噻虫胺 3 种种子处理剂对小麦蚜虫的防治效果均较好。周超等（2021）采用种子处理法比较了 4 种杀虫剂噻虫嗪、呋虫胺、吡虫啉和氟啶虫酰胺对玉米田灰飞虱（*Laodelphax striatellus*）、禾蓟马（*Frankliniella tenuicornis*）和玉米蚜（*Rhopalosiphum maidis*）的防治效果，结果发现这 4 种杀虫剂均适合用于防治玉米田灰飞虱、禾蓟马和玉米蚜这 3 种害虫，其中，20%氟啶虫酰胺种子处理悬浮剂对玉米蚜的防治效果可达 92.1%，其他 3 种杀虫种衣剂的防治效果也在 70%以上。韩冰等（2020）发现 35%丁硫克百威种子处理干粉剂（用量 10 mL/kg）对蛴螬、金针虫和地老虎的防效达到 80%左右，对马铃薯块茎的保护率可达到 56.54%。孙斌等（2019）利用氟虫腈•噻虫嗪（30%悬浮种衣剂）（1∶1000）处理玉米种子后，出苗率达到了 96.7%，氟虫腈•噻虫嗪对玉米地下害虫和玉米蚜虫的防治效果分别达 84.8%和 80.0%。田体伟等（2015）发现用 3 种新烟碱种子处理剂（600g/L 吡虫啉悬浮种衣剂、70%吡虫啉湿拌种剂、30%噻虫嗪悬浮种衣剂）处理玉米种子后，能够有效减轻地下害虫和玉米蚜的危害，提高出苗率和产量。

2.2.4.3 杀菌种衣剂

杀菌种衣剂主要有两类，一类是保护性杀菌剂，另一类是内吸性杀菌剂。保护性杀菌剂对作物土传病害具有较好的防治效果，但对种子自身所携带的病原菌则防治效果不理想。内吸性杀菌剂则与之相反，其对种子自身所携带的病原菌具有很强的抑制效果，而对土传病害的防治效果则较差。目前，一些新型的杀菌剂具有保护和内吸的双重作用，如吡唑醚菌酯类等。

保护性杀菌剂主要有代森锰锌、代森锌、克菌丹、甲基立枯磷、五氯硝基苯、氟环唑、福美双等。如氟环唑菌胺是一类吡唑酰胺类杀菌剂，可以通过与琥珀酸脱氢酶结合从而抑制真菌的代谢，属于新琥珀酸脱氢酶抑制剂（SDHI）类杀菌剂。氟唑环菌胺可以从种子种衣剂表面渗透到周围的土壤，从而在种、根系和茎基部形成一个保护圈，对多种土传和种传真菌病害具有良好的防治效果，可用于水稻、马铃薯、玉米、麦类等作物的种子处理；福美双是一种有机硫类广谱性保护性杀菌剂，其杀菌机理是通过抑制病菌中一些酶的活性和干扰三羧酸循环而导致病菌死亡，经常与其他内吸性杀菌剂和杀虫剂混用作为种衣剂的有效成分。例如，25%丁硫•福美双种子处理剂可用来防治大豆、玉米、小麦的地下害虫和根腐病、茎基腐病等。

内吸性杀菌剂有噁霉灵、三唑酮、烯唑醇、戊唑醇、咯菌腈、精甲霜灵、种菌唑等。如咯菌腈通过抑制与葡萄糖磷酰化有关的转运来抑制真菌菌丝体的生长，最终导致病菌死亡，可以有效防治大豆、花生、小麦根腐病，小麦腥黑穗病，棉花立枯病，水稻恶苗病，西瓜枯萎病，向日葵菌核病，番茄、黄瓜、茄子、芸豆等蔬菜灰霉病等；41%的唑醚•甲菌灵为甲基硫菌灵和吡唑醚菌酯的混配制剂，其中甲基硫菌灵属于苯并咪唑类，是一种广谱性内吸性杀菌剂，具有内吸、预防和抑制多种病菌的作用；而吡唑醚菌酯为甲氧基丙烯酸酯类杀菌剂，其杀菌范围较广，具有保护、治疗及良好的渗透传导作用，同时具有促进植物健康发育的作用；苯醚甲环唑是一种甾醇脱甲基化抑制剂，兼有保护和内吸作用，内吸性强，杀菌谱广，不但具有二唑类杀菌剂的高效，而且具备独到的作物安全性，能够防治麦类真菌引起的纹枯病、散黑穗病、全蚀病和矮腥黑穗病等。

除上述不同种类的杀菌种衣剂外，还存在利用植物源杀菌剂的种衣剂，如来源于植物的某些抗菌物质或能够诱导植物产生的植物防卫素，可杀死或有效抑制某些病原菌的生长发育；一些中药活性成分具有杀菌活性，可通过破坏菌体的细胞结构、干扰菌体细胞代谢过程、降低植物病原菌致病力、诱导植物抗病性等途径达到控制病害的目的（孔祥军和佟春香，2014a）。

2.2.4.4　杀线虫种衣剂

目前，杀线虫剂的主要成分为有机磷类（噻唑磷、灭线磷、辛硫甲拌磷等）、阿维菌素类、氨基甲酸酯类（克百威、丁硫克百威、杀螟丹等）、生物菌剂类（淡紫拟青霉、厚孢轮枝菌、苏云金芽孢杆菌）等。随着科学技术的发展，一些新型的杀线虫药剂如氟吡菌酰胺、异菌脲、阿维菌素 B2 等陆续面世。此外，一些生物杀线虫剂如微生物活体（如苏云金芽孢杆菌等）、植物提取物和生物化学合成制剂（如甲维盐）也逐渐被开发并应用于生产实践（闵红等，2019）。

由于植物线虫病害的复杂性，目前登记有效的杀线虫种衣剂尚不多。截止到 2023 年5 月，我国已经登记有效的杀线虫种衣剂有 8 种。如35.6%的阿维·多·福悬浮种衣剂，有效成分是阿维菌素（0.6%）、多菌灵（10%）和福美双（25%）（登记证号为 PD20130473），防治对象为大豆孢囊线虫和大豆根腐病；此外，防治小麦根结线虫的 30%的阿维·噻虫嗪（登记证号为 PD20180398），主要成分为阿维菌素（5%）和噻虫嗪（25%）。值得我们关注的还有一种苏云金芽孢杆菌杀线虫种衣剂，登记号为 PD20152491，剂型为悬浮种衣剂，有效成分为 4000 IU/mg，防治对象亦为大豆孢囊线虫。

2.2.4.5　除草种衣剂/耐除草剂种衣剂

随着我国农业供给侧结构性改革的不断深入，农作物种植结构也相应发生了变化。农业现代化要求除草方式多样化，其中，除草种衣剂的应用是除草方式的选择之一，但是由于除草剂对种子萌发可能存在副作用，目前商业化的除草种衣剂产品较少。

随着除草剂的大规模使用，其对下茬作物的副作用风险逐渐增加，耐除草剂种衣剂因此应运而生。目前，国内单一的耐除草剂种衣剂较少，一般是把耐除草剂成分作为种衣剂的活性成分之一，与其他活性成分如植物生长调节剂、杀虫剂、杀菌剂或肥料混合来提高种子和幼苗的防病、抗虫、抗旱能力。如植物激活剂益佩威，有效成分是烷氧基苯甲酰胺化合物，可以有效缓解非生物逆境尤其是除草剂副作用的胁迫，诱导植物谷胱甘肽转移酶活性，增强作物对除草剂的耐受力，可以通过包衣、苗床送嫁肥、发生药害后混合叶面肥喷雾补救方式使用。种子包衣增加种子对除草剂的耐受能力，降低除草剂的副作用风险。该种衣剂在水稻、玉米、烟草等作物上应用，能够显著缓解除草剂的副作用（秦宝军等，2017；倪青等，2020）。

2.2.4.6　肥料种衣剂

氮、磷、钾、锌、铁、锰、铜、硼、钼等是植物正常生长和丰收的必需常量或微量元素。一般来说，种衣剂中的肥料有含锌、铜、锰等元素的硫酸盐和铝酸钠、四硼酸钠等微量元素肥料以及尿素等常量元素肥料。通常根据作物生长需要及土壤肥力状况选择不同的元素肥料，并考虑其配伍性。例如，在种衣剂配方中加入微量元素如硼、钼能够改善植物缺素症。目前，肥料的选用与配伍已由原来的通用型向针对性强的专用型方向发展，如针对不同地区、不同生长季节研发的水稻种衣剂及旱作物种衣剂等。

在种衣剂中加入适量肥料能够有效增强作物苗期长势，改善作物的缺素症。常量、微量肥包括磷酸二氢钾、尿素、硼肥、钼肥、硫酸铜肥、锰肥等。除常规使用肥料外，部分学者还尝试为肥料颗粒添加涂层，以达到缓释营养元素的目的，防止浓度过高伤害作物。如种衣剂中的铁纳米粒子为 25 mg/kg 时，可以有效提高鹰嘴豆种子的发芽率、幼苗根长、茎长、干鲜重和活力指数等，提高幼苗的抗非生物逆境胁迫能力；核心成分由钙、镁和硅组成的种衣剂在 30 d 内能有效提高大豆的叶面积、株高、干物质量、作物生长速率、相对生长速率和净同化率等生理指标，进而提高植物抗逆性。

2.2.4.7 广谱种衣剂

广谱种衣剂是作用对象广泛的种衣剂，一般具有两种或两种以上的作用对象，如杀菌兼杀虫，还可能具有促进种子和幼苗发育，或者杀线虫以及供给植物营养的作用。截至 2021 年 10 月底，农业农村部登记的广谱种衣剂的作用主要是杀虫和杀菌，目前有 39 个种衣剂获得登记。如 26%噻虫·咯·霜灵种子处理悬浮剂的有效成分为 25%噻虫胺、0.3%精甲霜灵和 0.7%咯菌腈，可以防治玉米根腐病和蚜虫；2.9%吡唑酯·精甲霜·甲维种子处理悬浮剂的有效成分为甲氨基阿维菌素、精甲霜灵和吡唑醚菌酯，防治对象为大豆根腐病和孢囊线虫；27%苯醚·咯·噻虫的活性成分为噻虫嗪、咯菌腈和苯醚甲环唑，兼有杀虫和杀菌作用，能够有效防治花生根腐病和蚜虫，以及小麦蚜虫和散黑穗病；苯醚·咯·噻虫的有效成分为 22.6%噻虫嗪、2.2%咯菌腈和 2.2%苯醚甲环唑，可防治水稻恶苗病和蓟马，以及小麦根腐病和金针虫。

2.2.5 根据组分或功能数量分类

根据种衣剂组分数量，可把种衣剂分为组分单一型种衣剂和组分复合型种衣剂。组分单一型种衣剂只含有一种有效活性成分；组分复合型种衣剂则含有两种或两种以上的有效活性成分。此外，根据种衣剂功能数量可以分为功能单一型种衣剂和功能复合型种衣剂。功能单一型种衣剂是指作用对象单一，如杀虫种衣剂、杀菌种衣剂、除草种衣剂等；功能复合型种衣剂是指同时具有两种或多种功能的种衣剂，如杀虫/杀菌种衣剂，兼有杀虫和杀菌功能。目前，国外研制和应用的多为功能单一型或数量单一型种衣剂，如农药型、激素型、肥料型、除草型等，针对性强，不易发生副作用，但功效单一；国内应用的主要是多元复合型种衣剂，如杀虫剂、杀菌剂与激素、肥料等进行二元或多元复配，功效较全面，但针对性可能没有单一型强，使用不当或在极端天气下使用容易发生副作用。

2.2.5.1 组分单一型或复合型种衣剂

目前,农业农村部登记的玉米杀虫种衣剂有 79 种,其中 13 种含有两种或两种以上的有效成分,其他 66 种杀虫种衣剂均为单一有效成分,其有效成分为噻虫嗪、硫双威、吡虫啉、丁硫克百威、吡蚜酮和呋虫胺等。已登记的 53 种玉米杀菌种衣剂中,29 种含有两种或两种以上的有效成分,其他 24 种杀菌种衣剂均为单一有效成分。如登记号为 PD20050014 的戊唑醇种子处理悬浮剂,有效成分含量为 60 g/L,防治对象为高粱丝黑穗病、小麦散黑穗病、小麦纹枯病和玉米丝黑穗病。已登记的 59 种水稻杀虫种衣剂中,只有 10 种含有两种或两种以上的有效成分,其他 49 种杀虫种衣剂均为单一有效成分,有效成分主要是噻虫嗪、丁硫克百威、呋虫胺、吡蚜酮和吡虫啉等。而已登记的 41 种水稻杀菌种衣剂中,只有 9 种含有单一有效成分,其他均含有两种或两种以上的有效成分。由此可见,不同作物的种衣剂具有类似的特点,杀虫种衣剂多数为单一有效成分,而杀菌种衣剂则多是复合有效成分。

2.2.5.2 功能单一型或复合型种衣剂

功能单一型种衣剂与上述描述的按照核心活性成分的作用对象分类相似,可分为杀虫种衣剂、杀菌种衣剂、除草种衣剂、杀线虫种衣剂、抗干旱性复合型种衣剂、抗冻害复合型种衣剂、抗除草剂复合型种衣剂等,作用对象单一,但是效果明显。

功能复合型种衣剂与上述描述的广谱种衣剂类似,具有 2 种以上功能(杀虫,杀菌,调节营养、激素、抗生素等),可分为杀虫/杀菌种衣剂、药肥复合型种衣剂和其他功能复合型种衣剂等。

目前,国内已登记的 351 种种衣剂中,单一功能杀虫种衣剂有 200 种,单一功能杀菌种衣剂有 112 种,而杀虫/杀菌种衣剂只有 39 种,占比 11.1%。如 10%噻虫胺·2%高效氯氟氰菊酯·3%咯菌腈种子处理微囊悬浮-悬乳剂、18%噻虫胺·2%咯菌腈·10%吡唑醚菌酯种子处理悬乳剂、1%精甲霜灵·9%呋虫胺种子处理悬浮剂、27%苯醚甲环唑·噻虫嗪·咯菌腈种子处理悬浮剂(酷拉斯)、苯醚·咯·噻虫种子处理悬浮剂等,这些功能复合型种衣剂既能够防治金针虫、蛴螬、蓟马、蚜虫等害虫,又能够防治花生根腐病、玉米丝黑穗病、小麦全蚀病、水稻恶苗病等病害,是典型的复合型种衣剂。

2.2.6 根据成膜对种子形状和大小的影响分类

根据种衣剂成膜对种子形状和大小的影响可把种衣剂分为丸化型种衣剂和薄膜型种衣剂。丸化型种衣剂是把填充料及活性成分如农药等物质黏合在种子表面,使种子成为表面光滑的、形状大小一致的圆球形。薄膜型种衣剂是在种子表面均匀覆盖了一层包含活性物质和其他填充料的薄膜,种子的形状不变。无论是丸化型种衣剂还是薄膜型种衣剂,成膜均具有透气、吸水、缓释以及保护种子的作用。

2.2.6.1 丸化型种衣剂

种子丸粒化是用可溶性胶将填充料以及一些有益于种子萌发的辅料黏合在种子表

面，使种子成为表面光滑的、形状大小一致的圆球形，种子粒径变大、重量增加，有利于播种机匀播，节省种子用量。包衣剂的有效成分主要是用于不同目的的药物，如农药、抗生素和植物激素等。包衣材料主要是以硅藻土作为填充料，也可选用蛭石粉、滑石粉、膨胀土、炉灰渣等，填充的粒径一般为 0.35～0.70 mm，常用的可溶性胶包括阿拉伯胶、树胶、乳胶、聚乙酸乙烯酯、聚乙烯吡咯烷酮、羟甲基纤维素、甲基纤维素、乙烯-乙酸乙烯共聚物以及糖类等。种子包衣过程中亦可加入抗菌剂、杀虫剂、肥料、种子活化剂、微生物菌种、吸水性材料等物质（肖勇等，2021）。

丸粒化能够提升种子的外观和质量。由于种子丸粒化是在种子的表面包裹多层材料，如杀虫剂、杀菌剂、成膜剂、保水剂、分散剂、营养剂、防冻剂、缓控释裂解剂、缓控释崩解剂和其他助剂等，在病虫害综合防治、抗旱防寒和机械化播种等方面有更好的效果。此外，目前多数种子的播种为自动播种机播种，而种子形状的不规则问题导致很多种子无法使用自动播种机播种，对于一些颗粒较小或者有特殊结构的种子，人工播种也较为困难，而微小种子丸粒化能有效增加小粒种子的体积，同时通过丸粒化可使几何外形不规则的种子在外形上达到大小规则的标准尺寸，有利于机械播种和节省种子数量。

种子丸粒化技术的研究与应用在我国起步相对较晚，但是近几年发展较快。发达国家的种子丸粒化已逐步形成了比较规范的标准，在蔬菜、花卉等特种经济作物及大田作物上均已获得良好应用，特别是蔬菜种子丸粒化加工处理率已达 90%以上，而我国种子丸粒化加工处理率不足 10%。20 世纪 80 年代末，我国烟草种子丸粒化加工处理率首先取得突破性进展，丸粒化技术水平可与美国相媲美（招启柏，2002）。从 20 世纪 90 年代起，我国陆续对油菜种子、甜菜种子、玉米种子、大白菜种子、披碱草种子和中药材种子等进行了丸粒化，并取得了一定进展（刘惠静等，2005；尚兴朴等，2021）。自 21 世纪以来，国内丸粒化种衣剂相继在棉花、番茄、胡麻、高粱、甜菜、甘蓝、高丹草、野罂粟、党参等植物中推广应用，甚至在大粒种子如杨柴、花棒、柠条等作物种子的包衣应用中也表现出良好的效果（常瑛等，2020）。

种子丸粒化加工主要有两种方法。一种为气流成粒法，通过气流作用，使种子在造丸筒中处于漂浮状态，包衣料和黏结剂随着气流进入造丸筒，吸附在种子表面，种子在气流的作用下不停地运动，互相撞击和摩擦，把吸附在表面的包衣料不断压实，最后在种子表面形成包衣。我国较少使用此种丸粒化技术。另一种为载锅转动法，将种子放入立式圆形载锅中，载锅不停地转动，先用高压喷枪将水喷成雾状，均匀地喷在种子表面，然后将填充料均匀地加进旋转锅中，使种子在不停地转动中愈滚愈大，当种子粒径即将达到预定大小时，将可溶性胶用高压喷枪喷洒在种子表面，再加入一些包衣料，使其表面光滑、坚实。将丸粒化的种子放入振动筛中，筛出过大、过小的种子，将过筛后的种子放入烘干机中，在 30～40℃条件下烘干。合格的种子包衣应达到遇水后迅速崩裂的标准，以利于播种后种子能够迅速吸水萌发。目前，我国主要采用此种方法进行丸粒化加工（雷燕，2020）。

丸粒化种子的质量指标反映了丸粒化技术工艺、配方的科学性，目前，我国丸粒化种子尚未有统一的质量标准。据尚兴朴等（2021）报道，我国目前有 3 份丸化种子的质量标准，如《丸粒化林木种子质量检验规程》《番茄包衣丸化种子》等。相对于我国丸粒化种衣剂市场和推广应用的需求,现有的相关标准远不能满足市场和农业生产的需求,亟待制定更多针对不同作物的丸粒化种子质量标准。

2.2.6.2　薄膜型种衣剂

薄膜型种衣剂是指将种衣剂均匀地涂布在种子的表面,形成一层包围种子的薄膜的种衣剂。薄膜包衣后的种子外形和大小没有明显变化,一般增重2%～15%。通常将干燥或湿润状态的种子,用含有黏结剂的农药或肥料等组合物包被,在种子外形成具有一定功能和包覆强度的保护层。

成膜剂是薄膜型种衣剂的关键,黏度高、成膜性好、附着力较高的亲水性高分子是薄膜型种衣剂的重要指标。薄膜在种衣剂中主要起保护种子的作用,其分解速度决定了种衣剂中营养物质被植物吸收的程度。已报道的成膜物主要有藻蛋白酸钠、聚苯乙烯、果胶、壳聚糖、甲基纤维素、乳胶漆、乙烯-乙酸乙烯酯共聚物、淀粉、聚乙烯醇、羧甲基淀粉、聚偏二氯乙烯(PVDC)、阿拉伯胶、羧甲基纤维素钠(CMC-Na)、聚乙烯乙二醇、壳聚糖、包水癸二酸二丁酯(DBS)、乙基纤维素、醋酸丁酸纤维素、丙烯酸-丙烯酰胺聚合物(AAC)、柠檬酸-乙二醇聚酯(CGP)、多糖及其衍生物和高分子合成聚合物,成膜过程中一般使用一种或几种化合物的混合物作为成膜剂(齐麟等,2017)。其中,应用最早的成膜剂是淀粉及其衍生物类,但是因其活性成分易溶解流失已逐步被淘汰;纤维素及其衍生物类如乙基纤维素、羟丙基纤维素等物质成膜性较好,具有乳化、稳定等作用,还具有吸湿性、保水抗旱作用。目前,常用于旱作物种子的成膜剂和丸化剂中,合成高聚物类是现阶段常用的成膜材料,具有良好的成膜性能、黏度和牢固度,已在薄膜型种衣剂上得到广泛的应用(齐麟等,2017)。目前,含有农药、肥料以及激素等化学活性物质的薄膜型种衣剂不仅具有成膜的优势,如易播、保水等,而且具有杀虫或杀菌等多功能种衣剂的特点,是种衣剂成膜剂的主要发展方向之一。

2.2.7　根据种子包衣的时间分类

根据种子包衣的时间可把种衣剂分为现包衣型种衣剂和预包衣型种衣剂。

2.2.7.1　现包衣型种衣剂

现包衣型种衣剂即种子在播种前数小时或几天内用该类种衣剂进行包衣,等衣膜固化后立即播种,包衣种子不宜储存。该类型种衣剂的特点是可最大化发挥有效成分消毒、杀菌、健苗及防治苗期病虫害的作用。目前,农业生产上使用的种衣剂多为此类型。

2.2.7.2　预包衣型种衣剂

预包衣型种衣剂即种子用该类型种衣剂包衣后可随时播种,也可以储存一定时间再播。该类型种衣剂的特点是包衣后的种子可储存一段时间再播种。种子与药物先包衣成形,经历较长的储存期,种衣剂的作用发挥得较为充分,但配方制作技术复杂,对种衣剂活性成分、非活性成分、种子质量及保存条件的要求较高。

2.2.8 根据作物种类分类

根据种衣剂适用的作物类型可以把种衣剂分为小麦种衣剂、玉米种衣剂、水稻种衣剂、棉花种衣剂、大豆种衣剂、蔬菜种衣剂等。各类种衣剂在分类上实际也可以归类为上述种衣剂中的一种，如玉米种衣剂又可分为玉米杀虫种衣剂、玉米杀菌种衣剂、玉米复合型种衣剂、玉米肥料种衣剂等。种衣剂的功能可为防治一种害虫或病害，或者既可以兼治害虫和病害，又可以起抗逆作用等。

（李静静　马　英）

第3章 种衣剂助剂

种衣剂主要由活性成分和非活性成分组成，其中，非活性成分是指种衣剂当中成膜剂、渗透剂、分散剂、着色剂及各种其他助剂，统称为种衣剂助剂。种衣剂助剂对于种衣剂的物理性能及包衣成效至关重要。

3.1 成 膜 剂

3.1.1 成膜剂的制备方法

3.1.1.1 物理共混

物理共混就是通常意义上的"混合"，即简单机械混合，是在共混过程中直接将 2 种聚合物进行混合，包括乳液共混法、溶液共混法、干粉共混法和熔体共混法。共混的方法可以提高高分子材料的物理力学性能、加工性能，降低成本，扩大使用范围。共混不仅在聚合物改性方面具有重要的作用，也是生产高性能新材料的重要途径之一。按生产方法共混物可分为机械共混物、化学共混物、胶乳共混物和溶液共混物（赵翌帆等，2011）。其中，以机械共混物为主，即将不同聚合物溶体通过辊筒、强力混合器或挤出机进行混合得到的共混物。共混物性能通常由各组分的相界面性质、形态和性质等共同决定。现有的单一膜材料大多有较强的疏水性，而疏水性使膜容易遭受污染并增加水透过膜的阻力，降低了其分离性能，因此，对膜进行改性就显得尤为重要。物理共混是目前最常用的膜改性方法。相对于其他方法，共混改性与成膜同步进行，工艺更加简单，覆盖范围更广，不会破坏膜结构（朱利平等，2008）。通过共混来制备亲水性分离膜的方法，是将传统聚合物膜材料与含有亲水链和疏水链的两亲性共聚物进行共混来制备亲水性分离膜，疏水链和亲水链共同提高膜的成膜性能，使其具有良好的相容性、更高的亲水性、更强的抗污染能力。徐伟亮等（1999）采用物理共混法研究了脲醛树脂等 6 种成膜剂的制备方法及物理性能，结果表明，丙烯酸-丙烯酰胺共聚物（AAC）、柠檬酸-乙二醇聚酯（CGP）具有优良的物理性能，对种子活力具有一定的促进作用；潘立刚等（2005a）采用物理共混法制备 PVA-VAE 共混膜，与单一成膜剂相比，其耐水性显著提高，为种衣剂成膜剂的研发制备开辟了新方向；常晓春和段俊杰（2015）对悬浮种衣剂的成膜剂进行研究，结果表明，利用壳聚糖、黄腐酸进行成膜剂复配，克服单一高分子成膜剂的缺点，改善了种衣剂的性能，成膜效果更好，如 1.0%壳聚糖和 3.0%黄腐酸复配的成膜剂能最大程度地发挥两种成膜剂之间的协同效应，具有更加稳定的应用效果。

3.1.1.2 化学合成

化学合成是以得到一种或多种产物为目的而进行的一系列化学反应，并不必须有生物体参与反应过程，可以在无机物和非生物的有机物中进行。目前，在成膜剂制备上应用最为广泛的是乳液聚合法。张漫漫等（2010）采用乳液聚合法，以 2-丙烯酰胺-2-甲基丙磺酸（AMPS）为亲水性阴离子单体，St、BA 为疏水性酯类单体，合成了水稻种衣剂用的 AMPS/St/BA 三元共聚成膜剂。刘亮等（2009）采用无皂乳液共聚法合成了种衣剂用 AMPS/VAc/BA 三元共聚成膜剂。以上三元共聚成膜剂具有较好的抗水性、溶胀性、成膜性且脱落率较低，在土壤中遇水膨胀、透气而不被溶解，在种子萌发、幼苗的生长发育过程中缓慢释放有效成分，减少了农药在环境中的扩散，从而提高了农药的药效，提高了种衣剂防治病虫害的效果。

3.1.2　成膜剂的成膜材料

3.1.2.1　壳聚糖

壳聚糖（CTS）是甲壳素脱乙酰后的产物，化学名称为聚(1,4)-2-氨基-2-脱氧-β-D-葡萄糖，又称脱乙酰几丁质。据报道，壳聚糖具有杀虫、杀菌、调节作物生长、易于成膜等功能，在农业中应用广泛。此外，其还可以作为土壤改良剂、降解性地膜、植物生长调节剂、壳聚糖种子包衣剂和抑菌剂等。壳聚糖用于种子处理时，种子的发芽率和抗病能力明显提高，并能促进幼苗的生长，且对人畜、作物以及环境无毒害作用，具有广阔的应用前景。

壳聚糖类成膜剂具有缓释性和安全性，是一种良好的农药缓释增效剂。张勇（2011）分别以过氧化氢降解壳聚糖、生物制剂酶降解壳聚糖、浓盐酸降解甲壳素制备单糖 D-氨基葡萄糖盐酸盐及离子交换法 4 种不同的方法制备了水溶性低聚壳聚糖，并且利用聚乙二醇和甘油为添加剂，制得一种可降解种衣剂用成膜剂。刘鹏飞等（2004）分别采用 0.5%、1%、2%、2.5%这 4 个不同质量分数的低聚壳聚糖作为 20%福·克种衣剂成膜剂，结果表明，该种衣剂具有较好的成膜性能，且药剂在水中的溶解淋失率在优化助剂后可以有效降低，在水稻种衣剂的研究开发中具有良好的应用前景。

3.1.2.2　聚乙烯醇

聚乙烯醇（PVA）的成膜性、透水性和溶胀性等性能良好，使其在纤维、薄膜、黏合剂和制药等众多领域均具有广泛的用途，但其耐水性差，不能单独用于水田或高湿地区的种衣剂制备。研究表明，对 PVA 共混改性，不仅可以有效改善其应用性，还能扩大其应用范围（张幼珠等，2004）。柯勇（2014）采用悬浮接枝共聚的方法，以甲基丙烯酸缩水甘油酯作为功能化单体，硝酸铈铵作为引发剂，对水溶性聚乙烯醇纤维进行表面改性，制备了一种具有反应活性的改性聚乙烯醇纤维。杨琛（2012）以 48%苯丙乳液、21%聚乙酸乙烯酯对 8%聚乙烯醇进行物理共混改性，合成了一系列水稻种衣剂专用成膜剂，浸水 30 d 后，种衣剂中嘧菌酯的保持率高于 30%，缓释性能良好，适合用作南方水稻种衣剂的成膜剂。涂亮等（2016）以 1%海藻酸钠、0.5%膨润土、1%烷基硫酸钠、4%聚乙烯醇和 10%微胶囊化枯草芽孢杆菌 sl-13（*V/V*）制备棉花种衣剂，发现种衣剂中的微生物接种到环境中可能会导致其生存时间的减少，棉花种子发芽率增加 28.74%，株高、根长、整株鲜重和干重等也显著增加。

3.1.2.3　聚乳酸

聚乳酸（PLA）也称为聚丙交酯，因其聚合单体的不同可以分为消旋聚乳酸（PDLLA）、左旋聚乳酸（PLLA）和右旋聚乳酸（PDLA）。优良的生物降解性、生物相容性和力学性能是 PLA 及其共聚材料的主要属性（Mano，2007）。温自成（2014）采用共聚改性、乳酸缩合聚合及复合改性的方法，以乳酸和 1, 4-丁二酸为原料，通过乳酸缩合聚合得到双羧基聚乳酸，并与聚乙二醇耦合反应，合成了双羧基聚乳酸/聚乙二醇共聚物，该共聚物吸水能力更强，改善了以往聚乳酸水溶性差的特性。娄维和袁华（2009）采用羧基封端乳酸预聚物与聚乙二醇熔融缩聚合成了聚乳酸-聚乙二醇共聚物，共聚物的断裂伸长率达 37.1%，降低了断裂强度，提高了断裂伸长率。

3.1.2.4　海藻酸钠

海藻酸钠又称褐藻酸钠，是一种天然的聚阴离子多糖，是由 β-D-甘露糖醛酸（M）单元和 α-L-古罗糖醛酸（G）单元通过（1, 4）糖苷键连接而成的一种无规线性嵌段共聚物，是一种天然绿色大分子，具有无毒、易降解等特点。大分子量的海藻酸钠具有优良的成膜性质，在食品、生物、医药等领域都有广泛的应用。

3.1.2.5　羟乙基纤维素

羟乙基纤维素（HEC）是世界范围内仅次于羧甲基纤维素（CMC）和羟丙基甲基纤维素（HPMC）的一种重要纤维素醚。HEC 是由棉、木经碱化、环氧乙烷醚化等过程制成的非离子型纤维素单一醚。由于其具有不与正离子和负离子作用、相容性好的非离子型特征，在冷水和热水中均可溶解，且无凝胶特性，取代度、溶解和黏度范围很宽，140℃以下热稳定性好，在酸性条件下也不产生沉淀，HEC 可作为增稠剂、悬浮剂、润湿溶液、分散剂、膜助剂、凝胶剂、杀菌剂等，广泛应用在农药种衣剂、涂料、日用化工及纺织工业等领域（冯滨，1992）。

3.1.2.6　羟甲基纤维素

羟甲基纤维素是一种天然聚合物，其基本结构是纤维素的 β(1,4)-D-吡喃葡萄糖聚合物。它具有黏附、增稠、成膜、乳化、保水、悬浮和胶体保护等作用，因此，被广泛应用于医药、食品、环境保护和农业等领域。它在水溶液中的溶解性与取代度有关，取代度增大，其在水溶液中的溶解性就增强。另外取代度也直接影响它的溶解性、乳化性、增稠性、稳定性等性能。

3.1.2.7　聚乙烯吡咯烷酮

聚乙烯吡咯烷酮是由 N-乙烯基-2-吡咯烷酮发生聚合反应生成的高分子化合物，性能优良，具有良好的水溶解性、生物相容性、成膜性、高分子表面活性及胶体保护能力，具有与许多有机物和无机物复合的能力，对酸和热稳定，是种衣剂成膜剂的优良材料（胡冬松等，2015）。

3.1.2.8 疏水性不饱和单体

疏水性不饱和单体较多，疏水性比较强的主要有乙烯基三甲基硅烷、含氟丙烯酸酯类、大单体如硅油、全氟聚醚等。杜光玲（2002）用多种疏水性不饱和单体为原料，采用不同的合成条件合成了 6 类共聚物，共计 11 种成膜剂，其中 7 种合成成膜剂物理性能较理想。通过自由基聚合的方法用甲基丙烯酸丁酯（BMA）和 *N*-异丙基丙烯酰胺（NIPAM）聚合成水凝胶成膜剂，在水凝胶中加入水杨酸，提高了玉米种子的抗寒性。

3.1.2.9 其他天然产物

曾德芳和时亚飞（2007）以天然高分子材料（PO）为主要原料，并添加微肥、生物抑菌剂和微量元素等助剂，制备出了有较好成膜性能及抗菌性能的新型安全环保型水稻种衣剂。该种衣剂既能抑制立枯病病菌，又能使包衣后的水稻种子产生一定的抗性，使其免受病菌的侵害。另外，曾德芳和汪红（2009）还以天然多糖为主要原料制备了一种新型的小麦种衣剂，该种衣剂能显著降低成本，并使小麦产量增加 10%，具有明显的经济效益和环境效益。冯世龙等（2006）以氨基酸为种衣剂的成膜剂，添加增稠剂、乳化剂、防冻剂等助剂，制备了 20%福•克种衣剂制剂，其成膜性能相关指标符合农业部部颁标准，并且为植物生长提供了营养物质，促进了玉米苗期的生长发育。采用无污染天然高分子多糖，辅以其他助剂，制备成高效环保的玉米种子种衣剂，该种衣剂可有效提高作物光合能力，增强幼苗对不良环境的抵抗力，室内抗菌率达到 88%以上。

3.1.3 成膜剂的作用机制

种衣剂的成膜剂可以在种子表面形成将杀虫剂、杀菌剂和肥料等活性物质成分及其他非活性成分网结在一起的膜，这层膜具有毛细管型、膨胀型或者裂缝型孔道，因此可以在种子表层形成一个临时的微型"活性物质库"（丑靖宇等，2014）。土壤中膜质种衣在种子播种后吸水膨胀，此时无活性的"活性物质库"转变为有活性的"活性物质库"，活性成分通过膜缓慢地溶解或降解到环境中（丑靖宇等，2014）。由于种衣剂中的活性物质在环境中缓慢释放，其利用效率提高，因此药效对种子和环境的不良影响较小（Deng and Zeng，2015）。吸水膨胀后的种子与种衣剂中的杀虫剂、杀菌剂接触，病原菌及周边害虫被杀死，同时在种子周围形成一个良好的、无害的生存环境，达到防治病虫害的目的。种衣剂不仅对植株地下部分起作用，也对植株地上部分起作用。种子萌发后，种子及植株地下部分吸收种衣剂中的内吸性杀虫剂、杀菌剂后，将之传导至植株地上部位，继续发挥药效，从而达到有效防控作物苗期病虫害的目的。成膜剂的使用提高了农药利用率，由于处于土壤中受环境的影响较小，具有更长的药效期，同时农药包裹于膜内，药力更加集中，能有效减少对环境的污染（齐麟等，2017）。

3.1.4　成膜试验、脱落率测试

3.1.4.1　成膜试验

取一定量的试样和种子于培养皿中，摇动培养皿使样品充分混合，取出成膜，在规定时间内观察成膜情况。以玉米种子为例，称取玉米种子 50 g（精确至 1 g）于培养皿中，用注射器吸取试样 1 g，注入培养皿中，再加盖摇振 5 min 后，将包衣种子平展开，使其成膜，用玻璃棒搅拌种子，观察种子表面。若所有种子表面的种衣剂已固化成膜，则成膜性为合格。

3.1.4.2　脱落率测试

成膜剂是影响种子包衣脱落率的关键因素，降低种子包衣的脱落率能够减少包衣种子在使用过程中造成的粉尘飘扬对环境的污染，因此选择适当的成膜剂品种及用量是种衣剂开发的关键。

称取一定量的包衣种子，置于振荡仪上振荡一段时间，用乙醇萃取，测定吸光度，计算其脱落率。称取 10 g（精确至 0.002 g）测定成膜性的包衣种子两份，分别置于三角瓶中。一份准确加入 1 mL 乙醇，加塞置于超声波清洗器中振荡 10 min，使种子外表的种衣剂充分溶解，取出静置 10 min，取上层清液 10 mL 于 50 mL 容量瓶中，用乙醇稀释至刻度，摇匀，为溶液 A。将另一份置于振荡器上，振荡 10 min 后，小心地将种子取至另一个三角瓶中，按溶液 A 的处理方法，得到溶液 B。以乙醇作对比，在 550 nm 波长下，测定其吸光度（550 nm 是以罗丹明 B 为染色剂时的检测波长，如以其他成分为染料，可根据其成分作选择）。包衣后脱落率 X（%）按下式计算。

$$X = \frac{A_0 / m_0 - A_1 / m_1}{A_0 / m_0} \times 100 = \frac{A_0 m_1 - A_1 m_0}{A_0 m_1} \times 100$$

式中，m_0 为配制溶液 A 所称取包衣后种子的质量；m_1 为配制溶液 B 所称取包衣后种子的质量；A_0 为溶液 A 的吸光度；A_1 为溶液 B 的吸光度。

3.2　渗　透　剂

渗透剂是具有促进有效组分渗透到靶标体内部或增强药剂透过处理表面进入生物体内部能力的助剂。渗透剂能提高农药的溶解性和药液的黏着力，并加快农药的有效吸收，从而提高药效、节约成本、降低农药用量，在新型增效杀虫剂、除草剂的研发中已有广泛应用。渗透剂主要用于当包衣种子遇到合适的条件吸水萌发时，促进有效成分渗透到种子的内部，从而起到杀菌和调节作物生长的作用。生产上常用的渗透剂主要有苯乙基酚聚氧乙烯醚、"平平加"和脂肪醇聚氧乙烯醚（JFC）等（阎富英等，2003）。

3.2.1 渗透剂的分类

渗透剂一般分为非离子和阴离子两类。非离子的有 JFC、JFC-1、JFC-2、JFC-E 等；阴离子的有快速渗透剂 T、耐碱渗透剂 OEP-70、耐碱渗透剂 AEP、高温渗透剂 JFC-M 等。

非离子类：①烷基酚聚氧乙烯醚，最常用的是壬基酚聚氧乙烯醚和辛基酚聚氧乙烯醚；②脂肪醇聚氧乙烯醚，通式为：$RO(EO)_nH$；③聚氧乙烯聚氧丙烯嵌段共聚物，用于水悬剂及干悬浮剂、水分散性粒剂的加工，是新型润湿剂和多用途助剂；④脂肪酸聚氧乙烯单酯，包括混合树脂酸聚氧乙烯酯；⑤二甲基辛二醇及其氧乙烯醚加成物和四甲基癸二醇及其氧乙烯醚加成物。

阴离子类：①α-烯烃磺酸盐，主要包括 α-烯烃磺酸钠盐和烷基磺酸钠；②二烷基丁二酸酯磺酸钠盐，是目前应用最广泛的一类，其中典型的渗透剂 T 是二辛基丁二酸酯磺酸钠。③烷基苯磺酸碱金属盐和铵盐，其中 $C_9 \sim C_{12}$ 烷基苯磺酸钠渗透性较好，也用作乳化剂、分散剂。④烷基酚聚氧乙烯醚硫酸盐，常用的是壬基酚聚氧乙烯醚硫酸盐或辛基酚聚氧乙烯醚硫酸钠。⑤烷基萘磺酸钠。常用作渗透剂的是低级烷基、丙基、异丙基、丁基或它们的混合烷基盐。⑥脂肪醇硫酸盐，又称烷基硫酸盐，最常用钠盐，少数用铵盐，其中以脂肪醇尤其是月桂醇硫酸钠应用最广。⑦脂肪醇/烷基酚聚氧乙烯醚丁二酸半酯磺酸钠盐、烷基酚聚氧乙烯醚甲醛缩合物丁二酸半酯磺酸盐钠盐。⑧脂肪酸胺 N-甲基牛磺酸钠盐，常用的是 $C_{14} \sim C_{15}$ 脂肪酸或混合脂肪酸的产品。⑨脂肪醇聚氧乙烯醚硫酸钠，其中以月桂醇醚硫酸钠应用最为普遍。⑩脂肪酸或脂肪酸酯硫酸盐。常用钠盐，包括各种动植物油或酯的硫酸酯钠盐。

3.2.2 渗透剂的作用

1）提高药液的扩展性、黏着力和悬浮率，有效减少喷雾药液展布死角，明显提高农药的有效利用率，耐雨水冲刷，尤其是在多毛和叶表粗糙的作物（如茄子、西红柿、瓜类、蒜、马铃薯、大豆、甘蓝等）上使用时效果更加明显。

2）高活性、强渗透：可与药液反应生成高活性物质，有利于药液全面包裹虫体，尤其是红蜘蛛、蚜虫、蚧壳虫、烟粉虱、蓟马、象甲类等。

3）减少药液无效升华，提高药剂吸收利用率，有效克服药液在高温下蒸发快而造成的药效降低和药害。

4）理化性质温和，适合与杀虫剂、杀菌剂及除草剂混合使用。

3.3 分　散　剂

分散剂是农药制剂加工中广泛使用的一类加工助剂。广义的分散剂是指能够降低分散体系中固体或液体粒子聚集的物质。分散剂在多个工业领域均有应用，如医药、印染、食品、材料、石化、造纸、饲料、农药、涂料等。在农药制备中，加入分散剂可以使农药制剂形成稳定的分散体系，并且保持分散体系长时间相对稳定。在农药种子处理制剂制备加工中，分散剂是基本的加工助剂。

分散剂一般是界面活性剂，在分子内同时具有亲油性和亲水性两种相反性质的结构。分散剂可分散那些难溶解于分散液体的液体、固体颗粒，同时也能防止液体、固体分散颗粒的沉降和凝聚，以形成稳定的多相分散体系。分散剂按使用介质的不同可分为水性和非水性分散剂，按分散剂所带电荷性质的不同可分为离子型分散剂（包括阴离子型和阳离子型）与非离子型分散剂，按化学成分的不同可分为无机分散剂和有机分散剂，按分子量大小可分为小分子分散剂和聚合物分散剂。

选择和使用分散剂时，应优先选择与体系和使用状态相适应的湿润剂，在保证能够充分湿润的前提下，再选用适合的分散剂。

3.3.1　分散剂的作用机理

3.3.1.1　静电稳定作用

无机分散剂（三聚磷酸钠、焦磷酸钠等）被电离成离子后吸附于颗粒表面，颗粒表面形成一种双电层的结构，使其表面电荷密度升高，通过表面同种电荷的斥力作用，克服了颗粒间的范德瓦耳斯力，实现分散效果。

3.3.1.2　空间位阻稳定作用

空间位阻机理也称为立体效应或熵效应，主要是对聚合物分散剂而言的，其优越的性能取决于其结构中特有的锚固基团和溶剂化链。常见的溶剂化链有聚醚、聚酯、聚烯烃及聚丙烯酸酯等，在极性匹配的介质中，溶剂化链延伸到分散介质中，使得相邻颗粒上的聚合物因体积效应而相斥，有效地维持体系的悬浮稳定性。

3.3.1.3　静电位阻稳定作用

静电位阻稳定指的是颗粒间静电斥力和空间位阻两种因素共同作用而获得的分散稳定性质。静电位阻稳定机制能够防止已分散的粒子发生絮凝，维持分散体系的稳定，也是性能优良的分散剂的主要分散机制。在制备高固体含量的悬浮液分散体系时，静电位阻稳定是相对有效的途径之一。

分散剂的种类多，不是所有分散剂都适用于一种具体的分散体系，也不是适应一种分散体系的分散剂适用于所有其他分散体系。因为不同的分散系统的物理性质、化学特性相差很大，被分散对象的性质各异，分散剂的作用性质和作用能力也十分复杂与有限。对于一种具体的分散体系，必须在分散剂基本理论指导下通过反复试验来寻找合适的分散剂，特别是混合分散剂的应用，通过分散体系表现出的黏度、均匀度、沉降度、密度、悬浮性、沉降速率、流动点、贮藏稳定性、pH 等各种参数指标来分析调节各种因素，以选择适合于具体分散体系的分散剂。

和其他农药制剂加工的要求一样，种子处理制剂对分散剂性能的要求有：分散效率高、能够自动分散和快速分散、与分散体系相容性好、分散稳定性好以及自身稳定、安全、毒性低（不增毒），来源广泛、稳定、价廉。

3.3.2 分散剂的分类和品种

3.3.2.1 无机类分散剂

无机类分散剂有聚磷酸盐类如焦磷酸钠、磷酸三钠、磷酸四钠、六偏磷酸钠，硅酸盐类如偏硅酸钠、二硅酸钠。无机类分散剂中无机电解质分散剂在颗粒表面的吸附能显著地提高颗粒表面的电位值，产生较强的双电层静电排斥作用，无机电解质也可增强水对颗粒表面的润湿程度，无机电解质在颗粒表面的吸附还增强表面的润湿性，增大溶剂化膜的强度和厚度，从而增强颗粒的保护作用和颗粒间的互相排斥作用。

3.3.2.2 有机类分散剂

有机类分散剂分为阴离子型分散剂、阳离子型分散剂、两性离子型分散剂、非离子型分散剂。其中阴离子型分散剂有烷基芳基磺酸盐、烷基苯磺酸盐、二烷基磺基琥珀酸盐、聚乙二醇烷基芳基醚磺酸钠等；阳离子型分散剂有取代烷基胺氯化物、铵盐、季铵盐、吡啶鎓盐等；两性离子型分散剂有羧酸型甜菜碱类、卵磷脂类等；非离子型分散剂有烷基酚聚乙烯醚、山梨糖醇烷基化物等；非离子型分散剂有更多的类型和品种。有机类分散剂结构中的非极性基团长度和大小对分散颗粒改性分散起着显著的作用。①阴离子型分散剂：阴离子型分散剂大部分是由非极性亲油的碳氢链部分和极性的亲水基团构成。两种基团分别处在分子的两端，形成不对称的亲水亲油分子结构。常见的品种有油酸钠（$C_{17}H_{33}COONa$）、羧酸盐、硫酸酯盐（$R-O-SO_3Na$）、磺酸盐（$R-SO_3Na$）等。此外，多元羧酸聚合物等也有较好的分散作用，作为受控絮凝型分散剂被广泛使用。阴离子型分散剂相容性好，广泛应用于农药制剂加工。②阳离子型分散剂：为非极性基带正电荷的化合物，主要有铵盐、季铵盐、吡啶鎓盐等。阳离子表面活性剂吸附力强，对各种载体、炭黑类分散效果较好，但要注意其与物料中一些结构存在化学反应，还要注意不与阴离子分散剂同时使用。③两性离子型分散剂：两性离子型分散剂是由结构中包含阴离子和阳离子结构所组成的化合物。④非离子型分散剂：非离子型分散剂在水中不发生电离，是品种多、应用广、使用量大的一类分散剂。非离子型分散剂具有结构可变性、水质适应性、分散稳定性、温度适应性、与其他类型的分散剂混合配伍性好的特点。常见的非离子型分散剂有烷基酚聚氧乙烯醚类、脂肪胺聚氧乙烯醚类、脂肪酰胺聚氧乙烯醚类、脂肪酸聚氧乙烯酯类、甘油脂肪酸酯聚氧乙烯醚类、植物油环氧乙烷加成物类、乙二胺聚氧乙烯聚氧丙烯醚类分散剂等。

3.3.2.3 高分子分散剂

高分子分散剂是指分子量大于2000的一类分散剂。高分子分散剂主要有聚羧酸盐、聚丙烯酸衍生物、顺丁烯二酸酐共聚物、非离子型水溶性高分子如聚乙烯吡咯烷酮、聚醚衍生物、聚乙二醇、烷基酚聚氧乙烯醚甲醛聚合物等。高分子分散剂的致密吸附膜对颗粒的团聚、分散状态有非常显著的作用，常用的有机高分子分散剂链上一般均匀分布着大量的极性基团，极性基团在颗粒表面的致密吸附必然导致颗粒表面的亲水化，增强颗粒表面对极性液体的润湿性，有利于颗粒分散。高分子分散剂一般表现出分散能力强、适应性广的特点，适合种衣剂制剂的加工制备。

3.3.2.4　受控自由基型超分散剂

受控自由基型超分散剂是一类新型的、采用最新的受控自由基聚合技术（CFPP）制备的一类分散剂。这类分散剂由于采用受控自由基聚合技术制备，结构更为规整、分子量分布更集中、分散能力更为可控，因此是目前研究较多和具有广泛应用前景的一类新型分散剂。

3.4　着　色　剂

着色剂（警戒色）是种衣剂按规定必须使用的加工助剂，是使物料或者产品显现设计需要的颜色的一类物质。种衣剂应用于作物种子包衣，如果不使用着色剂，其很难与普通粮食、食品、工业用粮、饲料等相区别，所以种衣剂按规定必须使用着色剂（警戒色），以区分农药处理后的作物种子和起提示、警示作用。此外，种衣剂使用着色剂还有分类、美饰、防伪等作用。

3.4.1　着色剂的分类

着色剂按来源可分为化学合成着色剂和天然着色剂两类。化学合成着色剂是指由人工化学合成方法制得的有机和无机色素，常见的有苋菜红、胭脂红、赤藓红、诱惑红、新红、柠檬黄、日落黄、靛蓝、亮蓝，以及为增强色素在油脂中分散性的各种色素。天然着色剂是指来源于植物提取物，或来源于动物和微生物的色素，常见的有甜菜红、紫胶红、胭脂虫红、越橘红、辣椒红、红米红、栀子黄、红曲红、锦葵色素等。

着色剂按溶解性可以分为水溶性着色剂和油溶性着色剂。水溶性着色剂在使用时遇水后可以显色，可以加水溶解，多用于水基类农药剂型制备，固体剂型和液体剂型都可以使用水溶性着色剂。水溶性着色剂以酸性染料、碱性染料、直接染料、中性染料、阳离子染料、食品染料为主。油溶性着色剂主要应用于使用有机溶剂的农药剂型中，农药的溶剂多为有机溶剂、植物油类溶剂。油溶性着色剂在不同溶剂中的溶解情况不同，使用时应注意查阅有关着色剂品种手册以了解其性能。

3.4.2　着色剂的要求

农药种子处理制剂中使用的着色剂一般应具备以下性质：①着色性能强，用量少；②体系相容性好；③对体系无不利影响（如分层、分解、分离沉淀等）；④着色覆盖度好；⑤着色牢固不脱落，稳定，持久性好；⑥适应性强（适用于多种不同有效成分、助剂、种子和各种溶剂等）；⑦无毒且不增毒，安全性好；⑧经济易得。

农药种子处理制剂使用着色剂主要考虑着色剂的安全性（本身无毒并且无增毒作用）、溶解性、分散性、体系相容性、着色性能、稳定性（耐热、耐光、耐酸碱、耐微生物和耐氧化还原等）、着色牢固度、无异味、耐储存、成本低等性质，还可以根据农药种子处理制剂产品的需要，依据三原色的原理进行调配，使产品显现出需要的色彩。常见的着色剂品种见表3-1。

表 3-1 常见着色剂品种

| | 水溶性染料 | | | | | 油溶性染料（颜料） | |
	酸性染料	碱性染料	中性染料	食品染料	阳离子染料	溶剂染料	有机颜料
红色	酸性大红 BS 酸性红 G 酸性红 3B 酸性品红 6B 酸性苋菜红	碱性副品红 碱性桃红 碱性品红 碱性玫瑰精	中性桃红 BL 中性红 2GL 中性枣红 GRL	食用大红 食用胭脂红 食用杨梅红 食用樱桃红	阳离子桃红 FG 阳离子红 2BL 阳离子桃红 B 阳离子大红 3GL	油溶红 G 油溶大红 383 油溶紫红 醇溶大红 CG 烛红	坚固洋红 FB 永固红 F4R 甲苯胺紫红 坚固玫瑰红 永固枣红 FRR
绿色		碱性艳绿 碱性绿	中性绿 GL 中性艳绿 BL	食品果绿		醇溶耐晒绿 HL	酞青绿 G
蓝色	酸性湖蓝 V 水溶蓝 酸性艳蓝 6B 酸性墨水蓝 G	碱性湖蓝 BB 碱性艳蓝 R 碱性品蓝	中性蓝 BNL 中性艳蓝 GL 中性深蓝 2BL	食用靛蓝 食用亮蓝	阳离子蓝 GL 阳离子翠蓝 GB 阳离子艳蓝 RL 阳离子艳蓝 GRL	醇溶蓝 油溶品蓝 4900 油溶纯蓝 303 耐晒醇溶蓝 HL	酞青蓝 酞青蓝 BX 酞青蓝 BS
紫色		碱性紫 5BN	中性紫 BL		阳离子紫 2RL 阳离子紫 3BL	油溶紫 510	永固紫 RL
黄色	酸性黄 199 酒石黄	碱性印度黄 碱性嫩黄 O		柠檬黄 日落黄 栀子黄 姜黄素		油溶黄 R 溶剂黄 14	中铬黄
黑色	弱酸性黑 BR	碱性黑 BL	中性黑 BGL 中性黑 BL 中性黑 BRL		阳离子黑 RL	油溶黑 油溶苯胺黑	

3.5 其他种衣剂助剂

3.5.1 湿润剂

湿润剂是一类通过降低表面张力或界面张力，使水（液体）能展开在固体物料表面上或占据其表面从而把固体物料润湿，或者能够使固体物料更易被水（液体）浸湿的一类物质。湿润剂也是一类在各个工业领域广泛使用的功能助剂，一般都是表面活性剂类的物质，也有一些表面张力小且能与水相混溶的溶剂，如乙醇、丙二醇、甘油、二甲基亚砜等也具有促进湿润的作用。

种衣剂中使用的湿润剂一般应具备以下性质：①润湿性能好；②用量少；③体系相容性好；④对体系无不利影响（如分层、结晶、沉淀等）；⑤稳定性好；⑥适应性强（适用于不同成分、靶标及各种水质等）；⑦安全性好；⑧经济易得、价廉。

种衣剂中广泛使用湿润剂，无论是制剂内部微粒表面，还是使用时与靶标接触，都需要湿润剂发挥作用。常用的湿润剂有离子型和非离子型表面活性剂。离子型表面活性剂又分为阴离子型表面活性剂、阳离子型表面活性剂和两性离子型表面活性剂，常见的如烷基硫酸盐类、取代磺酸盐类、脂肪酸酯硫酸盐类、磷酸酯类等。非离子型表面活性剂是品种更为丰富的一类表面活性剂，常见的如烷基酚聚氧乙烯醚类、聚氧乙烯脂肪醇醚类、聚氧乙烯聚氧丙烯嵌段共聚物类、烷基酚聚氧乙烯醚甲醛聚合物类等。湿润剂一般均采用混合湿润剂，以表现出最佳的湿润性能，混合湿润剂一般使用离子型表面活性剂和非离子型表面活性剂配伍混配。在农药制剂加工与应用中，湿润是制备性能优异产品和发挥农药药效的重要过程，也是产品分散、均匀化的前提，所以湿润剂的选择和应用是制备种衣剂的重要工作。

种衣剂制备中常用的湿润剂类型有磺酸盐类阴离子型表面活性剂（如烷基苯磺酸盐类、聚氧乙烯醚硫酸酯盐类、脂肪醇硫酸酯盐类、多环芳烃磺酸盐甲醛聚合物类等）、磷酸酯阴离子型表面活性剂（如聚氧乙烯醚磷酸酯类、烷基醇磷酸酯类等）、非离子型表面活性剂（如脂肪醇聚氧乙烯醚类、烷基酚聚氧乙烯醚类、脂肪胺聚氧乙烯醚类、多芳基酚聚氧乙烯醚及其甲醛聚合物类等）。

3.5.2　增稠剂

增稠剂是一类调整和提高体系黏度，使体系保持均匀、稳定的分散状态和调整体系流动性的加工助剂。增稠剂广泛用于多个工业领域，如化妆品、洗涤剂、橡胶、纺织、印染、医药、农药、兽药、石油、造纸、皮革、涂料、食品（特别在流体类食品如调味酱、果酱、饮料、冰淇淋、罐头等中使用以调整和提高食品黏度或形成合适黏稠度的流体半流体）、油漆、染料等领域。种衣剂有许多本身是液态或者在种子处理使用时是液态，因而通过使用增稠剂调整黏度和体系的流动性、分散性是十分必要的，增稠剂是种衣剂制备时使用的重要的加工助剂。种衣剂制备常用的增稠剂有黄原胶、硅酸镁铝、海藻酸钠、羧甲基纤维素（CMC）、聚乙烯醇（PVA）、聚丙烯酸钠（SPA）、聚乙烯吡咯烷酮（PVP）、癸二烯交联聚合物[聚乙烯甲基醚/丙烯酸甲酯与癸二烯的交联聚合物（PVM/MA）]等。

种衣剂中的增稠剂一般应具备以下性质：①增稠性能符合体系要求；②用量少；③体系相容性好；④对体系无不利影响（如分层、析水、结晶、沉淀等）；⑤稳定性好；⑥适应性强（适用于不同成分、多种成分、靶标、各种水质、温度等）；⑦安全性好；⑧经济易得。

能够作为增稠剂的物质很多，常使用的增稠剂也有数十种。按增稠剂的来源分类，可将其分为天然增稠剂和合成增稠剂两大类。天然增稠剂还可进一步分为动物性增稠剂（如明胶、酪蛋白酸钠等）、植物性增稠剂（如瓜尔豆胶、阿拉伯胶、果胶、琼脂、卡拉胶等）、微生物增稠剂（如黄原胶、结冷胶等）及酶处理增稠剂（酶水解瓜尔豆胶、酶处理淀粉等）四大类；合成增稠剂主要为改性淀粉、改性纤维素、丙二醇海藻酸酯和高分子聚合物类等。

按化学结构和组成其可分为多糖、多肽与高分子聚合物类增稠剂，其中多糖类增稠剂包括淀粉类、纤维素类、果胶类、海藻酸类等，该类物质广泛分布于自然界中；多肽类增稠剂主要有明胶、酪蛋白酸钠和干酪素等，这类物质来源有限，价格偏高，应用较少；高分子聚合物类增稠剂品种较多、易于得到、经济高效，但有时表现出体系相容性不理想，如聚醚类、聚丙烯酸酯类和聚氨酯类增稠剂等。

按增稠剂相对分子质量分类，其可分为低分子增稠剂和高分子增稠剂。其中，低分子增稠剂和高分子增稠剂还可进一步按其分子中所含功能基团分类，主要有无机类、纤维素类、脂肪醇类、脂肪酸类、醚类、聚丙烯酸酯类和缔合型聚氨酯类增稠剂等。

在种衣剂制备过程中使用增稠剂时，首先应当了解产品制备体系的需要和要求，对产品体系的 pH、稳定性、流动性、分散性、流变性、起泡性、刺激性、透明性、外观、增稠效率、流平性 TI 值、温感性等测定和评价指标综合考察，以确定增稠剂品种和用量。

3.5.3 流变调节剂

流变调节剂是一类提高、调整或者控制体系流变特性的助剂。

流变性也称为触变性，是指液态体系表现出的受到剪切、搅拌、振荡、挤压等外力时体系黏度变小、流动性增加，而停止剪切、搅拌、振荡、挤压等外力时体系的黏度又恢复增加的性质。农药种子处理制剂大多是液态制剂，即便是固态制剂，在加水变成液态使用时如果具备流变性也是非常有利的性质，因此，流变调节剂是优良的农药种子处理制剂加工需要考虑的加工助剂。常见的流变调节剂有二氧化硅（气相法和沉淀法）、有机膨润土、氢化蓖麻油、聚酰胺类化合物（聚酰胺蜡）、LBCB-1 触变润滑剂、石棉、高岭土、凹凸棒土、聚氯乙烯、羟乙基纤维素等纤维素衍生物、聚乙烯醇及聚丙烯酸盐等水溶性树脂等。一些增稠剂有时也表现出流变调节剂的功能。

3.5.4 消泡剂

消泡剂是抑制、消除液态体系中泡沫及其形成的一种添加剂。消泡剂在工业领域有十分广泛的应用，如食品工业、造纸工业、水处理工业、石油和石化工业、印染工业、涂料工业、洗涤剂工业、橡胶胶乳工业、酒类和饮料工业、纺织工业、日化工业、金属加工业、医药工业、奶制品工业等领域。种衣剂制备中常用的消泡剂种类有矿物油类、低级醇类、有机极性化合物类、硅酮树脂类、脂肪酸及脂肪酸酯类、酰胺类、磷酸酯类、有机硅类、聚醚类、聚醚改性聚硅氧烷类消泡剂。常见的消泡剂品种有甲醇、乙醇、异丙醇、丁醇、仲丁醇、戊醇、磷酸酯类、妥尔油、失水山梨醇单月桂酸酯、失水山梨醇三油酸酯、脂肪酸聚氧乙烯酯、矿物油、硅酮树脂、卤化有机物（卤化烃等）、脂肪酸金属皂（如硬脂酸和棕榈酸的铝、钙、镁皂等）。

泡沫是气体分散于液体中的分散体系，气体是分散相（不连续相），液体是分散介质（连续相），液体中的气泡上升至液面，形成由少量液体构成的以液膜隔开气体的气泡聚集物。目前认为泡沫本身是一种热力学不稳定体系，当气体进入含有表面活性剂的溶液中时，常会形成长时间稳定的泡沫体系。泡沫的存在和稳定性常受体系组成、体系中表面活性剂种类及其用量、体系黏度、温度、酸度、受外力（机械作用力）方式等因素的影响。

液态体系存在泡沫，往往会使得体系的均匀性破坏、体系体积膨胀溢出、物料输送不均匀、喷雾过程不连续不均匀、物料混合不均匀、影响生产过程、降低生产能力、影响产品质量控制、降低产品质量，因而抑制和消除液态体系中泡沫形成是工业生产与工业处理所需要的。种衣剂大多是液态的制剂，由于泡沫存在诸多不良影响，因此在种衣剂制备时通常使用表面活性剂，达到抑制和消除种衣剂泡沫的目的。

消泡剂应具备下列性质：①消泡力强，用量少；②不影响体系的基本性质，即不与被消泡体系起反应；③一般表面张力小；④与表面的平衡性好；⑤耐热性好、耐氧化性强、化学稳定性好；⑥扩散性、渗透性好，铺展系数较高；⑦适应温度变化范围宽；⑧气体溶解性、透过性好；⑨毒性低，安全性高。

3.5.5　抗冻剂

抗冻剂又称阻冻剂，是一类加入到体系液体（一般为水基液体）中以降低其冰点（冷冻点）、使体系在低温时保持功能和性能、提高体系抗冻能力的物质。多种工业产品广泛使用抗冻剂，以使工业产品具备防冻性能、低温时保持工业产品的性能、保护工艺过程顺利进行、低温时保护工业产品的商品价值，更重要的是使产品在低温时能够正常使用和发挥其功能。种衣剂大多数为液体的水基制剂产品，为保持种衣剂在低温时的贮存性能和使用性能，在加工制备过程中均考虑使用防冻剂。目前，种衣剂制备中使用的防冻剂有有机醇类、醇醚类、氯代烃类、无机盐类等。常用的防冻剂品种有甲醇、乙醇、异丙醇、乙二醇、丙二醇、二甘醇、乙二醇丁醚、丙二醇丁醚、乙二醇丁醚乙酸酯、二氯甲烷、1,1-二氯乙烷、1,2-二氯乙烷、二甲基亚砜、甲酰胺、氯化钙、乙酸钠、氯化镁等，尿素和硫脲对乳液也有防冻的效果，实际工作中也常使用混合的防冻剂。

种衣剂制备中使用的防冻剂一般应具备如下性质：①防冻能力强，用量少；②防冻温度范围宽、适应温度变化范围宽；③体系相容性好；④化学稳定性好；⑤适应性强（适用不同成分、多种成分、各种靶标、各种水质、溶剂和温度等）；⑥毒性低；⑦安全性高（不易燃等）；⑧价廉易得。

（赵　特　李文明）

第4章 种衣剂副作用及其早期诊断技术

种衣剂是由杀虫剂、杀菌剂、生长调节剂等活性成分与非活性助剂、成膜剂、微量元素、缓释剂等成分经过一定的工业工艺流程加工而成的农药制剂。种子包衣处理是农药利用率最高的施药方法之一。其主要表现在对种子施药,使药剂的有效成分得到最大限度的利用,且由于药剂集中在种子表皮,可以减少药剂过量使用和对环境的污染。但是,由于药剂过于集中在种子表面周围,此时又值种子萌动发芽、对药剂相当敏感的生长发育时期,因此必须严格控制药剂剂量,以免对种子造成危害。

4.1 种衣剂副作用

4.1.1 种衣剂对种子的影响

4.1.1.1 对种子贮藏的影响

种子贮藏过程是指从成熟收获至播种之前,种子需经过或长或短的储藏时期。一般来说,贮藏的安全性与种子质量密切相关。如有些种衣剂包衣种子在短时间内没有明显的不良影响,但是包衣时间过长会导致种子发芽率下降。金洪英和刘振元(2001)通过研究种衣剂对玉米、小麦种子贮藏和发芽的影响发现,包衣后的种子贮存 3 个月内包衣对种子发芽率无明显影响,但是包衣后的玉米种子贮存 6 个月后,发芽率比对照降低 4%,包衣后的小麦种子贮存 12 个月后,发芽率比对照下降 5%~6%。段永红等(2005)通过对包衣处理后的水稻种子活力状况研究发现,包衣 5 个月后,种子活力下降速率明显高于未包衣的种子。种子贮藏期间,种子含水量是影响其寿命的主要因素之一,水稻种子包衣过程中可能增加种子的含水量,导致种子活力下降,或者由于种衣膜易吸潮,贮藏过程中导致活性成分在水的作用下与种子长期接触、聚集而对种子产生毒害作用。水稻种子包衣必须晒干或烘干,否则种子包衣后水分含量提高 1%~2%,导致超过 13.5%的籼稻种子安全贮藏的水分标准,包衣种子在常温下贮藏容易导致发芽率降低(钟家有,2000)。于凤娟和郭明岩(2009)研究发现,玉米陈种子和饱满度差的种子更易受种衣剂的毒害作用,导致发芽率显著降低。

4.1.1.2 对种子发芽率的影响

种子能够发芽是作物完成其生活史的重要生理过程与关键阶段。因此种衣剂对种子发芽率的副作用影响,对农作物安全生产至关重要。

杨安中(1995)的研究结果发现,用浓度大于 250 mg/L 的烯效唑浸种水稻,种子发芽率明显降低。王冰嵩等(2020)研究表明,使用金阿普隆种衣剂会抑制谷子种子的萌发。随着种衣剂浓度的提升，种子发芽率显著下降，在种衣剂浓度超过 3‰后，种子发芽率接近 50%，且下降速率加快，不利于实际生产中保苗。李进等（2020）用不同浓度的 29%噻虫嗪·咯菌腈·精甲霜灵悬浮种衣剂包衣种子，测试低温处理包衣棉花种子对种子萌发特性和安全性的影响，结果显示，1∶（100～200）包衣处理对棉花种子萌发及生长均有抑制作用，不同程度的低温处理中，对于 2 个棉花品种种子发芽势、发芽率、发芽指数、活力指数、胚根长、胚根鲜重和干重等指标，温度越低，抑制作用越明显。

种衣剂中的非农药成分也会对种子萌发造成一定的影响。成膜剂如果选择不当，尤其是包衣膜太厚时，包衣处理会影响种子的吸水萌动。研究聚合物薄膜包衣对甜菜种子萌发的影响时，用 12 个种子批次代表 9 个单胚品种，标准发芽率为 89%～95%。薄膜包衣（每千克种子用 20 g 聚乙烯聚合物）后，发芽率为 68%～94%。6 个种子批次，包括 3 个批次的栽培品种 HH55，在包衣后表现出显著的发芽率降低。除显著的品种差异外，同一品种（HH55）内的种子批次也对包衣表现出不同的反应。去除种皮后，敏感品种 HH55 的真种子在包衣后没有表现出发芽减少。预浸或过氧化物处理减轻了种子对薄膜包衣的敏感性。种子浸渍液在 265 nm 处的吸光度（A_{265nm}）与包衣种子发芽百分比之间存在高度负相关（$r = -0.96^{***}$）。通过酚类吸收剂聚乙烯吡咯烷酮过滤溶液，浸渍溶液的 A_{265nm} 可以降低到接近零。聚合物薄膜包衣诱导敏感性的发芽减少可能与封闭胚胎的氧气供应受限和水溶性发芽抑制剂的保留有关，这些抑制剂通常会渗透发芽培养基和/或氧化与失活。Tanada 等（2004）在研究西蓝花和欧芹种子包被或黏附在明胶与壳聚糖可生物降解薄膜上的性能时发现，加入明胶和壳聚糖薄膜的种子显示出比对照种子低的发芽率。

温度激活的聚合物包衣种子可能允许大豆在免耕下比正常情况下更早播种，同时使种子免受寒冷、潮湿土壤造成的损害。Helms 等（1996）研究表明包衣大豆长时间处于含水量低的土壤中，包衣大豆发芽率会显著降低。Gesch 等（2012）研究发现，在异常干燥的条件下，种子包衣减缓了出苗速度，并降低了最大出苗量，包衣层引起的大豆发芽延迟随着初始渗透势和水势的降低而增加。

4.1.1.3　对种子出苗的影响

免耕通常会延迟土壤变暖和干燥，因此在春季播种过早时，长期暴露在北部玉米带的寒冷和潮湿土壤可能会影响种子活力。用温度激活的聚合物包衣种子可以避免将种子暴露在寒冷和潮湿的土壤中的不利影响。防治玉米土传病害的三唑类杀菌剂被广泛应用，但是由于戊唑醇等三唑类杀菌剂具有良好的内吸传导性，也具有生长调节活性，所以其高剂量施用会抑制玉米的生长，并且低温对玉米造成的伤害更为严重。李庆等（2017）用氟唑环菌胺和戊唑醇两种药剂对比种子包衣对玉米出苗的影响，结果发现在低温的情况下，氟唑环菌胺比戊唑醇的安全性明显高。李伟堂等（2019）研究表明，含吡虫啉和戊唑醇的种衣悬浮剂、含氟虫腈成分的种衣剂和含有克百威、顶苗新成分的种衣剂处理对'吉单 35'玉米种了的山苗率有影响，其田间出苗率低于对照。

4.1.2 种衣剂中农药成分的副作用问题

4.1.2.1 种衣剂残留对土壤和环境的影响

随着人们对生态环境的保护意识不断加强，种衣剂在土壤中残留引起的环境安全问题，以及种衣剂对土壤非靶标生物的毒害效应越来越受到重视。种衣剂包衣种子在农田播种后，除被植物吸收和自然降解外，大部分残留在土壤中，对土壤生态环境造成潜在危害。土壤作为种衣剂的直接承受者和间接中转者，在种衣剂降解、转运和迁移等方面发挥着至关重要的作用。具有生物化学活性的种衣剂将影响土壤微生物群落和土壤酶活性。吡虫啉是农业生产中最常用的杀虫剂之一，其应用对土壤微生物构成潜在风险。Cycon 和 Piotrowska-Seget（2015）研究吡虫啉以田间施用量（1 mg/kg 土）和 10 倍剂量施用后土壤微生物群落结构与酶活性的变化。结果表明，吡虫啉对底物诱导呼吸（SIR）、细菌总数、脱氢酶（DHA）活性、磷酸酶（PHOS-H 和 PHOS-OH）活性与脲酶（URE）活性均有不良影响。在 10 倍田间施用量处理的土壤中，SIR、DHA 活性、PHOS-OH 活性和 PHOS-H 活性均下降。硝化菌和固氮菌对吡虫啉最敏感。吡虫啉处理的两种土壤中 NO_3^- 浓度均降低，而 10 倍剂量处理的土壤中 NH_4^+ 浓度高于对照。吡虫啉影响可培养细菌的生理状态，使菌落形成率降低，生长时间延长。主成分分析表明，吡虫啉施用量可能对土壤的微生物和生化活性构成潜在风险。

在种子处理中新烟碱类杀虫剂引起的环境问题备受关注，但人们对其在地表水中的残留知之甚少。Prosser 和 Hart（2005）选择了美国中西部玉米与大豆生产密集的地区来研究这个问题。在 2013 年生长季节期间从 9 个河流站点收集了水样，尽管流域面积跨越 4 个数量级，但在所有 9 个采样地点都检测到了新烟碱类物质。残留物浓度的时间变化模型揭示了与作物种植期间降雨事件相关的新烟碱类物质的脉冲，表明种子处理是其可能的来源。研究发现吡虫啉对地表水的污染及其对水生生态系统均产生负面影响。结果显示，大型无脊椎动物丰度与地表水中吡虫啉残留浓度之间存在显著的负相关关系（$P<0.001$）。

新烟碱类杀虫剂种衣剂中的一些物质会污染处理过的油田和邻近地区的土壤，可能对非靶标生物和生态平衡构成潜在风险。为了确定覆盖作物能否减轻处理区和邻近地区的新烟碱类污染，Pearsons 等（2021）在玉米-大豆轮作种植，或不播种新烟碱类包衣种子，以及种植或不种植小颗粒覆盖作物的 3 年中测量了新烟碱类残留物浓度。尽管在覆盖作物中检测到了新烟碱类物质，但早期季节的高消散量几乎没有为冬季种植的覆盖作物吸收重要的新烟碱类物质残留提供机会，在经过处理和未经处理的地块中，小型谷物覆盖作物未能减少新烟碱类污染物。由于种衣剂中的大部分新烟碱类物质在种植后会以降解、转运等方式分解，但部分成分在土壤中积累，而且在浓度低于 5 μg/L 时持续存在。残留的持久性可归因于历史上新烟碱类药物的施用和最近附近新烟碱类药物的施用。随着时间的推移，跟踪新烟碱类药物的浓度显示出新烟碱类药物的大量局部批量移动，在未处理地块中，当其地块与处理地块分离较少时，污染较高。

4.1.2.2　对经济昆虫、昆虫天敌和鸟类的影响

Lin 等（2021）调查了在一玉米种植区中玉米种植与蜜蜂群落之间的相关性。通过 3 年的观察和试验，结果发现蜜蜂收集的花粉中玉米种子处理杀虫剂含量增加，尤其在玉米种植期间，工蜂死亡率升高。在花粉中也能检测到种子包衣的新烟碱类药剂，如噻虫胺、噻虫嗪等，其残留量与蜂房周围的玉米种植面积呈正相关。此外，研究者于 2015 年对蜜蜂种群生长进行了监测，数据显示，暴露于较高浓度杀虫剂种衣剂的种群在玉米种植月份呈现较慢的种群增长，但在接下来的月份种群增长更快。由此可见，在玉米种植期间，种子包衣处理的新烟碱类杀虫剂对蜜蜂群体具有明显的、短期有害的影响，并可能影响依赖于春季最大化蜂群的养蜂业。

在美国，新烟碱类杀虫剂通常用作大多数谷物和油料作物的种子处理剂，但之前尚未对种植期间杀虫剂残留扩散的程度和可能性进行量化。蜜蜂具有高度移动性，并且对新烟碱类残留物高度敏感，这为估算移动昆虫中新烟碱类的残留物非目标暴露量提供了机会。Krupke 等（2017）检测了玉米播种期间新烟碱类粉尘的漂移，并利用玉米田、养蜂场和蜜蜂觅食半径的地点来评估蜜蜂觅食者暴露的可能性。该作者对新烟碱类处理的玉米的害虫管理效益进行了多年田间评估，结果表明，在整个印第安纳州，超过 94%的蜜蜂觅食者在玉米播种期间都有暴露于不同水平的新烟碱类杀虫剂的风险，包括致死水平。

2008 年 5 月，由于新烟碱类药物对蜜蜂群体产生负面影响，德国禁止用新烟碱类药物处理种子。世界上许多其他国家也报道了蜜蜂的死亡，随之而来的所谓的“蜂群崩溃失调”导致了世界范围内农业和植物授粉的重大损失。2013 年，*Science* 杂志以“新烟碱类杀虫剂的风险”为题对新烟碱类农药对蜜蜂、鸟类等的风险进行了讨论（Zeng et al.，2013）。同年，欧洲食品安全局的调查报告显示吡虫啉、噻虫嗪和噻虫胺 3 种药剂的种子处理剂对蜜蜂的安全有严重威胁，随后欧盟宣布在大规模开花作物和以蜜蜂进行授粉的作物上禁止使用这 3 种药剂。美国、巴西和加拿大也分别于 2009 年、2012 年和 2013 年开始限制新烟碱类杀虫剂的使用。2013 年 7 月，中国农业部农药检定所组织专家召开新烟碱类农药风险分析研讨会，并启动了这类种衣剂对蜜蜂和其他有益生物的风险的追踪研究。对于解决播种过程中粉尘飘移对传粉昆虫的伤害，一些机构提出了新的方法，如 Exosect 公司发明的一种流动润滑剂 Entostat，是一种基于天然蜡或合成蜡的微粉末，可以改善种子流动性，减少播种时的农药飘逸，因此对保护传粉昆虫具有重要的价值。

由于新烟碱类杀虫剂对蜜蜂具有高毒性，对其副作用的生态毒理学研究几乎完全集中在这些生物上。新烟碱类物质的归宿和其对其他（尤其是非靶标）生物体的潜在作用很少受到关注。通过几种环境归宿模型和指数，研究了在巴西注册的用于农业用途的新烟碱类物质（啶虫脒、噻虫胺、吡虫啉、噻虫啉和噻虫嗪）的环境分布与浸出潜力，将排名指数应用于巴西推荐的最大施用率来评估新烟碱类物质对各种环境的潜在风险。尽管研究发现蜜蜂是最敏感的生物，但有研究表明，新烟碱类物质对其他生物群体也有潜在的环境风险。与世界其他地区相比，巴西推荐的最大施用率更高，至少对吡虫啉的环境风险和抗药性在巴西显得特别高。因此，在对新烟碱类物质进行环境风险评估时，如

果它们以相对较高的施用率使用，还应注意蜜蜂以外的生物体和抗药性的潜在风险。

4 龄异色瓢虫若虫可直接以玉米幼苗为食，因此，如果对幼苗进行化学处理，它们可能会处于危险之中。新烟碱类是广谱内吸性杀虫剂，经常在种植前施用于玉米种子，以保护幼苗早期的根和叶免受侵害。Moser 和 Obrycki（2009）将异色瓢虫若虫暴露于用噻虫嗪或噻虫胺包衣种子的玉米幼苗中 360 min，在 72% 的中毒昆虫中观察到神经毒性症状（颤抖、瘫痪和失去协调），仅有 7% 的中毒昆虫在发生神经毒性症状后可以恢复。若虫暴露前 48 h 饥饿处理可能会增加组织消耗，但表现出神经毒性症状并死亡的饥饿若虫和饱食若虫的数量没有差异。与对照相比，如果若虫暴露于用新烟碱类药物处理的种子长出的幼苗，则神经毒性症状发生率和幼虫死亡率明显更高。此外，噻虫胺导致的若虫死亡率（80%）显著高于噻虫嗪（53%）。如果幼苗未经新烟碱类种子处理，则很少观察到昆虫中毒症状和死亡。因此，如果这些昆虫在田间进行早期食叶，新烟碱类药物的使用可能会对这些非目标物种产生负面影响。

种衣剂在有效防控害虫的同时，也会给有益物种带来风险，如地面上或林间的蚯蚓、食虫动物和传粉昆虫等有益物种对杀虫剂有更大的易感性。

由于冬季食物资源减少，新播种的谷物种子成为许多鸟类的重要食物。为了完成适当的风险评估，需要将处理过的种子的毒性数据与有关鸟类在田间暴露的风险以及调节这种暴露的因素的信息相结合。Prosser 和 Hart（2005）研究了田间鸟类可能食用的包衣种子丰度、农药及其在种子中的含量与在田间观察到的以包衣种子为食的鸟类的相关性。如红腿鹧鸪暴露于用种衣剂处理过的冬季谷物种子的特征是通过分析被猎杀个体中作物和胼胝含量来表征的，此外，测量了谷物种子在鹧鸪秋冬季饮食中的贡献，以评估其接触农药处理种子的潜在风险。研究观察到多达 30 种鸟类在最近播种的田地中食用经过处理的谷物种子，其中，黍鹀（*Miliaria calandra*）被确定为适合农药处理种子风险评估的焦点雀形目物种。研究发现，处理过的种子是红脚鹧鸪摄入农药的重要途径。在32.3% 红脚鹧鸪身体的作物和胼胝中发现了农药残留。从当年 10 月到翌年 2 月，谷物种子占鹧鸪消耗的总生物量的一半以上。经过田间暴露数据与之前关于农药处理过的种子对鹧鸪的毒性的研究相结合，结果表明农药处理种子对农田鸟类具有一定的风险。所以应避免预防性使用杀虫剂包衣的种子，并采取具体措施尽量减少对鸟类群落造成不利影响的风险。

用新烟碱类杀虫剂处理过的种子可以通过不完整或浅钻孔导致的溢出或暴露在土壤表面附近或土壤表面的种子被野生动物挖出。Roy 等（2019）使用基于道路的调查量化了在景观范围内装载或重新填充料期间可能发生的种子溢出。试验者还量化了田间中心和角落土壤上 1 m² 框架中未钻孔的种子，并将种子撒在耕地的土壤表面，将它们分别放置 0 d、1 d、2 d、4 d、8 d、16 d 和 30 d，以量化田间条件下新烟碱类物质的减少。最后，用追踪相机记录了野生动物取食用新烟碱类物质处理过的种子。在 71 个田地中，35% 的土壤表面存在暴露的种子。大豆种子出现在土壤表面的概率高于玉米，且种子密度也更高。土壤表面种子上的新烟碱类物质迅速减少，但持续时间长达 30 d，十多种鸟类和哺乳动物在模拟泄漏中食用种子。

此外，有些种衣剂中的农药成分可以在土壤中不断累积，除了污染环境，还会对作物生长产生不利影响，甚至对人类和牲畜健康产生威胁，不利于人类和生态农业的发展。

4.1.2.3　种衣剂制备和包装对人类的影响

种衣剂制备和包装工艺可能会给操作工人带来潜在的化学品暴露风险。Han 等（2021）等为了研究其风险，在制造商 XFS 和 LS（中国山西）使用克百威与戊唑醇覆盖玉米种子，随后测量了药剂在工人身体上的分布。结果表明，在 XFS，包衣、包装和运输工人的皮肤接触克百威量分别为 4.83 mg/kg、3.31 mg/kg 和 1.48 mg/kg，而接触戊唑醇量分别为 6.88 mg/kg、5.16 mg/kg 和 1.72 mg/kg。在 LS，包衣、包装和运输工人的皮肤接触克百威量分别为 2.32 mg/kg、0.46 mg/kg 和 0.55 mg/kg，戊唑醇的接触量分别为 1.69 mg/kg、0.46 mg/kg 和 0.70 mg/kg，种子包衣工人的农药暴露水平明显高于包装和运输工人，主要暴露区域是工人的手和包装工的下肢。职业风险是根据暴露边际（MOE）评估的。在种衣剂中，戊唑醇的 MOE 大于 100，表明没有潜在风险，但克百威的为 0.25～2.88，表明存在影响健康的风险。所以暴露水平因所进行的操作类型和工人身体部位而异，但影响健康的风险与农药毒性高度相关。

4.2　种衣剂副作用早期诊断技术

种衣剂是防治种子和土壤传播病害以及地下与地上害虫侵袭幼苗的有效方法。由于种子包衣可显著减少农药用量，提高病虫害防治效率，因此，种子包衣已成为我国种子处理的金标准。此外，种衣剂通过形成人工外层或表膜、着色和造粒等改善作物的播种和栽培，可以通过改变种子的形状、重量和表面质地，改善种子与土壤的接触或控制吸水（对土壤中水分的吸收）来提高种子活力和发芽率。但是由于农药和微量营养素作用机制的复杂性，种衣剂的过量或不当使用产生各种副作用的事件不断发生，因此，有关种衣剂副作用的早期诊断显得尤为重要。

4.2.1　杀菌种衣剂的副作用症状及早期诊断

杀菌种衣剂的选择和使用不当会对种苗的生长发育产生一定的不良影响，导致出苗率低、出苗推迟、畸形苗等药害现象。如三唑类杀菌剂是一类长效、高效、低毒的内吸性强的杀菌剂，一般情况下对出苗率、后期生长及产量无不良影响，但是超剂量种子包衣或不当使用后，常常出现出苗迟缓（一般晚出苗 1～2 d）、植株矮化等现象，严重时影响产量。随着三唑类杀菌剂剂量的增加，抑制株高越明显，出土叶片朝一边倾斜，叶片两侧出现成段的锯齿状。种植深度超过 5 cm，不影响发芽率，但严重影响出苗率，主要原因是倾斜的生长点无法直立向上生长，而是呈抛物线生长，无法冲出土层，最后无法进行光合作用，在土中枯黄而死。此外，三唑类杀菌剂可抑制上胚轴的伸长，作物无法调节分蘖节的位置，导致作物在土壤中较深的位置分蘖，新的分蘖要在土壤中生长几天才能见光，生长过程中不能及时获得营养而死亡，即使能够出土，也是瘦弱苗。

6%戊唑醇悬浮种衣剂的副作用症状是玉米在 3 叶期以后叶变黄或变白，叶在地表下无法拱出土或下垂或烂叶，不长须根或叶鞘受损，严重的会死苗。杀菌种衣剂在棉花和花生苗期所产生的副作用症状可归类为不出苗，或出苗后褪绿、坏死、落叶、畸形。水稻种衣剂在苗期的药害症状主要表现为褪绿，多发生在叶缘、叶尖、叶脉之间或全叶，如代森锰锌浓度高会引起稻叶边缘枯斑。

导致种衣剂产生药害的杀菌剂品种主要有三唑类的苯醚甲环唑、丙环唑、丙硫菌唑、多效唑、硅氟唑、环菌唑、环氧菌唑、三唑醇、三唑酮、羟菌唑、抑霉唑、氯苯嘧啶醇、乙环唑、苄氯三唑醇、烯唑醇等，其他种类的有福美双、萎锈灵、拌种双、拌种灵、丙森锌、代森锌、代森铵、代森锰锌、二硫氰基甲烷、噁唑菌酮、咪唑菌酮、咯菌腈、甲基硫菌灵等。

以上杀菌种衣剂副作用早期诊断的典型指标包括抑制种子萌发、幼苗生长，降低幼苗免疫功能而使其感病。不仅抑制地上部分的伸长，而且抑制叶、根和胚芽鞘的伸长等，也可以作为早期诊断的指标。

4.2.2 杀虫种衣剂的副作用症状及早期诊断

30%毒死蜱微胶囊剂过量使用可能导致花生种子在土壤中腐烂或出苗势和出苗指数下降，导致出苗不整齐甚至不出苗，降低花生苗根系活力，影响后期生长发育，从而造成产量损失。以出苗势降低、苗畸形、苗期叶色变黄等以及根系活力大小作为种衣剂副作用的判断标准，诊断种衣剂副作用，引入植物生长调节剂或生物制剂缓解种衣剂的副作用，可确保将产量损失降到最低。导致种衣剂产生药害的杀虫剂品种主要有噻嗪酮、吡虫啉、克百威、氯虫苯甲酰胺和毒死蜱等。杀虫种衣剂对作物危害的共同特点是抑制作物生长点和根部生长，导致营养吸收降低及影响光合作用，从而影响作物出苗、分蘖、开花、结果、成熟等，也可使作物贪青晚熟而减产，严重者绝收。

杀虫种衣剂早期诊断可以观察作物的叶是否变色、失绿、变黄，叶缘叶尖是否变色、下垂或叶枯死；观察地下根是否肿大或萎缩，须根是否减少，新根是否生长，作物是否植株形态正常，作物抽穗情况以及花果是否畸形等。

4.2.3 植物生长调剂类种衣剂的副作用症状及早期诊断

部分厂家为了避免种衣剂对作物种子出苗率的影响，将人工合成的植物生长调节剂吲哚乙酸、吲哚丁酸、赤霉素、芸苔素、复硝酚钠、萘乙酸、2,4-D丁酯等加入种衣剂中，如果使用不当也会产生副作用。早期诊断的指标是抑制幼苗生长，叶子变黄或变白，不长新根，严重时烂种、死苗。

（高 飞 赵 特）

第5章 常用种衣剂及其安全使用技术

种子包衣技术大规模、商业化应用于农业大田始于20世纪60年代。早期，该技术主要考虑使种子丸粒化以利于精量播种。此后，该技术逐渐发展为利用特制的种衣剂包衣处理种子，以利于"一播全苗"，使作物正常出苗、健壮生长，并有效防控作物苗期、生长中后期的病虫害。自21世纪以来，种衣剂在我国粮食作物、瓜果蔬菜及经济作物等农业生产上大面积推广应用，成为促进农作物生长、从源头上控制病虫草危害的重要措施，实现了"一剂多防"和"后病（虫）前防"。2019年，包括种衣剂在内的种子包衣材料的全球市场规模超过18亿美元，据预测2025年将达到30亿美元（Afzal et al.，2020）。

种衣剂的重要作用主要表现为防治土传和种传病害、苗期地下害虫，减轻中后期病虫害发生的程度；提高发芽势与发芽率，促进种子萌发；增加株高、主根长度、根系体积、基部茎粗、干物质的积累等以促进作物生长；增强作物的抗逆性，显著增加作物产量；同时，隐蔽安全施药且减量施用化学农药，减少对环境的污染，从而有利于保护生物多样性。种衣剂中的活性组分与应用功效直接相关，活性组分的功能决定种衣剂应用空间和种子活力提升程度，如吡虫啉、戊唑醇、苯醚甲环唑、氟虫腈、噻虫嗪和咯菌腈等活性组分常用于种衣剂制剂单剂产品，福美双·克百威、福美双·多菌灵、克百威·多菌灵、福美双·克百威·多菌灵等由活性组分两两复配或三元混合形成最常用的种衣剂制剂混剂产品。此外，非活性组分则可促进活性组分更好地发挥作用。

随着生态环境条件的变化、秸秆还田持续进行、生产水平的提高和农作物品种的更新换代，种衣剂的不合理使用及播种后遇到不良气候条件，会对玉米、小麦、水稻、棉花、花生等作物产生烂种、出苗率下降、出苗延迟、苗黄苗弱、发育不良等副作用。此外，由种子和土壤传播的病害及地下害虫的发生危害呈加重趋势，这些病虫草害已成为作物一播全苗、壮苗早发、健壮生长的重要限制因素。基于此，弄清常用种衣剂的副作用及其发生原因，提出预防其副作用的控制措施及常用种衣剂安全使用技术，可为改良种衣剂剂型和研制新型种衣剂提供理论基础，并保障种衣剂行业健康稳定发展。

5.1 常用种衣剂的主要种类及应用情况

依据现行《农药管理条例》和《农药管理条例实施办法》，我国针对农药这类特殊商品实行农药登记制度，国家层面的农药登记由农业农村部作为登记主管单位。只有在取得农药登记证、农药生产许可证以及农药经营许可证等"三证"之后，农药方被许可进入市场销售，被许可合法施用。种衣剂作为农药制剂产品，其合法销售与施用的前提必然是取得农药登记证书，本章从我国种衣剂制剂产品登记视角分析常用种衣剂的主要种类及其应用现状。所有分析数据来源于中国农药信息网登记信息服务平台的农药登记数据库（http://www.chinapesticide.org.cn/zgnyxxw/zwb/dataCenter?hash=reg-info）中有关种衣剂制剂的登记数据。检索关键词为"种衣剂"，在数据库的"剂型"栏目中以检索式（"种衣剂"）检索所有有关种衣剂的登记信息，对所得结果经人工分析判断后进行综合解读（除非单独声明，所有检索均包含已过有效期产品）；采用文献计量学方法分别针对登记种衣剂的农药活性成分、类别、剂型、应用作物范围以及防治对象等主题进行综合分析，调查国内市场常用种衣剂制剂产品的应用现状与发展趋势。截止到 2021年 7 月 28 日，国内总共登记有 1212 个种衣剂产品，而孔德龙（2018）报道截止到 2018年 5 月 24 日，国内总共有 788 个种衣剂产品登记，3 年来登记量增加了 53.8%。

5.1.1 登记的种衣剂常用活性成分

种衣剂中直接发挥作用、反映功效的是杀虫剂、杀菌剂等农药活性成分。仅含有单一农药活性成分的制剂产品即为种衣剂单剂制剂，而同时由两种或三种农药活性成分复配的产品则为种衣剂混剂制剂。目前，尚无 4 种及以上农药活性成分复配的种衣剂制剂产品登记。1212 个登记的种衣剂制剂产品依据农药活性成分划分为单剂和混剂两类，单剂产品登记 386 个，混剂产品则远多于单剂产品，登记有 826 个。其中，两种不同农药活性成分复配的二元混剂产品 485 个，三种农药活性成分复配的三元混剂产品 341 个。

登记的种衣剂单剂产品共包含有 34 种农药活性成分。其中，28 种活性成分登记的单剂产品数量低于 10 个，比如，10 种活性成分所登记的单剂产品数量仅为 2 个，而另有 8 种仅登记 1 个产品。另外，有 6 种农药活性成分所登记的单剂产品数量却超过 30个，涉及 311 个产品，共占登记单剂产品总数量的 80.6%（表 5-1）。其中，含吡虫啉的单剂产品最为丰富，达到 88 个之多，占登记单剂产品总数量的 22.8%；其后产品数量依次是：含戊唑醇的单剂产品有 64 个（占 16.6%）、含苯醚甲环唑的种衣剂单剂 60 个（占 15.5%）、含氟虫腈的单剂产品 36 个（占 9.3%）、含噻虫嗪的单剂 32 个（占 8.3%）、含咯菌腈的单剂 31 个（占 8.0%）。显而易见，常用种衣剂单剂产品主要包含以上 6 种农药活性成分。

表 5-1　常见农药活性成分所登记的种衣剂单剂产品数量及占比

活性成分	产品数量/个	占单剂产品比例/%	活性成分	产品数量/个	占单剂产品比例/%
吡虫啉	88	22.8	噻虫嗪	32	8.3
戊唑醇	64	16.6	咯菌腈	31	8.0
苯醚甲环唑	60	15.5	合计	311	80.6
氟虫腈	36	9.3			

登记的 485 个种衣剂二元混剂产品包含有 74 种二元复配的农药活性成分。其中，63 种二元复配的农药活性成分登记的混剂产品数量均低于 10 个，比如，17 种二元活性成分所登记产品数量仅为 2 个，而另有 24 种仅登记 1 个产品，两者数量占登记二元活性成分数量的 55.4%，也即超过半数的二元活性成分登记产品数量仅 1～2 个。值得注意的是，另有 6 种二元复配的农药活性成分所登记的产品数量达到或超过 20 个，涉及

260 个产品，占二元活性成分复配混剂产品的 53.6%（表 5-2）。其中，福美双·克百威二元复配的混剂产品最多，达到 111 个，占二元混剂产品的 22.9%；其次分别为：多菌灵·福美双类二元混剂产品有 50 个（占 10.3%）、多菌灵·克百威类的产品有 30 个（占 6.2%）、甲拌磷·克百威类的产品有 25 个（占 5.2%）、戊唑醇·福美双类的产品有 24 个（占 4.9%）、福美双·拌种灵类的产品有 20 个（占 4.1%）。可见，所登记的常用种衣剂二元混剂产品主要包含这 6 种二元农药活性成分复合的配方。

表 5-2　常用二元农药活性成分复配所登记的种衣剂二元混剂产品数量及占比

二元活性成分	产品数量/个	占二元混剂产品比例/%	二元活性成分	产品数量/个	占二元混剂产品比例/%
福美双·克百威	111	22.9	戊唑醇·福美双	24	4.9
多菌灵·福美双	50	10.3	福美双·拌种灵	20	4.1
多菌灵·克百威	30	6.2	合计	260	53.6
甲拌磷·克百威	25	5.2			

此外，据统计有 46 种农药活性成分登记应用于二元复配混剂产品，其中，含福美双的二元混剂产品 255 个，占比 52.6%，也即超过一半的二元混剂产品的活性成分中含有福美双（表 5-3）；其次分别为：登记含克百威的二元混剂产品有 177 个（占比 36.5%）、含多菌灵的有 104 个（占比 21.4%）、含戊唑醇的有 56 个（占比 11.5%）、含吡虫啉的有 44 个（占比 9.1%）、含甲拌磷的有 42 个（占比 8.7%）、含咯菌腈的有 39 个（占比 8.0%），其余 39 种农药活性成分复配的二元混剂产品占比均低于 5%。显然，登记的常用种衣剂二元混剂产品主要包含以上 7 种农药活性成分。特别值得关注的是，福美双、克百威、多菌灵三种农药活性成分两两复配形成的二元混剂产品就达到 191 个，占二元混剂产品的 39.4%（表 5-2）。

表 5-3　登记的种衣剂二元混剂产品中的常用农药活性成分数量及占比

活性成分	产品数量/个	占二元混剂产品比例/%	活性成分	产品数量/个	占二元混剂产品比例/%
福美双	255	52.6	吡虫啉	44	9.1
克百威	177	36.5	甲拌磷	42	8.7
多菌灵	104	21.4	咯菌腈	39	8.0
戊唑醇	56	11.5			

登记的 341 种种衣剂三元混剂产品包含 67 种三元复配的农药活性成分。其中，60 种三元复配的农药活性成分所登记的混剂产品数量均低于 10 个，比如，有 13 种三元复配农药活性成分所登记的混剂产品数量仅为 2 个，而 23 种仅登记 1 个产品。登记三元混剂产品数量 10 个及以上的三元农药活性成分仅有 7 种，但却涉及 189 个产品，占三元混剂产品的 55.4%（表 5-4）。其中，多菌灵·福美双·克百威复配的三元混剂产品数量最多，达到 79 个，占三元混剂产品的 23.2%；其次分别为：含苯醚甲环唑·咯菌腈·噻虫嗪三元复配农药活性成分的混剂产品有 26 个（占 7.6%）、含噻虫嗪·咯菌腈·精甲霜灵的三元混剂产品有 25 个（占 7.3%）、含精甲霜灵·咯菌腈·嘧菌酯的有 22 个（占 6.5%）、含克百威·戊唑酮·多菌灵的有 16 个（占 4.7%）、含丁硫克百威·福美双·戊

唑醇的三元混剂产品有 11 个（占 3.2%）、含吡虫啉·咯菌腈·苯醚甲环唑的有 10 个（占 2.9%）。登记的常用种衣剂三元混剂产品主要包含以上 7 种三元农药活性成分复合的配方。

表 5-4　常用三元复配农药活性成分所登记的种衣剂三元混剂产品数量及占比

三元活性成分	产品数量/个	占比/%	三元活性成分	产品数量/个	占比/%
多菌灵·福美双·克百威	79	23.2	克百威·戊唑酮·多菌灵	16	4.7
苯醚甲环唑·咯菌腈·噻虫嗪	26	7.6	丁硫克百威·福美双·戊唑醇	11	3.2
噻虫嗪·咯菌腈·精甲霜灵	25	7.3	吡虫啉·咯菌腈·苯醚甲环唑	10	2.9
精甲霜灵·咯菌腈·嘧菌酯	22	6.5	合计	189	55.4

经统计，共有 44 种农药活性成分用于三元复配混剂产品。如表 5-5 所示，农药活性成分分别含福美双、多菌灵、克百威的三元混剂产品数量均超过 100 个，其中，含福美双的有 184 个，占比 54.0%，也即超过一半的所登记三元混剂产品的农药活性成分中总会含有福美双；含多菌灵的三元混剂产品有 158 个（占比 46.3%）、含克百威的产品有 136 个（占比 39.9%）。此外，分别含咯菌腈、噻虫嗪、戊唑醇、精甲霜灵的三元混剂产品数量均在 50～100 个；分别含苯醚甲环唑、嘧菌酯、吡虫啉的三元混剂产品数量在 30～50 个；分别含甲拌磷、戊唑酮、咪鲜胺的三元混剂产品数量在 18～30 个；其余 31 种农药活性成分复配的三元混剂产品占比均低于 5%。显然，所登记的常用种衣剂三元混剂产品主要包含以上 13 种农药活性成分。特别是同时由福美双、克百威、多菌灵中任意两种复配形成的三元混剂产品就达到 174 个，占三元混剂产品的 51.0%。这表明无论是二元复配的还是三元复配的种衣剂混剂登记产品，最为常见的农药活性成分就是福美双、克百威、多菌灵。

表 5-5　登记的种衣剂三元混剂产品中常用农药活性成分数量及占比

活性成分	产品数量/个	占三元混剂产品比例/%	活性成分	产品数量/个	占三元混剂产品比例/%
福美双	184	54.0	苯醚甲环唑	37	10.9
多菌灵	158	46.3	嘧菌酯	33	9.7
克百威	136	39.9	吡虫啉	31	9.1
咯菌腈	87	25.5	甲拌磷	28	8.2
噻虫嗪	62	18.2	戊唑酮	24	7.0
戊唑醇	54	15.8	咪鲜胺	18	5.3
精甲霜灵	53	15.5			

5.1.2　登记的种衣剂产品常见剂型

种衣剂按制剂形态可分为：①水基种衣剂，如悬浮型种衣剂（将活性成分及部分非活性成分经湿法研磨后与其余成分混合形成悬浮分散体系，通常以雾化等方式包衣）、水乳型种衣剂（液体农药原药或其与溶剂混合后，以小液滴分散于水相的液态制剂）、悬乳型种衣剂，水基种衣剂成膜性强，且能在种子表面牢固附着且均匀分布；②干粉种衣剂，如微粉型种衣剂（将活性成分及非活性成分经气流法粉碎后均匀搅拌而成，通常采用拌种式包衣，或在包衣前添加适量水调配制成悬浮液再雾化包衣）、丸化种衣剂（黏着性好，粒度达到 15～20 nm 超微结构）；③其他剂型，如胶悬型种衣剂（活性组分用适当溶剂及助剂溶解后与非活性组分混匀而成胶悬分散体系，是种衣剂发展的主要方向之一）。

如表 5-6 所示，所有登记的 1212 个种衣剂产品详细标注的剂型有：悬浮型种衣剂（1163 个）、干粉型种衣剂（12 个）、水乳型种衣剂（5 个）、油基种衣剂（3 个）、可湿粉种衣剂（2 个）、可溶性粉种衣剂（1 个）。此外，另有 26 个产品标注剂型登记为种衣剂。其中登记的悬浮型种衣剂产品占比为 96.0%，表明现阶段常用种衣剂绝大多数都采用悬浮剂型。

表 5-6 登记为不同剂型的种衣剂产品数量及占比

剂型	产品数量/个	占产品比例/%	剂型	产品数量/个	占产品比例/%
悬浮型种衣剂	1163	96.0	可湿粉种衣剂	2	0.2
干粉种衣剂	12	1.0	可溶性粉种衣剂	1	0.1
水乳型种衣剂	5	0.4	种衣剂	26	2.1
油基种衣剂	3	0.2	合计	1212	100

5.1.3 登记种衣剂的常见农药类别

如表 5-7 所示，登记的种衣剂产品中常见农药活性成分类别为：杀菌剂（519 个）、杀虫剂（260 个）、杀虫剂/杀菌剂（364 个）、杀菌剂/杀虫剂（37 个），四者数量合计占全部产品数量的 97.4%。此外，登记为杀线虫剂/杀菌剂、杀线虫剂的共有 6 个产品。其余，登记为植物生长调节剂的有 3 个产品，仅有 1 个产品登记为除草剂、1 个产品登记为杀线虫剂；另有 22 个产品未标注农药类别。显而易见，种衣剂登记农药类别主要是杀菌剂或杀虫剂。众多种衣剂产品采用此类活性成分的初衷，就在于其可防治苗期地下害虫与土传、种传病害，从源头上预防和控制此类病虫害，并减轻中后期病虫害的发生程度，最终促进农业生产。

表 5-7 登记为不同农药类别的种衣剂产品数量及占比

农药类别	产品数量/个	占产品比例/%	农药类别	产品数量/个	占产品比例/%
杀菌剂	519	42.8	植物生长调节剂	3	0.2
杀虫剂	260	21.5	除草剂	1	0.1
杀虫剂/杀菌剂	364	30.0	杀线虫剂	1	0.1
杀菌剂/杀虫剂	37	3.1	未标注	22	1.8
杀线虫剂/杀菌剂	5	0.4	合计	1212	100

5.1.4 登记的种衣剂产品常见应用作物范围

种衣剂制剂产品可按适用作物范围分类，依据所登记应用于作物种类的多寡，区分为专用型种衣剂和通用型种衣剂。多作物种衣剂即通用型种衣剂，该类种衣剂适用于多种作物；单一作物种衣剂即专用型种衣剂，只对某一特定作物适用，施用于其他作物种子时可能产生药害或效果下降，如玉米种衣剂、小麦种衣剂、大豆种衣剂、棉花种衣剂、花生种衣剂等。其还可分为水田和旱田种衣剂。水田种衣剂，如水稻种衣剂，适用于水田作物，种子包衣能浸种或直播于水中，包衣后不脱落，活性成分在水中按适宜速度缓释；旱田种衣剂则适用于旱田作物，包衣种子适宜干直播，一般不宜浸种。

经统计，登记为专用型种衣剂的产品有 1019 个，占全部登记产品的 84.1%；登记为通用型种衣剂的产品有 188 个，其中，登记作用于 2 种作物的产品有 139 个，如针对小麦·玉米的有 42 个、水稻·玉米 16 个、花生·玉米 12 个、花生·小麦 11 个；登记作用于 3 种作物的种衣剂有 28 个产品，如针对花生·小麦·玉米的有 6 个、高粱·小麦·玉米 5 个、花生·棉花·人参 4 个、花生·棉花·玉米 2 个；登记作用于 4 种作物的有 10 个产品，如针对花生·棉花·水稻·小麦的有 2 个、大豆·小麦·棉花·玉米 2 个；登记作用于 5 种及以上作物的有 11 个产品，如针对花生·马铃薯·水稻·小麦·玉米的有 3 个、大豆·花生·马铃薯·棉花·人参·水稻·西瓜·向日葵·小麦·玉米 3 个。另外，有 5 个登记产品未标注作用的作物种类。显然，现阶段所登记产品更多地还是只针对单一农作物的专用型种衣剂。

如表 5-8 所示，专用型种衣剂登记应用于 11 种农作物，其中，主要登记应用于玉米、小麦、水稻、大豆、棉花、花生等 6 种主粮与经济作物，这占全部专用型种衣剂登记产品数量的 98.9%。应用于玉米的专用型种衣剂登记产品也即玉米种衣剂，登记数量最多，有 362 个，占专用型种衣剂登记产品的 35.5%；小麦种衣剂有 260 个登记产品，占专用型种衣剂登记产品的 25.5%；棉花种衣剂有 124 个产品，占 12.2%；水稻有 98 个产品，占 9.6%；大豆有 95 个产品，占 9.3%；花生有 69 个产品，占 6.8%。其余的包括马铃薯种衣剂、西瓜种衣剂、黄瓜种衣剂、油菜种衣剂、甜菜种衣剂等专用型种衣剂的产品数量均不超过 5 个产品。值得注意的是，现阶段众多小宗的经济类、蔬菜类、中药材类农作物均尚无登记的专用型种衣剂产品。

表 5-8　登记应用于不同作物类别的专用型种衣剂产品数量及占比

作物类别	产品数量/个	占产品比例/%	作物类别	产品数量/个	占产品比例/%
玉米	362	35.5	马铃薯	4	0.4
小麦	260	25.5	西瓜	3	0.3
棉花	124	12.2	黄瓜	2	0.2
水稻	98	9.6	油菜	1	0.1
大豆	95	9.3	甜菜	1	0.1
花生	69	6.8	合计	1019	100

通用型种衣剂登记应用于 16 种农作物，登记产品数量超过 10 个的依次是玉米（119 个）、小麦（108 个）、花生（71 个）、水稻（56 个）、棉花（48 个）、大豆（25 个）、马铃薯（17 个）；其余的登记应用于芝麻、高粱、油菜、甜菜、西瓜、向日葵、绿豆、豇豆和人参等作物，产品数量均不超过 10 个。

综合考虑专用型种衣剂与通用型种衣剂的登记情况，现阶段登记应用的农作物种类共计 17 种。专用型种衣剂所作用的农作物除黄瓜外，其余 10 种均有登记的通用型种衣剂产品可应用。所有登记应用的作物种类，排名前 6 的依次为玉米、小麦、棉花、水稻、花生和大豆，相应的种衣剂产品比例分别为 39.7%、30.4%、14.2%、12.6%、11.6% 和 9.9%。其中，玉米种衣剂产品的登记依然蓬勃发展，相比于 2018 年孔德龙分析的占比 30.32%，并预测伴随政府调控及市场影响将逐步萎缩，玉米种衣剂登记的实际情况却是产品占比继续大幅提升。

5.1.5 登记的种衣剂产品常见防治对象

登记的种衣剂的防治对象几乎全是虫害或病害。虫害防治对象有 27 种，地下害虫是最主要的防治对象，包括蛴螬、地老虎、蝼蛄、金针虫；其次是苗期害虫，包括蚜虫、飞虱、蓟马（表 5-9）。其中，登记注明防治地下害虫的种衣剂产品数量最多，达 320 个；防治蚜虫、蛴螬的产品数量超过 100 个，分别有 257 个、146 个；登记产品数量为 50~100 个，可防治金针虫、蓟马的分别有 88 个、66 个；登记产品数量为 25~50 个，能防治蝼蛄、地老虎和灰飞虱的产品分别有 45 个、40 个、35 个；登记产品数量为 10~25 个，用于防治小地老虎和黏虫的产品分别有 12 个、10 个；登记 5~9 个产品的防治对象有玉米螟、稻飞虱、稻蓟马、苗期害虫；其余防治对象登记产品均少于 5 个，如棉蚜、三化螟、黄条跳甲、根潜蝇、稻纵卷叶螟、稻瘿蚊等。由表 5-9 可见，明确登记注明的防治虫害最常见的就是蚜虫和蛴螬。

表 5-9 登记防治各主要虫害的种衣剂产品数量及占比

虫害	产品数量/个	占登记产品比例/%	虫害	产品数量/个	占登记产品比例/%
地下害虫	320	26.4	灰飞虱	35	2.9
蚜虫	257	21.2	小地老虎	12	1.0
蛴螬	146	12.0	黏虫	10	0.8
金针虫	88	7.3	玉米螟	9	0.7
蓟马	66	5.4	稻飞虱	9	0.7
蝼蛄	45	3.7	稻蓟马	7	0.6
地老虎	40	3.3	苗期害虫	6	0.5

登记的病害防治对象有 30 种。防治最多的病害是根腐病，登记产品 205 个，占全部种衣剂产品的 16.9%；登记产品超过 100 个的防治的病害有茎基腐病 165 个（占比 13.6%）、丝黑穗病 157 个（占比 13.0%）、立枯病 131 个（占比 10.8%）、恶苗病 111 个（占比 9.2%）、散黑穗病 105 个（占比 8.7%）；登记产品为 50~100 个的防治的病害有纹枯病（86 个，占比 7.1%）、全蚀病（80 个，占比 6.6%）、黑穗病（51 个，占比 4.2%）；登记产品为 20~50 个的防治的病害有苗期病害（36 个，占比 3.0%）、猝倒病（20 个，占比 1.7%）；登记产品为 10~20 个的防治的病害有炭疽病（16 个，占比 1.3%）、黑痣病（15 个，占比 1.2%）、白粉病（14 个，占比 1.2%）、孢囊线虫（11 个，占比 0.9%）；其余防治对象登记产品均少于 10 个，如烂秧病（9 个）、枯萎病（9 个）、腥黑穗病（8 个）、锈病（7 个）、线虫（7 个）、黑粉病（6 个）、菌核病（5 个）、茎枯病（5 个）、疫病（4 个）、红腐病（4 个）、稻瘟病（4 个）等。由表 5-10 可见，明确注明的防治病害

最常见的包括根腐病、茎基腐病、丝黑穗病、立枯病、恶苗病、散黑穗病。

表 5-10　登记防治各主要病害的种衣剂产品数量及占比

病害	产品数量/个	占登记产品比例/%	病害	产品数量/个	占登记产品比例/%
根腐病	205	16.9	黑穗病	51	4.2
茎基腐病	165	13.6	苗期病害	36	3.0
丝黑穗病	157	13.0	猝倒病	20	1.7
立枯病	131	10.8	炭疽病	16	1.3
恶苗病	111	9.2	黑痣病	15	1.2
散黑穗病	105	8.7	白粉病	14	1.2
纹枯病	86	7.1	孢囊线虫	11	0.9
全蚀病	80	6.6			

综合现阶段种衣剂登记视角分析可知，常用种衣剂的农药活性成分多为二元或三元复合配方，最为常见的几乎都含福美双、克百威、多菌灵；登记的剂型以悬浮型制剂为主；登记的农药类别以杀菌剂、杀虫剂为主；登记应用的作物范围以玉米、小麦、水稻、棉花、大豆和花生最为常见；地下害虫及苗期病害为主要防治对象，如防治蚜虫、蛴螬和根腐病、茎基腐病、丝黑穗病、散黑穗病、恶苗病、立枯病最为常见。

5.1.6　常用种衣剂的登记信息

5.1.6.1　常用种衣剂单剂登记信息

依据登记信息，种衣剂单剂产品有 6 种常见农药活性成分，常用于防治虫害和病害的恰好各占 3 种。其中，用于防治虫害的主要是吡虫啉、氟虫腈、噻虫嗪，登记的单剂产品数量依次为 88 个、36 个、32 个；用于防治病害的农药活性成分主要是戊唑醇、苯醚甲环唑、咯菌腈，分别登记有 64 个、60 个、31 个产品。

截至目前，所有已经正式获批登记的涉及吡虫啉的种衣剂单剂产品的登记剂型均为悬浮剂。登记产品中有 81 个为 600 g/L 吡虫啉悬浮种衣剂；而标注吡虫啉含量为 60%、30%、12%、1%的悬浮种衣剂单剂产品的登记数量分别为 1 个、2 个、1 个、3 个，合计仅 7 个（表 5-11）。88 个含吡虫啉的种衣剂单剂产品中，专用型种衣剂产品数量为 65 个；通用型种衣剂产品数量为 21 个；另有 2 个产品未标注施用作物类别。65 个吡虫啉专用型种衣剂单剂产品分别只专用于棉花、小麦、花生、水稻和玉米等作物。其中，含吡虫啉的棉花种衣剂单剂产品 33 个，能用于防治棉花苗期蚜虫的产品有 32 个，兼防蓟马和小地老虎的则仅有 1 个产品。含吡虫啉的小麦种衣剂单剂产品有 21 个，其全部可防治小麦苗期蚜虫。此外，含吡虫啉的花生种衣剂单剂产品有 6 个，其全部防治对象为地下害虫中的蛴螬；含吡虫啉的水稻种衣剂单剂产品有 4 个，其中 3 个产品专门防治蓟马，1 个专防稻飞虱；含吡虫啉的玉米种衣剂单剂产品有 1 个，专用于防治灰飞虱和蚜虫。由上可知，含吡虫啉的专用型种衣剂单剂产品以针对棉花和小麦的居多，尤其专注于防治蚜虫。含吡虫啉的通用型种衣剂单剂中 2/3 的产品应用于两种农作物组合，如针对小麦+棉花组合的有 5 个产品,专用于防治蚜虫;针对花生+玉米组合的有 4 个产品,分别防治蛴螬和金针虫;针对小麦+花生组合的有 3 个产品,可同时防治蚜虫和蛴螬;针对小麦+玉米组合及花生+棉花组合的则各有 1 个产品,可防治蚜虫和蛴螬。另外 1/3 通用型种衣剂单剂产品则应用于三种及以上农作物组合,如针对花生+小麦+玉米组合的有 2 个产品,可同时防治蛴螬、蚜虫、金针虫。此外,防治农作物组合为花生+水稻+小麦、水稻+玉米+小麦、花生+棉花+小麦、花生+棉花+小麦+玉米、花生+马铃薯+棉花+水稻+小麦+玉米的所登记的含吡虫啉通用型种衣剂单剂产品各仅有 1 个,所防治虫害为蛴螬、稻飞虱、蓟马、蚜虫。综合含吡虫啉的专用型种衣剂和通用型种衣剂单剂产品的登记信息可知,其常见规格为 600 g/L,所施用的常见作物为棉花、小麦、花生,所防治的常见虫害为蚜虫、蛴螬。

目前,所有已经正式获批登记的涉及戊唑醇的种衣剂单剂产品的登记剂型均为种子处理悬浮剂。登记产品中有 26 个为 60 g/L 戊唑醇悬浮种衣剂、3 个为 80 g/L 戊唑醇悬浮种衣剂;而标注戊唑醇含量为 6%、2%、0.25%、0.20%的悬浮种衣剂登记产品数量分别为 18 个、10 个、3 个、4 个(表 5-11)。64 个含戊唑醇的种衣剂单剂产品中,41 个为专用型种衣剂,23 个为通用型种衣剂。含戊唑醇的专用型种衣剂单剂产品可专用于小麦、玉米、水稻等农作物。其中,含戊唑醇的小麦专用型种衣剂单剂产品 21 个,能防治小麦散黑穗病的产品有 14 个,防治纹枯病的产品有 7 个,防治黑穗病的则仅有 1 个;含戊唑醇的玉米专用型种衣剂单剂产品 18 个,其全部为防治玉米丝黑穗病的产品;含戊唑醇的水稻专用型种衣剂单剂产品 2 个,其同时针对水稻恶苗病和立枯病进行防治。可见,含戊唑醇的专用型种衣剂单剂产品以专用于小麦和玉米的居多,尤其专注于防治玉米丝黑穗病或小麦散黑穗病。23 个含戊唑醇的通用型种衣剂单剂中的大多数产品只应用于小麦+玉米这两种农作物组合,所登记产品有 16 个,其中,能防治散黑穗病的产品 14 个、防治丝黑穗病的产品 16 个、防治纹枯病的产品 14 个,能防治全蚀病、黑穗病的则各有 1 个产品。其余含戊唑醇的通用型种衣剂单剂产品应用于水稻+玉米组合的有 1 个,用于防治恶苗病、立枯病、丝黑穗病;针对花生+小麦组合的产品有 1 个,可同时防治叶斑病、黑穗病;针对高粱+小麦+玉米组合的产品有 5 个,均可防治丝黑穗病、散黑穗病、纹枯病。综合含戊唑醇的专用型种衣剂和通用型种衣剂单剂产品的登记信息可知,其常见产品规格为 60 g/L 戊唑醇悬浮种衣剂及 6%、2%戊唑醇悬浮种衣剂,所常施用作物为玉米、小麦,所常防治病害为玉米丝黑穗病、小麦散黑穗病或纹枯病。

迄今为止,所有已经正式获批登记的涉及苯醚甲环唑的种衣剂单剂产品的登记剂型均为种子处理悬浮剂。登记为 30 g/L 苯醚甲环唑悬浮种衣剂的产品有 35 个、3%苯醚甲环唑悬浮种衣剂的有 24 个、0.3%苯醚甲环唑悬浮种衣剂的有 1 个,合计 60 个产品;包含 49 个专用型种衣剂、10 个通用型种衣剂(表 5-11)。含苯醚甲环唑的专用型种衣剂单剂产品只专门作用于小麦和玉米两种农作物。其中,含苯醚甲环唑的小麦专用型种衣剂单剂产品 47 个,包含能防治小麦全蚀病的产品 32 个,能防治小麦散黑穗病的产品 23 个、能防治小麦纹枯病的产品 10 个。含苯醚甲环唑的玉米专用型种衣剂单剂产品仅 2 个,均为防治玉米丝黑穗病的产品。显然,含苯醚甲环唑的专用型种衣剂单剂产品专用于小麦的居多。含苯醚甲环唑的通用型种衣剂单剂产品均应用于两种农作物组合,如针对小麦+

表 5-11 常用种衣剂单剂产品登记信息

活性成分	登记产品数量/个	属性	作物	防治对象
吡虫啉	600 g/L 吡虫啉悬浮剂 (81) 60%、30%、12%、1%吡虫啉悬浮剂 (1, 2, 1, 3)	专用型 (65)	棉花 (33)	蚜虫 (32); 蓟马 (1)、小地老虎 (1)
			小麦 (21)	蚜虫 (21)
			花生 (6)	蛴螬 (6)
			水稻 (4)	蓟马 (3)、稻飞虱 (1)、蚜虫 (1)
			玉米 (1)	灰飞虱 (1)、蚜虫 (1)
		通用型 (21)	小麦+棉花 (5)	蚜虫 (5)
			花生+玉米 (4)	蛴螬 (2)、金针虫 (2)
			小麦+花生 (3)	蚜虫 (3)、蛴螬 (3)
			小麦+玉米 (1)	蚜虫 (1)
			花生+棉花 (1)	蛴螬 (1)、蚜虫 (1)
			花生+小麦+玉米 (2)	蛴螬 (2)、蚜虫 (2); 金针虫 (1)
			花生+水稻+小麦 (1)	蛴螬 (1)、稻飞虱 (1)、蓟马 (1)、蚜虫 (1)
			水稻+玉米+小麦 (1)	蓟马 (1)、蚜虫 (1)
			花生+棉花+小麦 (1)	蛴螬 (1)、蚜虫 (1)
			花生+马铃薯+棉花+水稻+小麦+玉米 (1)	蛴螬 (1)、蚜虫 (1)、蓟马 (1)
戊唑醇	80 g/L 戊唑醇悬浮剂 (3) 60 g/L 戊唑醇悬浮剂 (26) 6%戊唑醇悬浮剂 (18) 2%戊唑醇悬浮剂 (10) 0.25%戊唑醇悬浮剂 (3) 0.20%戊唑醇悬浮剂 (4)	专用型 (41)	小麦 (21)	散黑穗病 (14)、纹枯病 (7)、黑穗病 (1)
			玉米 (18)	丝黑穗病 (18)
			水稻 (2)	恶苗病 (2)、立枯病 (2)
		通用型 (23)	小麦+玉米 (16)	丝黑穗病 (16)、散黑穗病 (14)、黑穗病 (14)、全蚀病 (1)
			水稻+玉米 (1)	恶苗病 (1)、立枯病 (1)、丝黑穗病 (1)
			花生+小麦 (1)	叶斑病 (1)、黑穗病 (1)
			高粱+小麦+玉米 (5)	纹枯病 (5)、黑穗病 (5)、丝黑穗病 (5)、散黑穗病 (5)

续表

活性成分	登记产品数量/个	属性	作物	防治对象
苯醚甲环唑	30 g/L 苯醚甲环唑悬浮剂 (35)	专用型 (49)	小麦 (47)	全蚀病 (32), 散黑穗病 (23), 纹枯病 (10)
	3%、0.3%苯醚甲环唑悬浮剂 (24、1)		玉米 (2)	丝黑穗病 (2)
		通用型 (10)	小麦+芝麻 (5)	散黑穗病 (3), 全蚀病 (3); 纹枯病 (3); 茎腐病 (5)
			小麦+玉米 (3)	散黑穗病 (3), 全蚀病 (2), 丝黑穗病 (1)
			玉米+芝麻 (1)	丝黑穗病 (1), 茎腐病 (1)
			棉花+小麦 (1)	立枯病 (1), 全蚀病 (1)
氟虫腈	500 g/L、50 g/L 氟虫腈悬浮剂 (1、2)	专用型 (36)	玉米 (33)	蛴螬 (30), 灰飞虱 (2); 金针虫 (1), 蚜虫 (1)
	22%、12%、8%、5%氟虫腈悬浮剂 (1、2、11、19)		水稻 (2)	三化螟 (2), 稻蓟马 (2), 稻瘿蚊 (2), 稻纵卷叶螟 (2)
噻虫嗪	48%噻虫嗪悬浮剂 (1)	专用型 (14)	玉米 (10)	灰飞虱 (6), 蚜虫 (4)
	40%噻虫嗪悬浮剂 (3)		小麦 (2)	蚜虫 (2)
	35%噻虫嗪悬浮剂 (14)		水稻 (2)	蓟马 (2)
	30%噻虫嗪悬浮剂 (12)	通用型 (18)	水稻+玉米 (9)	蓟马 (8), 灰飞虱 (5), 蚜虫 (4), 稻飞虱 (1)
	16%噻虫嗪悬浮剂 (2)		小麦+玉米 (3)	金针虫 (2), 灰飞虱 (2); 蚜虫 (1)
			花生+玉米 (1)	蛴螬 (1), 灰飞虱 (1)
			花生+小麦+玉米 (1)	蛴螬 (1), 蚜虫 (1), 灰飞虱 (1)
			棉花+油菜+玉米 (1)	蚜虫 (1), 黄条跳甲 (1), 灰飞虱 (1)
			棉花+小麦+玉米 (1)	蚜虫 (1), 金针虫 (1)
			马铃薯+棉花+水稻+小麦 (1)	蚜虫 (1), 黄条跳甲 (1), 灰飞虱 (1)
			马铃薯+棉花+水稻+油菜+小麦+玉米 (1)	蓟马 (1), 蚜虫 (1), 跳甲 (1), 金针虫 (1)
咯菌腈	25 g/L 咯菌腈悬浮剂 (28)	专用型 (16)	水稻 (9)	恶苗病 (9)
	2.5%咯菌腈悬浮剂 (1)		花生 (3)	根腐病 (3)
	0.5%咯菌腈悬浮剂 (2)		小麦 (2)	根腐病 (2)
			玉米 (1)	茎基腐病 (1)
			棉花 (1)	立枯病 (1)

续表

活性成分	登记产品数量/个		通用型	作物	防治对象
咯菌腈	25 g/L咯菌腈悬浮剂 (28)		通用型	水稻+玉米 (1)	恶苗病 (1)、茎腐病 (1)
	2.5%咯菌腈悬浮剂 (1)		(14)	水稻+小麦 (1)	恶苗病 (1)、根腐病 (1)
	0.5%咯菌腈悬浮剂 (2)			棉花+玉米 (1)	立枯病 (1)、茎基腐病 (1)
				马铃薯+小麦 (1)	黑痣病 (1)、根腐病 (1)
				花生+玉米 (1)	根腐病 (1)、茎基腐病 (1)
				马铃薯+水稻 (1)	黑痣病 (1)、恶苗病 (1)
				花生+马铃薯+水稻 (1)	根腐病 (1)、黑痣病 (1)、恶苗病 (1)
				花生+棉花+水稻+小麦 (1)	根腐病 (1)、立枯病 (1)、恶苗病 (1)、腥黑穗病 (1)
				花生+马铃薯+水稻+玉米 (1)	根腐病 (1)、茎基腐病 (1)、恶苗病 (1)、黑痣病 (1)
				马铃薯+水稻+向日葵+小麦 (1)	黑痣病 (1)、恶苗病 (1)、菌核病 (1)、根腐病 (1)
				花生+马铃薯+水稻+小麦+玉米 (1)	根腐病 (1)、黑痣病 (1)、恶苗病 (1)、纹枯病 (1)、茎基腐病 (1)
				大豆+花生+棉花+马铃薯+小麦+豇豆 (1)	根腐病 (1)、立枯病 (1)、恶苗病 (1)、枯萎病 (1)、腥黑穗病 (1)
				大豆+马铃薯+棉花+棉花+人参+水稻+丙瓜+向日葵+小麦+玉米 (2)	根腐病 (2)、茎基腐病 (2)、立枯病 (2)、枯萎病 (2)、菌核病 (2)、腥黑穗病 (2)、恶苗病 (2)、黑痣病 (2)

芝麻组合的有 5 个产品，可防治全蚀病、纹枯病、散黑穗病或茎腐病；针对小麦+玉米组合的有 3 个产品，用于分别防治全蚀病、纹枯病、散黑穗病或丝黑穗病；针对玉米+芝麻组合、棉花+小麦组合的则各有 1 个登记产品，所防治病害分别为丝黑穗病与茎腐病以及立枯病与全蚀病。综合含苯醚甲环唑的专用型和通用型种衣剂单剂产品的登记信息可知，其常见产品规格为 30 g/L 或 3%苯醚甲环唑悬浮种衣剂，所施用的最常见作物为小麦，其次为玉米和芝麻，所防治病害最常见的是小麦全蚀病，其次为小麦散黑穗病、小麦纹枯病、玉米丝黑穗病以及芝麻茎腐病。

当前，所有已经正式获批登记的涉及氟虫腈种衣剂单剂产品的登记剂型均为种子处理悬浮剂。登记为 22%、12%、8%、5%氟虫腈悬浮剂单剂的产品分别有 1 个、2 个、11 个、19 个，500 g/L、50 g/L 氟虫腈悬浮种衣剂单剂的产品分别有 1 个、2 个，合计 36 个；除 1 个产品未标注所施用作物外，其余 36 个均为专用型种衣剂（表 5-11）。含氟虫腈的专用型种衣剂单剂产品专用于玉米和水稻两种作物。其中，含氟虫腈的玉米专用型种衣剂单剂产品 33 个，其中能防治蛴螬的产品有 30 个，防治灰飞虱的产品 2 个、防治金针虫和蚜虫的产品各 1 个。含氟虫腈的水稻专用型种衣剂单剂产品仅 2 个，可同时防治稻飞虱、稻蓟马、稻纵卷叶螟、稻瘿蚊、三化螟等苗期害虫。显然，含氟虫腈的专用型种衣剂单剂产品专用于玉米的居于主导地位。综上，其常见产品规格为 5%、8%氟虫腈悬浮种衣剂，所施用的最常见作物为玉米，所防治的最常见虫害为地下害虫中的蛴螬。

所有已经正式获批登记的涉及噻虫嗪的种衣剂单剂产品的登记剂型均为种子处理悬浮剂。登记产品为 48%、40%、35%、30%、16%噻虫嗪悬浮种衣剂的数量分别为 1 个、3 个、14 个、12 个、2 个，合计 32 个（表 5-11）；含 14 个专用型种衣剂，18 个通用型种衣剂。含噻虫嗪的专用型种衣剂单剂产品专用于玉米、小麦和水稻等作物。含噻虫嗪的玉米专用型种衣剂单剂产品 10 个，其中防治玉米苗期灰飞虱的产品有 6 个，防治蚜虫的产品有 4 个。含噻虫嗪的小麦专用型种衣剂和水稻专用型种衣剂单剂产品各有 2 个，分别专用于防治小麦苗期蚜虫和水稻苗期蓟马。由上可知，含噻虫嗪的专用型种衣剂单剂产品以专用于玉米的最多，其专注于防治灰飞虱和蚜虫。含噻虫嗪的通用型种衣剂单剂应用于水稻+玉米、小麦+玉米两种农作物组合的产品分别有 9 个和 3 个，这其中能用于防治蓟马的产品有 8 个、防治灰飞虱的 7 个，其他防治对象还有蚜虫（5 个）、金针虫（2 个）、稻飞虱（1 个）。其余通用型种衣剂可施用作物组合，如花生+玉米、花生+小麦+玉米、棉花+小麦+玉米、棉花+油菜+玉米、马铃薯+棉花+油菜+小麦、马铃薯+水稻+油菜+小麦+玉米所登记单剂产品各仅有 1 个，所防治虫害为蛴螬、灰飞虱、蚜虫、黄条跳甲、金针虫或蓟马。综合含噻虫嗪的专用型和通用型种衣剂单剂产品的登记信息可知，其常见产品规格为 35%、30%噻虫嗪悬浮种衣剂，所施用的最常见作物为玉米，所防治的常见虫害为苗期的灰飞虱和蚜虫，其次为地下害虫中的蛴螬。

截至目前，所有已经正式获批登记的涉及咯菌腈的种衣剂单剂产品均登记为种子处理悬浮剂。其中，登记为 25 g/L 咯菌腈悬浮种衣剂的产品有 28 个，2.5%和 0.5%咯菌腈悬浮种衣剂分别仅登记 1 个和 2 个，合计 31 个产品（表 5-11）；包含 16 个专用型种衣剂，14 个通用型种衣剂，另有 1 个未注明施用作物。含咯菌腈的专用型种衣剂单剂产品可专用于水稻、花生、小麦、玉米和棉花等作物。其中，含咯菌腈的水稻专用型种衣剂单剂产品 9 个，专门防治水稻恶苗病；含咯菌腈的花生专用型种衣剂和小麦专用型种衣剂单剂产品分别为 3 个和 2 个，均专门防治根腐病；含咯菌腈的玉米专用型种衣剂和棉花专用型种衣剂单剂产品均仅 1 个，分别专门防治茎基腐病和立枯病。由上可知，含咯菌腈的专用型种衣剂单剂产品以专用于水稻的最多，专注于防治水稻恶苗病。含咯菌腈的通用型种衣剂单剂应用于大豆+花生+马铃薯+棉花+人参+水稻+西瓜+向日葵+小麦+玉米 10 种作物组合的产品有 2 个，防治立枯病、枯萎病、根腐病、茎基腐病、黑痣病、恶苗病、菌核病、腥黑穗病等病害；此外，应用于水稻+玉米、水稻+小麦、棉花+玉米、花生+玉米、马铃薯+小麦、马铃薯+水稻、花生+马铃薯+水稻、花生+棉花+水稻+小麦、花生+马铃薯+水稻+玉米、马铃薯+水稻+向日葵+小麦、花生+马铃薯+水稻+小麦+玉米、大豆+花生+棉花+水稻+西瓜+小麦+豇豆等作物组合的产品均只有 1 个，能用于分别防治根腐病、茎基腐病、立枯病、恶苗病、黑痣病、腥黑穗病、菌核病或枯萎病等病害。综合含咯菌腈的专用型和通用型种衣剂单剂产品的登记信息可知，其常见产品规格为 25 g/L 咯菌腈悬浮种衣剂，所施用的最常见作物为水稻，所防治的常见病害为水稻恶苗病，其次为花生或小麦根腐病、玉米茎基腐病。

5.1.6.2 常用种衣剂二元混剂登记信息

依据登记信息，种衣剂二元混剂产品有 6 种常见二元复配的农药活性成分，其中，登记农药类别全部为杀菌剂的二元农药活性成分组合为多菌灵·福美双（49 个）、戊唑醇·福美双（26 个）、福美双·拌种灵（20 个）；而福美双·克百威（112 个）与多菌灵·克百威（29 个）的登记农药类别主要为杀虫剂/杀菌剂；甲拌磷·克百威（25 个）的登记农药类别主要为杀虫剂。

截至目前，所有已经正式获批登记的涉及多菌灵·福美双的种衣剂二元混剂产品的登记剂型均为种子处理悬浮剂。登记为 35%、30%、25%、20%、18%、17%、15%、14% 多·福悬浮种衣剂的二元混剂产品分别有 1 个、1 个、1 个、6 个、2 个、6 个、30 个、3 个，合计 50 个；含 41 个专用型种衣剂、8 个通用型种衣剂（表 5-12）。含多·福的专用型种衣剂二元混剂产品可分别专用于水稻、小麦、棉花和大豆 4 种作物。其中，含多·福的水稻专用型种衣剂二元混剂产品 16 个，其中标注能防治水稻恶苗病的产品有 10 个、防治水稻立枯病的产品 5 个、防治水稻苗期病害的产品 3 个、防治稻瘟病的产品 1 个；含多·福的小麦专用型种衣剂二元混剂产品 15 个，其中标注能防治根腐病的产品有 13 个、防治小麦黑穗病的产品 12 个、防治小麦散黑穗病的产品 3 个。含多·福的棉花专用型种衣剂二元混剂产品 6 个，标注能防治立枯病的产品有 4 个、防治苗期病害的产品 2 个。含多·福的大豆专用型种衣剂二元混剂产品有 4 个，专用于防治大豆根腐病。显然，含多·福的专用型种衣剂二元混剂产品专用于水稻与小麦的居于主导地位。含多·福的通用型种衣剂二元混剂应用于水稻+玉米、棉花+小麦两种农作物组合的产品各有 3 个，能分别防治苗期病害、稻瘟病、茎基腐病、立枯病、根腐病、黑穗病、炭疽病等病害；其余能应用于水稻+小麦、棉花+水稻+小麦组合的产品均仅有 1 个，能用于分别防治苗期立枯病、炭疽病、恶苗病、根腐病、黑穗病等。综上，其常见产品规格为 15% 多·福悬浮种衣剂，所施用的最常见作物为水稻与小麦，其次为棉花；所防治的常见病害为立枯病、根腐病、恶苗病。

表 5-12 常用种衣剂二元混剂产品登记信息

活性成分	登记产品数量/个	属性	作物	防治对象
福美双·克百威	35%、30%、21%、20%、18%、17%、15.5%、15%、3%福·克悬浮剂（1、2、2、72、5、2、4、19、1）；80%福·克干粉剂（1）	专用型（112）	玉米（107）	地下害虫（83）、茎基腐病（42）、茎腐病（16）、苗期害虫（11）；蚂蚁（10）、黏虫（24）、金针虫（8）、蛴螬（7）、地老虎（7）、黑粉病（5）、黑穗病（2）；蚜虫（1）、立枯病（1）、黑星病（1）
	60%、40%、20%福·克干粉剂（1、1、1）		花生（2）	立枯病（2）、蛴螬（2）
			大豆（2）	地下害虫（2）、根腐病（2）
			甜菜（1）	地下害虫（1）、根腐病（1）
多菌灵·福美双	35%、30%、25%、20%、18%、17%、15%、14%多·福悬浮剂（1、1、1、6、2、6、30、3）	专用型（41）	水稻（16）	恶苗病（10）、苗期病害（5）、苗期病害（3）、稻瘟病（1）
			小麦（15）	根腐病（13）、黑穗病（12）、散黑穗病（3）、黑穗病（1）
			棉花（6）	立枯病（4）、苗期病害（2）
			大豆（4）	根腐病（4）
		通用型（8）	水稻+玉米（3）	稻瘟病（1）、苗期病害（2）、茎基腐病（3）
			棉花+小麦（3）	立枯病（3）、根腐病（3）、黑穗病（3）；炭疽病（1）
			水稻+小麦（1）	恶苗病（1）、根腐病（1）、黑穗病（1）
			棉花+水稻+小麦（1）	苗期立枯病（1）、炭疽病（1）、恶苗病（1）、根腐病（1）、黑穗病（1）
多菌灵·克百威	25%、17%、16%、15%、11%多·克悬浮剂（2、1、4、5、1）	专用型（26）	小麦（12）	地下害虫（7）、纹枯病（4）、苗期病害（3）；蚂蚁（2）、地老虎（1）、苗期害虫（1）、散黑穗病（2）、苗期蚜虫（1）
	25%、20%、17%、16%、15%克百·多菌灵悬浮剂（3、2、3、6、2）		玉米（8）	地下害虫（7）；金针虫（1）、蚜螬（1）、苗期害虫（1）、蝼蛄（1）
			棉花（3）	苗期病害（2）、蚜虫（2）；地下害虫（1）、苗野（1）、立枯病（1）
			花生（3）	蚜虫（3）、茎枯病（2）；地下害虫（1）
		通用型（3）	花生+棉花（2）	立枯病（2）、苗野（2）；地下害虫（2）；地老虎（1）、金针虫（1）、蝼蛄（1）
			大豆+玉米（1）	地下害虫（1）、黑穗病（1）

续表

活性成分	登记产品数量/个	属性	作物	防治对象
戊唑醇·福美双	24%唑醇·福美双悬浮剂 (2)	专用型 (23)	玉米 (13)	丝黑穗病 (13)
	23%、18%、16%、11%、10.6%、10.2%、9.6%、8.6%、6%、0.6%戊唑·福美双悬浮剂 (2、1、3、5、2、3、1、2、2、2)	通用型 (3)	小麦 (10)	黑穗病 (5)；散黑穗病 (3)，纹枯病 (3)；根腐病 (2)，锈病 (2)
	11%福·戊唑悬浮剂 (1)		小麦+玉米 (3)	散黑穗病 (3)，丝黑穗病 (3)
甲拌磷·克百威	25%、20%甲·克悬浮剂 (12、5)	专用型 (24)	花生 (24)	地下害虫 (17)、蛴螬 (14)、蝼蛄 (5)、地老虎 (4)、蟋蟀 (4)、金针虫 (3)
	25%、20%甲拌·克悬浮剂 (3、4)			
福美双·拌种灵	10%福·拌悬浮剂 (1)	专用型 (20)	棉花 (20)	苗期病害 (8)、立枯病 (12)、炭疽病 (6)
	40%、15%、10%、7.2%拌·福悬浮剂 (1、1、1、1)			
	70%、40%、15%、10%、7.2%美·拌种灵悬浮剂 (2、1、3、8、1)			

截至目前，所有已经正式获批登记的涉及戊唑醇·福美双的种衣剂二元混剂产品的登记剂型均为种子处理悬浮剂。登记为 23%、18%、16%、11%、10.6%、10.2%、9.6%、8.6%、6%、0.6%戊唑·福美双悬浮种衣剂二元混剂的产品分别有 2 个、1 个、3 个、5 个、2 个、3 个、1 个、2 个、2 个、2 个；登记为 24%唑醇·福美双悬浮种衣剂的有 2 个；登记为 11%福·戊唑悬浮种衣剂的有 1 个；合计 26 个；含 23 个专用型种衣剂、3 个通用型种衣剂（表 5-12）。含戊唑·福美双的专用型种衣剂二元混剂产品仅专用于玉米和小麦两种作物。其中，含戊唑·福美双的玉米专用型种衣剂二元混剂产品 13 个，其仅专门防治玉米丝黑穗病。含戊唑·福美双的小麦专用型种衣剂二元混剂产品 10 个，其中标注能防治黑穗病的产品 5 个、防治小麦散黑穗病和小麦纹枯病的产品各 3 个、防治根腐病和锈病的产品各 2 个。含戊唑·福美双的通用型种衣剂二元混剂产品仅 3 个，全都应用于小麦+玉米两种农作物，能用于分别防治小麦散黑穗病和玉米丝黑穗病。综上，涉及戊唑醇·福美双的种衣剂二元混剂产品所施用的作物只有小麦与玉米，所防治的常见病害为丝黑穗病和散黑穗病。

截至目前，所有已经正式获批登记的涉及福美双·拌种灵的种衣剂二元混剂产品的登记剂型均为种子处理悬浮剂。登记为 70、40、15、10、7.2%福美·拌种灵悬浮种衣剂的二元混剂产品分别有 2 个、1 个、3 个、8 个、1 个；登记为 40、15、10、7.2%拌·福悬浮种衣剂的二元混剂产品各有 1 个；登记为 10%福·拌悬浮剂的二元混剂产品 1 个；合计 20 个；且均为专用型种衣剂（表 5-12）。含福美·拌种灵的专用型种衣剂二元混剂产品只专用于棉花。其中，标注能防治棉花立枯病的产品 12 个、防治苗期病害的产品 8 个、防治炭疽病的产品 6 个。

迄今为止，所有已经正式获批登记的涉及福美双·克百威的种衣剂二元混剂产品的登记剂型均为种子处理悬浮剂、干悬浮剂或干粉。登记为 60%、40%、20%福·克干粉剂的各有 1 个产品；登记为 80%福·克干悬浮种衣剂的仅有 1 个；登记为 35%、30%、21%、20%、18%、17%、15.5%、15%、3%福·克悬浮剂的分别有 1 个、2 个、2 个、72 个、5 个、2 个、4 个、19 个、1 个产品；合计 112 个；且均为专用型种衣剂（表 5-12）。含福·克的专用型种衣剂二元混剂产品分别专用于玉米、花生、大豆和甜菜 4 种作物。其中，含福·克的玉米专用型种衣剂二元混剂产品 107 个，能防治地下害虫的有 83 个产品、蚜虫 24 个、苗期害虫 11 个、蓟马和黏虫各 10 个、玉米螟 9 个、金针虫和蛴螬各 8 个、蝼蛄和地老虎各 7 个；能防治茎基腐病的有 42 个产品、茎腐病 16 个、黑粉病 5 个、黑穗病 2 个，茎枯、立枯病和黑星病各 1 个。含福·克的花生专用型种衣剂二元混剂产品 2 个，能同时防治立枯病与蛴螬。含福·克的大豆专用型种衣剂二元混剂产品 2 个，能同时防治地下害虫与根腐病。含福·克的甜菜专用型种衣剂二元混剂产品 1 个，也可防治地下害虫与根腐病。综上，其常见产品规格为 20%福·克悬浮种衣剂，所施用的最常见作物为玉米；所防治的最常见病虫害为地下害虫与玉米茎基腐病。

截至目前，所有已经正式获批登记的涉及多菌灵·克百威的种衣剂二元混剂产品的登记剂型均为种子处理悬浮剂。登记为 25%、17%、16%、15%、11%多·克悬浮种衣剂的二元混剂产品分别有 2 个、1 个、4 个、5 个、1 个；登记为 25%、20%、17%、16%、15%克百·多菌灵悬浮种衣剂的二元混剂产品分别有 3 个、2 个、3 个、6 个、2 个；合计 29 个；含 26 个专用型种衣剂、3 个通用型种衣剂（表 5-12）。含多·克的专用型种衣剂二元混剂产品可分别专用于小麦、玉米、棉花和花生 4 种作物。其中，含多·克的小麦专用型种衣剂二元混剂产品有 12 个，标注能防治地下害虫的产品有 7 个、防治小麦纹枯病的产品 4 个、防治小麦苗期病害的产品 3 个；能防治散黑穗病、蝼蛄、金针虫的产品各有 2 个；能防治蛴螬、苗期蚜虫、苗期害虫、地老虎的产品各 1 个。含多·克的玉米专用型种衣剂二元混剂产品有 8 个，其中标注能防治地下害虫的产品有 7 个；能防治金针虫、蛴螬、蝼蛄的产品各 1 个。含多·克的棉花专用型种衣剂和花生专用型种衣剂二元混剂产品各有 3 个，也可防治地下害虫、苗蚜、蚜虫及苗期病害、立枯病、茎枯病、茎腐病等虫害与病害。显然，含多·克的专用型种衣剂二元混剂产品专用于小麦与玉米的居于主导地位。含多·克的通用型种衣剂二元混剂产品应用于花生+棉花、大豆+玉米两种农作物组合的分别有 2 个和 1 个，能用于分别防治立枯病、黑穗病以及地下害虫、蛴螬、地老虎、金针虫、蝼蛄、苗蚜等病害与虫害。综上，其常见产品规格以 16%多·克悬浮剂或克百·多菌灵悬浮剂居多，所施用的最常见作物为小麦与玉米；所防治的常见病虫害为地下害虫与纹枯病。

截至目前，所有已经正式获批登记的涉及甲拌磷·克百威的种衣剂二元混剂产品登记剂型均为种子处理悬浮剂。登记为 25%、20%甲·克悬浮种衣剂的二元混剂产品分别有 12 个和 5 个；登记为 25%、20%甲拌·克悬浮种衣剂的二元混剂产品分别有 3 个和 4 个；合计 24 个；全都是专用型种衣剂，且专门只适用于花生（表 5-12）。24 个含甲·克的花生专用型种衣剂二元混剂产品中，标注能防治地下害虫的产品 17 个、能防治蚜虫的产品 14 个、能防治蛴螬的 5 个、能防治地老虎和蝼蛄的各 4 个、能防治金针虫的 3 个。综上，其常见产品规格主要为 25%甲·克或甲拌·克悬浮剂，施用作物专一针对花生；防治的常见虫害为地下害虫与蚜虫。

5.1.6.3 常见种衣剂三元混剂登记信息

截至目前，所有已经正式获批登记的涉及多菌灵·福美双·克百威的种衣剂三元混剂产品登记有种子处理悬浮剂、种衣剂、干粉剂 3 种剂型。其中，登记为 35%多·福·克干粉剂的有 1 个产品；登记为 38%、30%、25%多·福·克种衣剂的各 2 个产品；登记为 35%、30%、28%、26%、25%、24%、20%、16.8%多·福·克悬浮种衣剂的分别有 22 个、29 个、2 个、3 个、11 个、1 个、2 个、2 个产品；合计 79 个；含 74 个专用型种衣剂、5 个通用型种衣剂（表 5-13）。含多·福·克的专用型种衣剂三元混剂产品只专用于大豆和玉米。其中，含多·福·克的大豆专用型种衣剂三元混剂产品 71 个，能防治根腐病的产品 70 个、孢囊线虫 4 个、地下害虫 47 个、蚜虫 11 个、蓟马 8 个，蛴螬、线虫和金针虫各 5 个，地老虎和蝼蛄各 3 个，二条叶甲、根潜蝇、小地老虎和种蝇各 1 个。含多·福·克的玉米专用型种衣剂三元混剂产品 3 个，主要防治地下害虫与茎基腐病。含多·福·克的通用型种衣剂三元混剂能应用于大豆+玉米两种农作物组合的产品有 3 个，分别防治地下害虫、蓟马、蚜虫、根腐病；能应用于大豆+花生、大豆+花生+绿豆的农作物组合的产品各 1 个，可防治地下害虫、根腐病或茎腐病等。综

表 5-13　常用种衣剂三元混剂产品登记信息

活性成分	登记产品数量/个	属性	作物	防治对象
多菌灵·福美双·克百威	35%、30%、28%、26%、25%、24%、20%、16.8%多·福·克悬浮剂、兑种衣剂(22、29、2、3、11、1、2、2)	专用型(74)	大豆(71)	根腐病(70)、地下害虫(47)、蚜虫(11)、蓟马(8)、蝼蛄(5)、金针虫(5)、线虫(5);孢囊线虫(4)、蝼蛄(3)、小地老虎(1)、地老虎(3)、二条叶甲(1)
	38%、30%、25%多·福·克种衣剂(2、2、2)	通用型(5)	玉米(3)	茎腐病(3)、地下害虫(3)、根腐病(1)、蝼蛄(1)、地老虎(1)、金针虫(1)、针虫(1)、蝼蛄(1)
			大豆+玉米(3)	根腐病(3)、地下害虫(3)、蓟马(1)、蚜虫(1)
	35%多·福·克干粉剂(1)		大豆+花生(1)	根腐病(1)、立枯病(1)、地下害虫(1)
			大豆+花生+绿豆(1)	根腐病(1)、地下害虫(1)、线虫(1)
苯醚甲环唑·咯菌腈·噻虫嗪	38%、27%、25%、24%、22%、12%、9%苯醚·咯·噻虫悬浮剂(5、11、1、2、3、2、2)	专用型(21)	花生(7)	蚜虫(6)、茎腐病(5)、根腐病(2)、蝼蛄(1)
		通用型(5)	小麦(14)	金针虫(9)、散黑穗病(6)、蚜虫(5)、全蚀病(1)、根腐病(3)、纹枯病(1)
			花生+小麦(2)	根腐病(2)、散黑穗病(1)、纹枯病(1)、金针虫(1)、蝼蛄(1)、蚜虫(1)
			花生+水稻(1)	根腐病(1)、蚜虫(1)、恶苗病(1)、蓟马(1)
			花生+马铃薯+水稻+小麦(1)	根腐病(1)、恶苗病(1)、蓟马(1)、全蚀病(1)、蚜虫(1)、金针虫(1)、黑穗病、散黑穗病(1)、丝黑穗病(1)
噻虫嗪·咯菌腈·精甲霜灵	29%、26%、25%、20%噻虫·咯·霜灵悬浮剂(10、1、12、2)	专用型(14)	玉米(7)	灰飞虱(3)、茎基腐病(6)、根腐病(1)、蓟马(1)、蚜虫(1)
	25%噻虫·咯·精甲悬浮剂(1)	通用型(12)	水稻(3)	恶苗病(3)、蓟马(3)
			花生(3)	根腐病(3)、蝼蛄(3)
			稻花(1)	立枯病(1)、蚜虫(1)、猝倒病(1)
			花生+玉米(4)	根腐病(4)、茎基腐病(4)、蝼蛄(4)、灰飞虱(3)、蚜虫(1)
			花生+水稻(2)	根腐病(2)、烂秧病(2)、蓟马(2)、蝼蛄(2)、蓟马(1)
			花生+稻花+水稻(1)	根腐病(1)、立枯病(1)、猝倒病(1)、恶苗病(1)、立枯病(1)、恶苗病(1)、烂苗病(1)、蝼蛄(1)、恶苗病(1)、蚜虫(1)、蓟马(1)

续表

活性成分	登记产品数量/个	属性	作物	防治对象
精甲咯菌·咯菌腈·嘧菌酯	11%、10%、6%精甲·咯·嘧菌悬浮剂（18、2、2）	专用型（13）	花生+棉花+人参（4）	根腐病（4）、立枯病（4）、猝倒病（4）、锈腐病（4）、疫病（4）、蚂蟥（4）、蚜虫（4）、金针虫（4）
		通用型（9）	花生+棉花+水稻+小麦（1）	根腐病（1）、立枯病（1）、猝倒病（1）、恶苗病（1）、烂秧病（1）、蚜虫（1）、蓟马（1）
			花生（6）	根腐病（6）
			棉花（4）	立枯病（4）、猝倒病（3）
			水稻（2）	恶苗病（2）、立枯病（2）
			小麦（1）	全蚀病（1）、蚜虫（1）
			棉花+玉米（4）	立枯病（4）、猝倒病（4）、茎基腐病（4）
			棉花+水稻（2）	立枯病（2）、恶苗病（2）、烂秧病（1）
			花生+玉米（1）	根腐病（1）、茎基腐病（1）
			花生+棉花+玉米（1）	立枯病（1）、根腐病（1）、茎基腐病（1）
			花生+马铃薯+玉米（1）	白绢病（1）、根腐病（1）、黑腐病（1）、茎基腐病（1）
克百威·戊唑酮·多菌灵	22.7%、17%克·酮·多菌灵悬浮剂（1、6）	专用型（16）	小麦（13）	地下害虫（11）、白粉病（10）、全蚀病（3）、蚜虫（3）、黑穗病（2）、锈病（1）
			棉花（2）	红腐病（2）、蚜虫（2）、地下害虫（1）、蚂蟥（1）、地老虎（1）、金针虫（1）、蝼蛄（1）
			玉米（1）	地下害虫（1）
	17%多·克·酮种衣剂（2）22.7%、17%、15.7%多·克·酮悬浮剂（1、5、1）			
丁硫克百威·福美双·戊唑醇	20%丁硫克百威·福·戊唑悬浮剂（2）20.6%、18%、15.6%、14.4%丁·戊·福美双悬浮剂（5、1、2、1）	专用型（11）	玉米（11）	丝黑穗病（10）、地下害虫（6）、蚂蟥（5）；地老虎（3）、金针虫（3）；蝼蛄（1）
吡虫啉·咯菌腈·苯醚甲环唑	52%、23%吡虫·咯菌腈·苯甲悬浮剂（4、6）	专用型（9）	小麦（9）	蚜虫（9）、纹枯病（8）、全蚀病（5）、散黑穗病（1）
		通用型（1）	花生+小麦（1）	根腐病、纹枯病、全蚀病、金针虫、蚜虫

合含多·福·克的专用型和通用型种衣剂三元混剂产品的登记信息可知，其常见农药活性成分规格为 35% 和 30% 多·福·克悬浮剂，所有产品均能施用于大豆，防治的常见病虫害为大豆根腐病和地下害虫。

迄今为止，所有已经正式获批登记的涉及苯醚甲环唑·咯菌腈·噻虫嗪的种衣剂三元混剂产品均登记为种子处理悬浮剂剂型。登记为 38%、27%、25%、24%、22%、12%、9% 苯醚·咯·噻虫悬浮剂的产品分别有 5 个、11 个、1 个、2 个、3 个、2 个、2 个；合计 26 个；含 21 个专用型种衣剂、5 个通用型种衣剂（表 5-13）。含苯醚·咯·噻虫的专用型种衣剂三元混剂产品仅专用于小麦和花生两种作物。其中，含苯醚·咯·噻虫的小麦专用型种衣剂三元混剂产品 14 个，能防治金针虫的产品 9 个、散黑穗病 6 个，蚜虫与全蚀病各 5 个、根腐病 3 个、纹枯病 1 个。含苯醚·咯·噻虫的花生专用型种衣剂三元混剂产品 7 个，能防治蚜虫的产品 6 个、茎腐病 5 个、根腐病 2 个、蛴螬 1 个。含苯醚·咯·噻虫的通用型种衣剂三元混剂均能应用于花生，其中，应用于花生·小麦两种农作物组合的产品 2 个，均可用于防治根腐病，也可分别防治纹枯病、散黑穗病、蛴螬、金针虫、蚜虫；能应用于花生·水稻、花生·水稻·小麦、玉米、花生·马铃薯·水稻·小麦等农作物组合的产品各 1 个，可分别防治根腐病、黑痣病、恶苗病、散黑穗病、全蚀病、丝黑穗病、蛴螬、蓟马、金针虫、蚜虫。综合含苯醚·咯·噻虫的专用型和通用型种衣剂三元混剂产品的登记信息可知，其常见农药活性成分规格为 27% 苯醚·咯·噻虫悬浮剂，施用常见农作物是小麦和花生，防治的常见病虫害为根腐病、金针虫、蚜虫。

迄今为止，所有已经正式获批登记的涉及噻虫嗪·咯菌腈·精甲霜灵的种衣剂三元混剂登记产品的剂型均为种子处理悬浮剂。登记为 29%、26%、25%、20% 噻虫·咯·霜灵悬浮种衣剂的产品分别有 10 个、1 个、12 个、2 个，登记为 25% 噻虫·咯·精甲悬浮种衣剂的有 1 个；合计 26 个；含 14 个专用型种衣剂、12 个通用型种衣剂（表 5-13）。含噻虫·咯·霜灵的专用型种衣剂三元混剂产品专用于玉米、水稻、花生和棉花 4 种作物。其中，含噻虫·咯·霜灵的玉米专用型种衣剂三元混剂产品 7 个，能防灰飞虱和茎基腐病的产品各 6 个，防治根腐病与蚜虫的各 1 个。含噻虫·咯·霜灵的水稻专用型种衣剂三元混剂产品 3 个，能同时专门防治恶苗病和蓟马。含噻虫·咯·霜灵的花生专用型种衣剂三元混剂产品 3 个，能同时专门防治根腐病和蛴螬。含噻虫·咯·霜灵的棉花专用型种衣剂三元混剂产品 1 个，可同时防治立枯病、蚜虫、猝倒病。含噻虫·咯·霜灵的通用型种衣剂三元混剂均能应用于花生，其中，应用于花生+玉米两种农作物组合的产品 4 个，均可用于防治根腐病、蛴螬、茎基腐病，可防治灰飞虱的产品 3 个、蚜虫 1 个；能应用于花生+棉花+人参农作物组合的产品 4 个，均可防治立枯病、根腐病、锈腐病、猝倒病、疫病和蛴螬、蚜虫、金针虫；能应用于花生+水稻组合的产品 2 个，应用于花生+棉花+水稻、花生+棉花+水稻+小麦组合的产品各 1 个，可分别防治根腐病、立枯病、猝倒病、恶苗病、烂秧病和蛴螬、蓟马、蚜虫。综合含噻虫·咯·霜灵的专用型和通用型种衣剂三元混剂产品的登记信息可知，其常见农药活性成分规格为 29% 和 25% 噻虫·咯·霜灵悬浮剂，施用常见农作物是花生和玉米，防治的常见病虫害为根腐病、茎基腐病、蛴螬、灰飞虱。

迄今为止，所有已经正式获批登记的涉及精甲霜灵·咯菌腈·嘧菌酯的种衣剂三元混剂产品均登记为种子处理悬浮剂剂型。登记为 11%、10%、6%精甲·咯·嘧菌悬浮种衣剂的产品分别有 18 个、2 个、2 个；合计 22 个；含 13 个专用型种衣剂、9 个通用型种衣剂（表 5-13）。含精甲·咯·嘧菌的专用型种衣剂三元混剂产品专用于花生、棉花、水稻和小麦 4 种作物。其中，含精甲·咯·嘧菌的花生专用型种衣剂三元混剂产品 6 个，专用于防治花生根腐病。含精甲·咯·嘧菌的棉花专用型种衣剂三元混剂产品 4 个，均能防立枯病，3 个能防治猝倒病。含精甲·咯·嘧菌的水稻专用型种衣剂三元混剂产品 2 个，均能同时防治恶苗病和立枯病。含精甲·咯·嘧菌的小麦专用型种衣剂三元混剂产品 1 个，能同时防治全蚀病和蚜虫。含噻虫·咯·霜灵的通用型种衣剂三元混剂能应用于棉花+玉米两种农作物组合的产品 4 个，均可同时防治立枯病、猝倒病、茎基腐病；能应用于棉花+水稻农作物组合的产品 2 个，均可同时防治立枯病、恶苗病，也可分别防治猝倒病或烂秧病；能应用于花生+玉米、花生+棉花+玉米、花生+马铃薯+玉米农作物组合的各 1 个产品，可分别防治根腐病、茎基腐病、白绢病、黑痣病、立枯病。综合含精甲·咯·嘧菌的专用型和通用型种衣剂三元混剂产品的登记信息可知，其常见活性成分规格为 11%精甲·咯·嘧菌悬浮剂，施用常见农作物是花生和棉花，防治的常见病虫害为根腐病、立枯病。

迄今为止，所有已经正式获批登记的涉及克百威·戊唑酮·多菌灵的种衣剂三元混剂产品均登记为种子处理悬浮剂和种衣剂剂型。登记为 22.7%、17%克·酮·多菌灵悬浮种衣剂的产品分别有 1 个和 6 个，登记为 17%多·克·酮种衣剂的有 2 个，登记为 22.7%、17%、15.7%多·克·酮悬浮种衣剂的分别有 1 个、5 个、1 个；合计 16 个；全部为专用型种衣剂（表 5-13）。含多·克·酮的专用型种衣剂三元混剂产品专用于小麦、棉花和玉米 3 种作物。其中，含多·克·酮的小麦专用型种衣剂三元混剂产品 13 个，能防治地下害虫的产品 11 个、白粉病 10 个、全蚀病 3 个、黑穗病 2 个、锈病 1 个。含多·克·酮的棉花专用型种衣剂三元混剂产品 2 个，能同时防治红腐病、蚜虫，也可分别兼防地下害虫、地老虎、金针虫、蛴螬、蝼蛄。含多·克·酮的玉米专用型种衣剂三元混剂产品 1 个，专门防治地下害虫。综上，其常见农药活性成分规格为 17%多·克·酮悬浮剂或克·酮·多菌灵悬浮剂，施用最常见农作物是小麦，防治的常见病虫害为地下害虫与小麦白粉病。

迄今为止，所有已经正式获批登记的涉及丁硫克百威·福美双·戊唑醇的种衣剂三元混剂产品均登记为种子处理悬浮剂剂型。登记为 20.6%、18%、15.6%、14.4%丁·戊·福美双悬浮种衣剂的产品分别有 5 个、1 个、2 个、1 个，登记为 20%丁硫·福·戊唑悬浮种衣剂的有 2 个；合计 11 个；全部为专用型种衣剂（表 5-13）。含丁·戊·福美双的专用型种衣剂三元混剂产品专一应用于玉米，其中，能防治丝黑穗病的产品 10 个、地下害虫 6 个、蛴螬 5 个；地老虎和金针虫各 3 个、蝼蛄 2 个、根腐病 1 个。综上，其常见农药活性成分规格为 20.6%丁·戊·福美双悬浮剂，施用农作物只有玉米，防治的常见病虫害为丝黑穗病与地下害虫。

迄今为止，所有已经正式获批登记的涉及吡虫啉·咯菌腈·苯醚甲环唑的种衣剂三元混剂产品均登记为种子处理悬浮剂剂型。登记为 52%、23%吡虫·咯·苯甲悬浮种衣剂的产品分别有 4 个和 6 个；合计 10 个；含 9 个专用型种衣剂、1 个通用型种衣剂（表 5-13）。含吡虫·咯·苯甲的专用型种衣剂三元混剂产品专一应用于小麦，其全部产品均能防治蚜虫，能防治小麦纹枯病的产品 8 个、全蚀病 5 个、散黑穗病 1 个。含吡虫·咯·苯甲的通用型种衣剂三元混剂产品只能应用于花生+小麦两种农作物组合，可防治根腐病、金针虫、全蚀病、纹枯病、蚜虫。综上，含吡虫·咯·苯甲的种衣剂均可施用于小麦，防治的常见病虫害为蚜虫与纹枯病。

5.2 常用种衣剂应用中的副作用

在农业生产中农作物病虫害问题较为突出，种衣剂包衣处理作物种子在有效控制病虫害中发挥重要作用，还可增强种子抗逆性、加速发芽、促进幼苗生长、提高产量及品质。然而，不容忽视的现实是种衣剂产品大量使用化学农药作活性成分且广泛应用，也会产生诸如环境污染等生态与社会问题。比如，2004 年 4 月底，厦门出入境检验检疫局检疫进口巴西大豆，发现表皮混杂染有红色警示剂的大豆，经检测查验明确其为含有萎锈灵、克菌丹等杀菌剂成分的种衣剂，由此引发社会担忧公共安全的"毒大豆"事件；2006 年，在河南省发生的"一拌无蚜"变成"一拌无芽"现象则是三唑酮种衣剂造成的大面积药害，农民因此疾呼：无蚜变无芽，种衣剂能拌出弥天大谎？此类由种衣剂应用引发的诸多负面或消极影响，伴随着社会经济的发展以及人类对自身健康与生存环境的普遍重视，越来越引起全社会的热议。另外，为防治虫害种衣剂的活性组分常常选用中高毒性的杀虫剂，如克百威、丁硫克百威等，尽管防治虫害效果优异，但其残效期较长，会对人、畜健康造成安全隐患，也对农作物及环境造成负面影响。同时，农业生产中长年累月地重复使用单一农药活性成分的种衣剂制剂，又使得主要病虫害的农药抗性问题凸显出来。由此，人们开始正视种衣剂副作用或使用中存在问题，并持续、强烈关注。

5.2.1 含吡虫啉种衣剂单剂应用中的副作用

吡虫啉属氯化烟酰或新烟碱类杀虫剂，对人、畜低毒，用作种衣剂的主要施药方法是包衣种子。在防治玉米、甜菜害虫方面，吡虫啉与克百威药效相当。它具有内吸传导的特点，通过种子包衣由根系吸收向上输导，持效期长，能够防治苗期害虫，尤其对刺吸式口器害虫具有特效，是一种极有发展潜力的杀虫剂。同时，吡虫啉能刺激作物生长，具有增加分蘖、壮苗、增产作用。目前，含吡虫啉的种衣剂广泛应用于水稻、小麦、蔬菜、果树、棉花等作物。

5.2.1.1 延缓出苗及抑制幼苗生长

刘爱芝和杨艳春（2009）发现用吡虫啉拌种会促进小麦壮苗、调节生长并增产；但较高浓度处理，如 70%吡虫啉湿拌剂拌 4.8 g/kg 麦种、10%吡虫啉可湿性粉剂拌 4.0 g/kg 麦种，出苗率显著降低。宋顺华等（2010）测定吡虫啉种衣剂对西瓜种子寿命的影响，发现药种比 1∶10 人工老化处理 30 d，出苗率大幅度降低到 37%。郝仲萍等（2019）研究发现 600 g/L 吡虫啉悬浮种衣剂对油菜发育造成不利影响，施用剂量增大，会抑制种子萌发和幼苗生长、降低植株密度。刘晓光等（2015）利用 70% 吡虫啉可湿性粉剂分别包衣处理小麦、水稻、玉米种子，研究发现小麦包衣量超过 4 g/500 g 种子在第 7 天出苗率显著低于对照，并且出苗参差不齐、颜色略偏发黄、生长缓慢；水稻浸种后发芽晚于对照，且长势缓慢不如对照整齐，剂量为 10 g/kg 种子处理后出芽率降低；玉米包衣量超过 5 g 药/500 g 种子，堆闷时间超过 6 h 处理，出苗不齐且出苗率显著低于对照。魏晨等（2013）以不同剂量的 70% 吡虫啉水分散粒剂为试材研究发现，玉米种衣剂吡虫啉安全用量在 5 g/kg 以内，超过此限，拌种后玉米种子活力降低，且显著抑制种子萌发甚至导致失活；玉米苗期苗高、干重、根系活力、叶绿素含量等指标均会受到显著抑制，甚至对植株叶片也会产生药害，药害率高达 27.8%。

5.2.1.2 对农作物品质的影响

陈颖和张忠敏（2012）等利用 600 g/L 吡虫啉悬浮剂（高巧）对大豆拌种效果的试验结果表明，随着拌种剂量加大，大豆出苗率降低；拌种剂量为 375 mL/hm^2 时，可造成减产。陈景莲和徐利敏（2014）等利用不同剂量的 600 g/L 吡虫啉悬浮种衣剂研究对小麦蚜虫的防治效果，发现施药 1 d 后其防效均超过 95%，然而，用最高拌种剂量 600 mL/kg 处理小麦种子，则株高、分蘖数、地下和地上部分鲜重等生理指标显示出不同程度的抑制，表明高剂量处理对小麦后期生长产生药害。张梦晗等（2015）研究吡虫啉种衣剂对小麦种子萌发和幼苗生长的影响及其相关生理机制，发现药种比 12.42 g/kg 拌种后推迟麦种萌发，表现为麦种吸水性及萌发相关酶活性显著降低，对幼苗地下部分生长也造成负面影响；张梦晗等（2018）发现吡虫啉种衣剂处理后小麦幼苗氮代谢途径关键酶基因表达被抑制，增加小麦植株中可溶性蛋白和游离氨基酸含量，从而加速麦苗氮代谢，导致氮素消耗加速，进而影响小麦的生长和发育。黄芳等（2017b）利用 60% 吡虫啉悬浮种衣剂（高巧）包衣秦幼 10 号油菜种子后，尽管未显著影响油菜苗期的营养生长和花期的生殖生长，但药种比 1∶125 的药剂包衣处理后造成坐果率和籽粒数降低，从而最终抑制油菜结实。

5.2.1.3 环境因素降低使用安全性

渠成等（2017）评价了 60% 吡虫啉悬浮种衣剂在不同土壤温、湿度条件下对花生生长的安全性，研究发现拌种剂量为田间推荐剂量时，所有测试条件下都明显促进地下根茎生长，对花生安全性高；当施用量达到 2 倍田间推荐剂量时，土壤温湿度分别为 25℃或 30℃、60% 条件下，可降低花生出苗率和抑制幼苗生长，湿度达 80% 时，则显著降低花生出苗率和抑制幼苗生长。

5.2.1.4 对靶标生物的防效及影响

田体伟等（2015）采用大田试验研究 600 g/L 吡虫啉悬浮剂对夏玉米的安全性时发现，其壮苗效果好，能促进地下根系生长而轻微抑制地上部分生长；在减轻玉米田地下害虫和蚜虫危害的同时，却又有加重非靶标害虫玉米螟危害的趋势。李冠楠等（2017）发现吡虫啉悬浮种衣剂处理能抑制玉米田靶标害虫玉米蚜的数量，但也存在增加非靶标鳞翅目穗部害虫的种群数量的趋势，因此，玉米田应注意防控鳞翅目穗部害虫的危害。黄光辉（2017）等采用旱育秧技术调查 60%吡虫啉种衣剂拌种稻种的示范应用，结果发现示范方增产增收，经济效益明显，然而大田期发生稻飞虱仍较严重。李亚萍等（2019）利用 600 g/L 吡虫啉悬浮种衣剂包衣处理麦种，调研其对麦蚜自然混合种群中单一蚜虫种类的影响，结果发现吡虫啉对麦长管蚜、禾谷缢管蚜、麦二叉蚜防效高，而对麦无网长管蚜的防治效果差。徐龙宝等（2020）采用大田试验研究 600 g/L 吡虫啉悬浮种衣剂对小麦虫害的防效发现，其对小麦蚜虫的防治效果较好，而对小麦红蜘蛛的防效较差。黄芳等（2017a）利用 60%吡虫啉悬浮种衣剂（高巧）包衣秦优 10 号油菜种子的试验结果显示，其在有效防控蚜虫的同时，若用药种比 1∶25 处理后，则导致有翅蚜大量发生并造成蚜群后代繁殖力提升。郝仲萍等（2019）研究发现 600 g/L 吡虫啉悬浮种衣剂对油菜发育和蚜虫抗性发展造成不利影响，若施用剂量增大，会抑制种子萌发及幼苗生长、降低植株密度，同时，也会造成蚜虫抗虫性产生的风险。

5.2.1.5　与其他种衣剂单剂混用存在的问题

生产实践中为达到多元农药活性成分复配种衣剂混剂的使用效果，经常出现将多种种衣剂单剂产品混用的现实情况。安礼（2013）等利用 600 g/L 吡虫啉悬浮种衣剂与 60 g/L 立克秀悬浮种衣剂混合拌种小麦种子后，提高了麦苗素质，对小麦生长安全无不利影响，且防治地下蛴螬、蚜虫、纹枯病效果显著提高，却对小麦散黑穗病、锈病防效不明确。严兴祥和朱龙宝（1998）等利用自制的烯唑醇+吡虫啉种衣剂处理棉种，发现其可兼防苗期炭疽病和蚜虫，且棉苗矮壮，但是会对棉种出苗产生负面影响，特别是出苗率低，其原因有待进一步研究。王云川等（2013）使用 600 g/L 吡虫啉悬浮种衣剂+60 g/L 戊唑醇种子处理悬浮剂包衣麦种，发现其对小麦出苗率影响不明显，却会造成小麦出苗推迟 2～3 d。显然，种衣剂单剂混用时，往往存在药效降低甚至发生药害等负面问题，可能是忽视了复配种衣剂混剂使用中的禁忌问题，甚至是对其专业性缺乏考虑而造成的。因此，相对于种衣剂单剂产品的混用，复配的种衣剂混剂产品仍为优先选择。

5.2.2　含噻虫嗪种衣剂单剂应用中的副作用

作为第二代烟碱类高效低毒杀虫剂的噻虫嗪，其应用于种衣剂时的主要施药方法是种子包衣。噻虫嗪对人畜低毒，对害虫具有触杀、胃毒及内吸活性，具有内吸传导的特点，施药后其被种子内吸并输运至作物各组织器官，其能够防治苗期害虫，尤其是刺吸式害虫，如蚜虫、飞虱、粉虱等。目前，含噻虫嗪的种衣剂广泛应用于玉米、水稻、马铃薯、大豆、棉花、油菜、花生等农作物。施用时需注意，其不得与碱性药剂混用；用药量勿盲目增大；对蜜蜂有毒，需谨慎施用。

张海英等（2019）以 30%噻虫嗪悬浮种衣剂包衣处理春小麦种子，发现低温胁迫下高浓度剂量噻虫嗪严重抑制春小麦幼苗生长发育，其株高、根长、地上和地下鲜重均随包衣剂量加大而降低，同时还抑制叶绿素含量的增加及可溶性糖的生成并增加丙二醛含量。付佑胜等（2012）发现 70%噻虫嗪湿拌种剂的处理方式与水稻壮苗及稻飞虱的防效高度关联，经先浸种后包衣处理，显著低于常规浸种处理的种子发芽率，而经先包衣后浸种处理，出芽率稍高于对照组稻种子，且能提早 1 d 达到最大出芽率。渠成等（2017）调查 70%噻虫嗪种子处理可分散粉剂对花生在不同土壤温、湿度下的安全性，发现拌种剂量为推荐剂量的 2 倍时，当土壤相对湿度为 60%，花生出苗和幼苗生长受到抑制，当土壤相对湿度达 80%则被显著抑制，显然实际生产中不得随意加量施用。徐龙宝等（2020）采用大田试验研究 30%噻虫嗪悬浮种衣剂对小麦虫害的防效发现，尽管其防治小麦蚜虫效果好，但防治小麦红蜘蛛效果较差。田体伟等（2015）采用大田试验研究 30%噻虫嗪悬浮种衣剂对夏玉米害虫的防效发现，其可减轻玉米田地下害虫和蚜虫危害，但同时会加重非靶标害虫玉米螟危害的趋势。瞿唯钢等（2016）采用"小烧杯法"研究发现 25%噻虫嗪水分散粒剂对意大利工蜂属"高毒"级，其杀灭靶标生物时，也可能造成生态环境风险，毒害环境中其他生物。此外，胡梅等（2012）利用高效液相色谱分析 3.2%噻虫嗪悬浮种衣剂在马铃薯中的残留动态发现，包衣种子播种 60 d 后，尽管其在薯块中均未检出，但噻虫嗪却经根部吸收向上传导，导致地上部植株中残留高且残效较长。以上研究表明，种衣剂使用过程中农药活性成分造成的农药残留的安全性问题依然存在，仍需长期关注研究。

5.2.3 含戊唑醇种衣剂单剂应用中的副作用

作为三唑类杀菌剂的戊唑醇，是甾醇脱甲基抑制剂，具有高效、广谱、内吸性的特点。它在全球均被许可用于种子处理，可广谱杀菌且活性高、持效期长。目前，含戊唑醇的种衣剂广泛应用于小麦、水稻、花生、蔬菜、水果、玉米及高粱等农作物，可防治小麦散黑穗病、玉米丝黑穗病、高粱丝黑穗病等多种真菌病害。

高仁君等（2000）发现用药剂量大于 0.6 g/kg 的 2%戊唑醇种衣剂处理京小麦 9410 种子后，其发芽、出苗及幼苗发育均受到严重影响，表现为株高降低，根长与胚芽鞘高度降低，从而延缓作物生长。刘变娥等（2021）发现用 60 g/L 戊唑醇悬浮种衣剂包衣先玉 335 玉米种子后，在低温胁迫下显著降低种子萌发的发芽势和发芽率、幼芽的干鲜重及抑制根系生长，进而发生明显药害，进一步研究发现采用壳寡糖预先浸种则可缓解此类低温胁迫的种衣剂药害。田体伟等（2014b）以系列浓度 2%戊唑醇湿拌种剂处理 11 个不同品种的常见冬小麦种子，发现药剂量为 0.12 g/kg 时麦种萌发表现为发芽势降低而导致出苗时间推迟，以及畸形植株数量增加；幼苗生长表现为地下部分根重降低，同时，种子吸水性和幼苗根系活力均受到影响。张良等（2018）调查用 60 g/L 戊唑醇悬浮种衣剂（药种比 1∶375）对矮抗 58 小麦种子拌种包衣，播种 7 d 后，小麦植株出现明显药害，对其生长形态造成抑制，根长、株高、单株鲜重均降低，其生理表现为麦苗根系活力减弱、叶绿素含量降低、超氧化物歧化酶活性升高、脯氨酸和丙二醛含量升高。务玲玲等（2016）调查用 60 g/L 戊唑醇悬浮种衣剂（药种比 1∶125）对郑单 958 玉米种子拌种，结果发现其会对玉米幼苗生长造成明显药害，如根系不发达、幼苗长势弱、植株鲜重下降，且部分生理生化指标异常，如根系活力和叶绿素含量明显降低，而丙二醛、脯氨酸和可溶性糖含量以及超氧化物歧化酶活性明显升高。李庆等（2017）以 60 g/L

戊唑醇悬浮种衣剂包衣处理先玉 335 玉米种子，发现低温胁迫下戊唑醇对玉米生长的安全性不高，会不同程度抑制玉米出苗率、出苗速率增加及幼苗生长，其包衣后会加剧低温胁迫导致的幼苗根细胞电解质外渗。

5.2.4　含咯菌腈种衣剂单剂应用中的副作用

作为新型苯基吡咯类触杀性杀菌剂的咯菌腈，广泛应用于农作物的真菌病害防治，兼具杀菌与抑菌作用，且药效具有较长持续期，用于种子处理时可预防种子带菌，并防范与其他杀菌剂的交互抗性。咯菌腈的杀菌机理独特，主要通过抑制葡萄糖磷酰化相关的转移，抑制真菌菌丝体生长，进而导致致病菌凋亡。目前，含咯菌腈的种衣剂广泛应用于玉米、小麦、水稻、马铃薯、棉花、大豆、花生、油菜、蔬菜等作物，主要防治小麦全蚀病、纹枯病，玉米茎基腐病、猝倒病，棉花立枯病、炭疽病，大豆与花生的立枯病，水稻恶苗病，马铃薯立枯病等典型病害。

谭放军等（2020）以药种比 1 : 25 的 25 g/L 咯菌腈悬浮种衣剂处理辣椒种子，发现其提高种子发芽率、发芽势及种子活力的效果随储藏时间的延长而逐渐降低。李萌茵等（2015）采用发芽盒法以不同剂量的 25 g/L 咯菌腈悬浮种衣剂拌种小麦种子矮抗 58，调查其对小麦发芽率及根伸长的影响，发现各处理对种子发芽率无显著影响，但由于萌发时少量吸收药剂，从而对幼苗根伸长有轻微抑制作用。刘同业等（2014）采用盆栽试验调查 2.5%咯菌腈悬浮种衣剂包衣新籽瓜 1 号西瓜种子后，发现在过低室温及土壤温度条件下会使种子发芽和生长速度减缓，而导致出苗率显著降低造成药害。张梦晗等（2016）采用室外盆栽法研究 2.5%适乐时悬浮种衣剂（咯菌腈为活性成分）处理西瓜种子后，发现特定品种如有籽西瓜，对咯菌腈更敏感，会对种子发芽和幼苗生长造成不利影响，特别是随处理浓度加大而对株高的抑制程度也增加。

此外，郭宁和石洁（2010）等利用 10%咯菌腈包衣玉米种子调查病害防治效果，发现咯菌腈对玉米小斑病、弯孢菌叶斑病、褐斑病和南方锈病等病害有一定的防效，但对苗期茎腐病的防效却不明显。瞿唯钢等（2017）采用"半静态法"调查 25 g/L 咯菌腈悬浮种衣剂对斑马鱼的急性毒性属"高毒"级；尽管其能针对靶标生物实现杀灭效果，但是同时也可能会造成环境中其他生物发生毒害作用，因而给生态环境带来潜在的风险。

5.2.5　含苯醚甲环唑种衣剂单剂应用中对非靶标生物的副作用

目前，含苯醚甲环唑的种衣剂广泛应用于果树、蔬菜等农作物，可有效防治锈病、白粉病、褐斑病等病害。苯醚甲环唑通常被归为安全性比较高的三唑类杀菌剂。含苯醚甲环唑的种衣剂在应用中暂未见其作用于靶标生物引起副作用的报道，但其作用于部分非靶标生物会产生负面问题。陈源等（2014）针对 30 g/L 苯醚甲环唑悬浮种衣剂分别采用"静态法"、半静态水鱼类毒性试验法调查其对水生动物大型溞和斑马鱼的急性毒性，结果显示其对大型溞的毒性为高毒等级，对斑马鱼的毒性更为剧毒等级，这表明在实际应用过程中施用苯醚甲环唑对非靶标生物尤其是水生生物造成的风险不容忽视。

5.2.6 常用种衣剂混剂应用中的副作用

两种或三种农药活性成分复配的种衣剂混剂产品,相较于仅含单一农药活性成分的种衣剂单剂产品往往具有增效作用,且可具有兼防病害与虫害的双重效果,具有种衣剂单剂产品无可比拟的优势,然而,实际应用过程中依然存在负面问题。

5.2.6.1 存在防效及对农作物产生药害的问题

陈韬(2021)等以 12%噻·咯菌腈·苯醚包衣百农 207 小麦种子,通过室内发芽试验发现包衣后可提高种子发芽率、种子贮藏物质的转运量和转运速率,但发芽势和发芽指数却会降低。苏前富等(2013)利用 11%福·戊种衣剂分别在室内和田间包衣处理九单 48 与东单 213 玉米种子,以检验其对低温的防御效果,发现其均会产生冷害药害,严重滞缓生长,出苗率低下。王娟等(2018)通过温室大棚栽培试验证明,以 17%多·福悬浮种衣剂和 20%福·克悬浮种衣剂拌种金富 807 辣椒种子后,二者均显著影响辣椒苗期、现蕾期和开花期的根系活力,福·克的影响更甚,与辣椒品质相关的硝态氮含量也受二者影响而显著降低,同时,二者还或多或少地影响辣椒根际土壤微生态,根际土壤细菌数量不同程度减少。史文琦等(2017)研究 25%噻虫嗪·咯菌腈·精甲霜灵悬浮种衣剂对棉花猝倒病与立枯病均有较好的防治效果,尽管其对棉苗后期生长发育无不良影响,但仍会造成出苗后叶片部位不同程度的失绿和畸形。这显示三元混剂在作物全生长期的特定阶段会产生负面影响。罗兰等(2015)研究发现 52%吡虫啉·咯菌腈·苯醚甲环唑悬浮种衣剂对麦蚜和纹枯病的防治有良好效果,但是,对红蜘蛛、小麦锈病、赤霉病等是否有防效,对玉米、棉花及花生等作物是否安全,仍有待试验验证。

5.2.6.2 对非靶标生物的影响

瞿唯钢等(2016)针对 25%噻虫嗪·咯菌腈·精甲霜灵悬浮种衣剂采用"小烧杯法"测定其对意大利工蜂的安全性,发现其急性经口毒性属"高毒"级,尽管尽可能使用混剂从而减少高毒单剂噻虫嗪的剂量,并达到多种效果,但仍需考虑对生态环境的潜在风险。此外,瞿唯钢等(2017)又针对 11%精甲霜灵·咯菌腈·嘧菌酯悬浮种衣剂采用"半静态法"测定其对斑马鱼的急性毒性为"中毒"等级,相对于 80%嘧菌酯水分散粒剂单剂展示出更大的毒性,主要在于其活性成分中含有"高毒"的咯菌腈。

综上,常用种衣剂单剂与混剂产品在施用过程中均可能会对农作物、靶标生物、非靶标生物及生态环境造成不利影响。整体而言,混剂产品相对于单剂产品在应用中会造成较小的负面影响。

5.3 常用种衣剂安全使用技术

通常种衣剂在生产中用量严格、使用技术要求高,其副作用甚至药害问题的发生,往往是因种衣剂的质量问题、农药活性成分施用量过高或者施用操作不当而引起的。为从根本上克服上述问题，使用者需科学辨识、选择恰当的种衣剂，严格遵照推荐剂量控制种衣剂使用量，同时，在技术人员指导下学会正确的种衣剂应用的操作技术。

5.3.1　选用适当的种衣剂

现有的常用种衣剂不能包治所有地下与苗期害虫、种传与土传病害，因而生产上切勿盲目使用。依据作物不同、病虫害发生情况不同、耕作生态区域不同，合理选择恰当适用的种衣剂品种是种衣剂安全使用技术的总原则。现阶段与发达国家相比，国内种衣剂产品技术相对落后、结构不合理、发展不平衡，特别是产品的理化性状指标、悬浮性指标、成膜性指标、稳定性指标等关键性技术参数均存在较大差距。一般可通过成膜性好坏判定成膜剂质量高低，进而判断种衣剂产品的优劣。此外，通过产品"三证"齐全与否，可识别种衣剂的优劣；还可通过产品剂型选择能真正适合用于拌种或包衣的种衣剂剂型；这需避免选择使用登记为悬浮剂、可溶液剂、可湿性粉剂等的农药产品用于再加工成种衣剂，其无法保证包衣效果、质量；也需避免选择登记为叶面喷施的制剂甚至是用乳油类制剂处理种子，以免造成药害。

此外，要根据具体地区、作物品种和病虫害种类，有针对性地选择种衣剂，才能充分发挥种衣剂的防治效果。目前，在国内种衣剂市场上表现较好的含吡虫啉悬浮种衣剂，规格为 1% 吡虫啉悬浮剂仅专用于水稻；30% 吡虫啉悬浮剂仅专用于小麦；12% 或 350 g/L 吡虫啉悬浮剂仅专用于棉花；而 600 g/L 吡虫啉悬浮剂在上述作物上均可施用。登记的含戊唑醇种衣剂的主要规格有 60 g/L、6%、2%，大多施用于小麦、玉米和（或）高粱；而登记为 0.2% 的只专用于小麦。作为主要产品规格登记的 30 g/L 苯醚甲环唑悬浮种衣剂可应用于小麦和芝麻两种作物；3% 苯醚甲环唑悬浮种衣剂还可应用于玉米、棉花；但是，登记的 0.3% 苯醚甲环唑悬浮种衣剂却只能专用于玉米。登记的 0.5% 咯菌腈悬浮种衣剂只专用于水稻；而 25 g/L 咯菌腈悬浮种衣剂却可应用于水稻、花生、大豆、小麦、玉米、马铃薯、棉花、向日葵、人参、西瓜等 10 种作物，这是目前应用作物范围最广泛的种衣剂产品。

登记的 80%、60%、35%、21%、20%、18%、17%、15.5%、3% 福美双·克百威种衣剂二元混剂均只专用于玉米，登记为 30% 的产品只专用于大豆，而登记为 15% 的产品可施用于玉米和花生，登记为 40% 的产品可施用于甜菜。登记的 24%、23%、18%、16%、6% 戊唑醇·福美双种衣剂二元混剂均只专用于小麦，登记的 11%、10.6%、9.6%、8.6%、0.6% 戊唑醇·福美双悬浮种衣剂二元混剂只专用于玉米，而登记为 10.2% 的产品施用作物为小麦与玉米。登记的 35%、25%、18% 多菌灵·福美双种衣剂仅专用于大豆，登记为 14% 的产品只专用于小麦，登记为 20% 的产品可施用于两种作物棉花和水稻，登记为 17% 的产品则可增加第 3 种施用作物小麦，登记为 15% 的产品则增加第 3 种施用作物玉米。登记的 25%、20% 多菌灵·克百威种衣剂二元混剂产品只适用于花生和棉花；登记的 17% 多·克或克百·多菌灵悬浮种衣剂二元混剂只施用于小麦与玉米，登记的 16% 多·克或克百·多菌灵悬浮种衣剂仅专用于小麦，而登记的 15% 多·克或克百·多菌灵悬浮种衣剂可施用于玉米和大豆。所有已登记的福美双·拌种灵种衣剂二元混剂均只专用于棉花。甲拌磷·克百威种衣剂产品均只登记应用于花生。

登记的 38%、35%、28%、26%、25%、20%多菌灵·福美双·克百威种衣剂三元混剂均只专用于大豆,而登记为 30%的产品可施用于大豆和玉米。登记的 12%、9%苯醚甲环唑·咯菌腈·噻虫嗪种衣剂只专用于小麦,登记的 38%苯醚·咯·噻虫悬浮剂只适用于花生,而登记的 27%、22%苯醚·咯·噻虫悬浮剂可施用于小麦和花生,25%苯醚·咯·噻虫悬浮剂可施用于花生和水稻,24%苯醚·咯·噻虫悬浮剂则可施用于花生、小麦、水稻和玉米。登记的 26%噻虫嗪·咯菌腈·精甲霜灵种衣剂三元混剂只能专用于玉米,登记的 20%噻虫·咯·霜灵悬浮种衣剂专用于水稻,登记的 29%噻虫·咯·霜灵悬浮种衣剂可施用于玉米和花生,而登记的 25%噻虫·咯·精甲悬浮种衣剂可施用于花生、棉花、水稻、小麦、人参。登记的 6%精甲霜灵·咯菌腈·嘧菌酯种衣剂三元混剂只能专用于水稻,登记的 10%精甲·咯·嘧菌悬浮种衣剂却只专用于花生,而登记的 11%精甲·咯·嘧菌悬浮种衣剂可施用于花生、棉花、水稻、小麦、玉米与马铃薯 6 种作物。登记的 22.7%克百威·戊唑酮·多菌灵种衣剂三元混剂只专用于棉花,而登记的 17%克·酮·多菌灵悬浮种衣剂只专用于小麦。所有已登记的 20.6%、18%、15.6%、14.4%丁硫克百威·福美双·戊唑醇种衣剂三元混剂产品均为玉米专用型种衣剂。登记的 52%吡虫啉·咯菌腈·苯醚甲环唑种衣剂三元混剂只专用于小麦,而登记的 23%吡虫·咯·苯甲悬浮种衣剂能应用于花生、小麦两种农作物组合。

5.3.2 严格遵照推荐剂量使用种衣剂

目前,市场上种类繁多的种衣剂质量良莠不齐、品质差异大,甚至不稳定或以假充真,导致在使用中防效不足,以致农民"增量"施用,进而引起诸多副作用,这也影响种衣剂的推广应用。

5.3.2.1 登记的常用种衣剂单剂推荐使用剂量

截至目前,依据登记的含吡虫啉种衣剂单剂推荐使用剂量信息,登记的 600 g/L 吡虫啉悬浮种衣剂最为常用,所应用作物主要为棉花、小麦、花生,其余还包括玉米、水稻、马铃薯等。其中,棉花推荐剂量为每 100 kg 种子,施用体积(mL):538~833、585~830、588.2~833.3、500~1000、708~833、700~800、700~1000、730~1042,或者施用质量(g):60~80、583~833、750~1000;小麦推荐剂量为每 100 kg 种子,施用体积(mL):300~400、300~600、300~700、400~600、500~625、500~700、600~700,或者施用质量(g):300~500、375~500、400~600、600~700,或者药种比为 1:(96~137)、1:(95~115)、1:(125~167)、1:(120~170)、1:(114~133)、1:(120~180)、1:(140~170)、1:(140~175)、1:(142~166)、1:(143~167)、1:(145~165);花生推荐剂量为每 100 kg 种子,施用体积(mL):200~300、200~400、233.3~433.3、250~300、250~400、300~400、400~500,或者施用质量(g):400~500、400~600,或者药种比为 1:(250~500);水稻推荐剂量为每 100 kg 种子,施用体积(mL):200~400、400~600、641.7~700,或者药种比为 1:(250~500);

玉米推荐剂量为每 100 kg 种子，施用体积（mL）：200～600、250～500、400～600，或者施用质量（g）：583～833、800～1000；马铃薯推荐剂量为每 100 kg 种子，施用 40～50 mL。这其中针对主要作物棉花、小麦、花生的推荐剂量依次有 11 种、11 种、10 种，均达到 10 种及以上。

此外，1%吡虫啉悬浮种衣剂专用于水稻，推荐剂量为 2500～3333 mL/100 kg 种子，或药种比为 1:（30～40）；12%吡虫啉悬浮种衣剂专用于棉花，推荐药种比为 1:（40～60）；30%吡虫啉悬浮种衣剂专用于小麦，推荐剂量为每 100 kg 种子施用 1225～1400 mL 或 667～833 g；350 g/L 吡虫啉悬浮种衣剂专用于棉花，推荐剂量为每 100 kg 种子施用 910～1250 mL。

目前，含戊唑醇种衣剂单剂登记的主要产品规格为 60 g/L、6%、2%戊唑醇悬浮种衣剂，所施用的常见作物为小麦、玉米。其中，2%戊唑醇悬浮种衣剂施用于小麦的推荐剂量为每 100 kg 种子施用 100～150 mL，或者 100～150 g，或者药种比 1:（600～900）、1:（667～1000）、1:（700～1000）；施用于玉米的推荐剂量为每 100 kg 种子 400～600 g，或者药种比 1:（120～180）、1:（167～250）。6%戊唑醇悬浮种衣剂只施用于玉米，推荐剂量为每 100 kg 种子，施用体积（mL）：96～192、145～200、150～200，或者 100～200 g，或者药种比 1:（400～600）、1:（500～750）、1:（500～1000）。60 g/L 戊唑醇悬浮种衣剂施用于小麦的推荐剂量为每 100 kg 麦种，施用体积（mL）：25～35、30～45、30～60、50～67，或者施用质量（g）：30～40、30～45、37～49、58.3～66.7、30～60、33.3～50、40～60、50～66.6，或者药种比 1:（1500～2000）、1:（1667～3333）、1:（2000～3000）、1:（2222～3333）、1:（1500～3000）、1:（2857～4000）；施用于玉米的推荐剂量为每 100 kg 种子，施用体积为（mL）：100～200、133～200、150～200，或者施用质量（g）：100～200、167～250，或者药种比 1:（500～800）、1:（500～1000）、1:（667～1000）；施用于高粱的推荐剂量为每 100 kg 种子 100～150 mL 或者药种比 1:（667～1000）。

此外，80 g/L 戊唑醇悬浮种衣剂施用于小麦的推荐剂量为每 100 kg 麦种 25～35 mL 或者药种比 1:（2857～4000）；施用于玉米的推荐剂量为药种比 1:（667～1000）。0.2%戊唑醇悬浮种衣剂只施用于小麦，推荐剂量为每 100 kg 种子 1040～1250 mL 或者药种比 1:（50～70）。0.25%戊唑醇悬浮种衣剂施用于水稻，推荐剂量为每 100 kg 种子 2000～5000 g 或者药种比 1:（40～50）；施用于玉米的推荐剂量为药种比 1:（20～30）。

迄今为止，所有登记的含苯醚甲环唑种衣剂单剂产品规格为 30 g/L 的有 35 个产品、3%的 24 个、0.3%的仅 1 个，所施用的最常见作物为小麦，其次为玉米和芝麻。其中，30 g/L 苯醚甲环唑悬浮种衣剂施用于小麦的推荐剂量为每 100 kg 麦种，施用体积为（mL）：200～300、200～400、333～500、400～500、400～600、500～667、500～590、500～600、500～747、500～1000，或者施用质量（g）：200～300、250～300、250～330、500～600，或者施用药种比 1:（167～182）、1:（167～200）、1:（167～250）、1:（333～500）、1:（333～400）；施用于芝麻的推荐剂量为每 100 kg 种子 333～500 mL。3%苯醚甲环唑悬浮种衣剂施用于小麦的推荐剂量为每 100 kg 麦种，施用体积（mL）：200～300、200～333、250～333、278～417、333～500、400～600，或者施用质量（g）：

200～400、250～333、250～300、250～500、286～330、333～500，或者施用药种比 1∶（143～200）、1∶（167～200）、1∶（300～400）、1∶（333～500）；施用于玉米，推荐剂量为每 100 kg 种子 333～500 mL 或者 333～400 g，或者药种比 1∶（250～350）、1∶（300～400）；施用于芝麻，推荐剂量为每 100 kg 种子 333～400 mL。此外，0.3%苯醚甲环唑悬浮种衣剂施用于玉米，推荐剂量为每 100 kg 种子 3400～4000 mL。

当前，登记的含氟虫腈种衣剂单剂的主要产品规格为 8%、5%氟虫腈悬浮种衣剂，所施用作物均主要为玉米。其中，8%氟虫腈悬浮种衣剂只施用于玉米，推荐剂量为每 100 kg 种子，施用体积（mL）：363.8～400、500～625，或者施用质量（g）：625～875、1560～1870，或者施用药种比 1∶（53.3～80）、1∶（200～250）、1∶（200～300）、1∶（250～300）。5%氟虫腈悬浮种衣剂主要施用于玉米，推荐剂量为每 100 kg 种子，施用体积（mL）：2500～3000，或者施用质量（g）：400～670、1000～1200、1000～1250、1500～2500、2000～4000，或者施用药种比 1∶（25～33）、1∶（25～50）、1∶（25～75）；也可施用于水稻，推荐剂量为每 100 kg 种子施用质量（g）：400～800（常规稻）或者 1600～3200（杂交稻）。此外，12%氟虫腈悬浮种衣剂只施用于玉米，推荐剂量为每 100 kg 种子施用质量（g）：242～267、833～1667；22%氟虫腈悬浮种衣剂也只施用于玉米，推荐剂量为药种比 1∶（125～250）。50 g/L 氟虫腈悬浮种衣剂可施用于玉米，推荐剂量为药种比 1∶（125～250）；也可施用于水稻，推荐剂量为每 100 kg 种子施用质量（g）：400～800（常规稻）、1600～3200（杂交稻）。

目前，所有登记的含噻虫嗪种衣剂单剂中主要产品规格为 35%、30%噻虫嗪悬浮种衣剂，所施用的最常见作物为玉米。其中，35%噻虫嗪悬浮种衣剂主要施用于玉米，推荐剂量为每 100 kg 种子，施用体积为（mL）：200～334、200～600、300～600、400～600，或者 400～600 g，或者施用药种比 1∶（166.7～250）、1∶（167～250）、1∶（300～500）；也可施用于小麦，推荐剂量为每 10 kg 麦种，施用体积为（mL）：300～440、400～600，或者 300～440 g；还可施用于水稻，推荐剂量为每 100 kg 种子 200～400 mL，或者施用质量（g）：200～300、200～400，或者施用药种比 1∶（333～500）。30%噻虫嗪悬浮种衣剂也主要施用于玉米，推荐剂量为每 100 kg 种子，施用体积（mL）：240～700、500～667、400～600、450～700，或者施用质量（g）：287～500、333～700、400～600、450～700，或者药种比 1∶（200～350）；也可施用于小麦，推荐剂量为每 100 kg 麦种 1200～1600 mL 或者 400～533 g；还可施用于水稻，推荐剂量为每 100 kg 种子，施用体积（mL）：233～350、467～700，或者施用质量（g）：100～300、116～350、210～315、240～350；其余农作物推荐剂量为每 100 kg 种子，施用体积（mL）：600～700（花生）、300～400（油菜）、60～80（马铃薯）。

此外，48%噻虫嗪悬浮种衣剂推荐剂量为每 100 kg 种子施用体积（mL）：120～200（水稻）、260～400（玉米）；40%噻虫嗪悬浮种衣剂推荐剂量为每 100 kg 种子，施用质量（g）：315～480 或 515～765（棉花）、210～380 或 240～480（玉米）、240～480 或 255～460（小麦）、280～350（油菜），或者施用体积（mL）：18～70（马铃薯）；16%噻虫嗪悬浮种衣剂推荐剂量为每 100 kg 种子，施用体积（mL）：1000～1600，或施用质量（g）：700～1000（小麦）、500～1000（花生和玉米）。

目前，所有登记的含咯菌腈种衣剂单剂中主要产品规格为 25 g/L 咯菌腈悬浮种衣剂，其多施用于水稻，推荐剂量为每 100 kg 种子，施用体积（mL）：400～600、400～668、500～600、500～667、600～800，或者施用质量（g）：200～300、400～600、500～600，或者施用药种比 1：（167～250）；也可施用于玉米，推荐剂量为每 100 kg 种子，施用体积（mL）：100～200、150～200、168～200、200～300，或者施用质量（g）：150～200；施用于花生，推荐剂量为每 100 kg 种子，施用体积为（mL）：600～800、668～832、700～800，或者施用质量（g）：400～800、600～800；施用于马铃薯，推荐剂量为每 100 kg 种子，施用体积（mL）：100～200、150～200、168～200，或者施用质量（g）：100～200，或者施用药种比 1：（120～170）；施用于其他农作物，所推荐剂量为每 100 kg 种子，施用体积（mL）：600～800（大豆）、600～800（棉花）、100～200 或 150～200 或 168～200（小麦）、150～200 或 600～800（向日葵）、200～400（人参）、400～600（西瓜），或者药种比 1：（100～167）或（120～170）（棉花）。此外，0.5%咯菌腈悬浮种衣剂只专用于水稻，推荐剂量为每 100 kg 种子 2000～2800 g。

5.3.2.2　登记的常用种衣剂二元混剂推荐使用剂量

依据登记信息，种衣剂二元混剂产品有 6 种常见二元复合的农药活性成分，其中，登记农药类别全部为杀菌剂的二元活性成分组合为多菌灵·福美双（49 个）、戊唑醇·福美双（26 个）、福美双·拌种灵（20 个）；而福美双·克百威（112 个）与多菌灵·克百威（29 个）登记农药类别主要为杀虫剂/杀菌剂；甲拌磷·克百威（24 个）登记农药类别主要为杀虫剂。

截至目前，所登记的含多菌灵·福美双种衣剂二元混剂中主要产品规格为 15%多·福悬浮种衣剂，常施用于水稻、小麦、棉花。其中，其施用于水稻，所推荐剂量为每 100 kg 种子，施用质量（g）：1600～2166、2000～3333，或者施用药种比 1：（40～50）、1：（40～60）、1：（46～62.5）；施用于小麦，所推荐剂量为每 100 kg 种子，施用 1428～2000 mL，或者 1000～2000 g，或者药种比 1：（50～100）、1：（50～70）、1：（60～80）；施用于棉花，所推荐剂量为药种比 1：（40～50）、1：（40～60）；施用于玉米，所推荐剂量为药种比 1：（30～40）、1：（40～50）。此外，35%多·福悬浮种衣剂专用于大豆，所推荐剂量为药种比 1：（60～80）；25%多·福悬浮种衣剂专用于春大豆，所推荐剂量为药种比 1：（50～70）；18%多·福悬浮种衣剂专用于大豆，所推荐剂量为药种比 1：（40～50）；14%多·福悬浮种衣剂专用于小麦，所推荐剂量为每 100 kg 种子施用 140～210 g，或者药种比 1：（40～60）；20%多·福悬浮种衣剂，所推荐剂量为药种比 1：（50～60）（棉花）、1：（40～50）（水稻）；17%多·福悬浮种衣剂，所推荐剂量为每 100 kg 种子施用 1428～1666 g，或者药种比 1：（30～35）或 1：（60～70）（小麦）、1：（40～50）（水稻）、1：（30～35）（棉花）。

目前，所有已登记的含戊唑醇·福美双种衣剂二元混剂产品只施用于小麦与玉米。其中，11%戊唑·福美双悬浮种衣剂专用于玉米，所推荐剂量为每 100 kg 种子，施用 1660～2500 g，或者药种比 1：（30～50）、1：（40～50）、1：（40～60）。登记的 24%、23%、18%、16%、6%戊唑·福美双悬浮种衣剂专用于小麦，所推荐剂量依次为药种比

1：（120～150）、1：（400～550），或者施用 100～200 g（每 100 kg 种子）、2000～3333 g（每 100 kg 种子），或者药种比 1：（30～50）、1：（560～840）。登记的 10.6%、9.6%、8.6%、0.6%戊唑·福美双悬浮种衣剂专用于玉米，所推荐剂量依次为药种比 1：（50～60）、1：（40～60）、1：（40～50）、1：（40～60）。登记的 10.2%戊唑·福美双悬浮种衣剂可施用于小麦，所推荐剂量为每 100 kg 种子施用 1650 g，或者药种比 1：60；也可施用于玉米，所推荐剂量为每 100 kg 种子施用 1650～2500 g，或者药种比 1：60。

目前，所有登记的含福美双·拌种灵种衣剂二元混剂产品均专用于棉花，其主要产品规格为 10%福美·拌种灵悬浮种衣剂，所推荐剂量为每 100 kg 种子，施用质量（g）：200～250、2000、2000～2500，或者施用药种比 1：（40～50）。登记的 7.2%、15%、40%、70%拌·福或福美·拌种灵悬浮种衣剂专用于棉花，所推荐剂量依次为药种比 1：（40～50）、1：（60～75）、1：（160～200）、1：（250～333），或者 300～400 g（每 100 kg 棉种）。

迄今为止，所登记的含福美双·克百威种衣剂二元混剂中最主要的产品规格为 20%福·克悬浮种衣剂，其专用于玉米，所推荐剂量为每 100 kg 种子施用 2500 mL，或者施用质量（g）：2222～2857、2222～4000、2500、2500～3400，或者施用药种比 1：（25～45）、1：（35～45）、1：40、1：（40～45）、1：（40～50）、1：（50～60），或者 1.67%～2%种子重。登记的 15%福·克悬浮种衣剂可施用于玉米，所推荐剂量为每 100 kg 种子施用 2000～2500 mL，或者 2000～2500 g，或者药种比 1：（30～40）、1：（40～50）；也可施用于花生，所推荐剂量为每 100 kg 种子施用 2000～2500 mL，或者施用药种比 1：（40～50）。登记的 60%、35%、21%、18%、17%、15.5%福·克悬浮种衣剂或干粉剂均专用于玉米，所推荐剂量依次为药种比 1：（120～150）、1：100、1：（40～50）、1：（30～40）、1：（35～45），或 2222～2857 mL（每 100 kg 种子）。登记的 30%福·克悬浮种衣剂专用于大豆，所推荐剂量为药种比 1：（50～75）。

目前，所登记的含多菌灵·克百威种衣剂二元混剂中最主要的产品规格为 16%多·克或克百·多菌灵悬浮种衣剂，其专用于小麦，所推荐剂量为每 100 kg 种子施用 2500～3000 g，或者药种比 1：（30～40）。登记的 25%多·克或克百·多菌灵悬浮种衣剂可施用于花生，所推荐剂量为每 100 kg 种子，施用 1667～2222 g 或者药种比 1：（80～85）；也可施用于棉花，所推荐剂量为每 100 kg 种子，施用 2800～4000 g 或者药种比 1：（25～35）。登记的 20%克百·多菌灵悬浮种衣剂施用于花生和棉花，所推荐剂量均为药种比 1：（30～40）。登记的 17%多·克或克百·多菌灵悬浮种衣剂可施用于小麦，所推荐剂量均为药种比 1：（40～50）；也可施用于玉米，所推荐剂量为药种比 1：50。登记的 15%多·克或克百·多菌灵悬浮种衣剂可施用于玉米，所推荐剂量为药种比 1：（30～40）；也可施用于大豆，所推荐剂量为药种比 1：（40～50）。

目前，所有已登记的含甲拌磷·克百威种衣剂二元混剂均为花生专用型种衣剂。登记为 25%甲·克或甲拌·克悬浮种衣剂专用于花生，所推荐剂量为药种比 1：（25～35）、1：（40～50），或者 0.7%～1%种子量；登记为 20%甲·克或甲拌·克悬浮种衣剂专用于花生，所推荐剂量为药种比 1：（20～25）、1：（70～82）、1：（80～100）。

5.3.2.3　登记的常用种衣剂三元混剂推荐使用剂量

截至目前，所有已登记的含多菌灵·福美双·克百威种衣剂三元混剂中最主要的产品规格为 35%、30% 多·福·克悬浮种衣剂。其中，35% 多·福·克悬浮种衣剂专用于大豆，所推荐剂量为每 100 kg 种子施用 1600～2000 mL，或者施用质量（g）：360～450、525～750，或者施用药种比 1：（50～62.5）、1：（50～60）、1：（50～70）、1：（60～80）、1：（70～90）、1：（80～100），或者 1%～2%、1.2%～1.5% 种子量。30% 多·福·克悬浮种衣剂可施用于大豆，推荐剂量为每 100 kg 种子，施用体积为（mL）：1250～1667、1428～2000，或者 1778～2000 g，或者施用药种比 1：（20～25）、1：（50～60）、1：（50～70）、1：（60～80）；也可施用于玉米，推荐剂量为每 100 kg 种子，施用 1667～2000 mL，或者施用药种比 1：（50～60），或者 1.2%～1.5% 种子量。登记的 38%、28%、20% 多·福·克种衣剂均专用于大豆，所推荐剂量依次为药种比 1：（60～80）、1：（40～50）、1：（30～40）；登记的 26% 多·福·克悬浮种衣剂专用于大豆，所推荐剂量为每 100 kg 种子 2000～2500 g；登记的 25% 多·福·克悬浮种衣剂专用于大豆，所推荐剂量为每 100 kg 种子，施用 2000～2500 mL，或者 1666～2000 g、2000～2500 g，或者药种比 1：（40～50）、1：（50～60）。

迄今为止，所有已登记的含苯醚甲环唑·咯菌腈·噻虫嗪种衣剂三元混剂中最主要的产品规格为 27% 苯醚·咯·噻虫悬浮种衣剂，其可施用于小麦，所推荐剂量为每 100 kg 种子，施用体积（mL）：200～600、400～600，或者施用质量（g）：400～600、470～700；也可施用于花生，所推荐剂量为每 100 kg 种子，施用体积（mL）：300～600、400～600。登记的 38% 苯醚·咯·噻虫悬浮种衣剂仅专用于花生，所推荐剂量为每 100 kg 种子，施用体积（mL）：284～426、355～426，或者施用质量（g）：288～432、355～426；登记的 12%、9% 苯醚·咯·噻虫悬浮种衣剂均专用于小麦，所推荐剂量依次为每 100 kg 麦种 1000～1658 g 或 1000～1667 g、800～2400 mL 或 1394～2088 g。登记的 25% 苯醚·咯·噻虫悬浮种衣剂可施用于花生，所推荐剂量为每 100 kg 种子施用 500～750 mL；也可施用于水稻，所推荐剂量为每 100 kg 种子施用 295～350 mL。登记的 24% 苯醚·咯·噻虫悬浮种衣剂可施用于小麦，所推荐剂量为每 100 kg 种子施用 667～1000 mL 或者药种比 1：（100～150）；也可分别施用于花生、水稻、玉米，所推荐剂量均为每 100 kg 种子施用 500～667 mL。登记的 22% 苯醚·咯·噻虫悬浮种衣剂可施用于小麦，所推荐剂量为每 100 kg 种子施用 230～295 mL 或者 600～900 g；也可施用于花生，所推荐剂量为每 100 kg 种子，施用体积（mL）：500～600、500～660。

截至目前，所有已登记的含噻虫嗪·咯菌腈·精甲霜灵种衣剂三元混剂中主要产品规格为 29%、25% 噻虫·咯·霜灵悬浮种衣剂。其中，29% 噻虫·咯·霜灵悬浮种衣剂可施用于玉米，所推荐剂量为每 100 kg 种子，施用体积（mL）：300～450、450～550、468～561，或者 470～560 g，或者药种比 1：（178～267）；也可施用于花生，所推荐剂量为每 100 kg 种子，施用体积（mL）：450～550、468～561，或者 375～561 g。25% 噻虫·咯·霜灵悬浮种衣剂主要施用于花生，所推荐剂量为每 100 kg 种子，施用体积（mL）：300～700、575～805、600～800、600～1000，或者施用质量（g）：300～700、

600～800；也可施用于棉花，所推荐剂量为每 100 kg 种子，施用体积（mL）：600～1200、1380～2070；还可施用于水稻，所推荐剂量为每 100 kg 种子，施用体积（mL）：300～400、300～600、600～700；其余施用作物为小麦和人参，所推荐剂量为每 100kg 种子，施用体积（mL）分别为：375～500 和 880～1360。此外，26%噻虫·咯·霜灵悬浮种衣剂专用于玉米，所推荐剂量为每 100 kg 种子施用 600～740 g；20%噻虫·咯·霜灵悬浮种衣剂专用于水稻，所推荐剂量为每 100 kg 种子，施用体积（mL）：250～500、400～600，或者 250～500 g。

截至目前，所有已登记的含精甲霜灵·咯菌腈·嘧菌酯种衣剂三元混剂中主要产品规格为 11%精甲·咯·嘧菌悬浮种衣剂。其施用于棉花，所推荐剂量为每 100 kg 种子，施用体积（mL）：200～400、220～440、228～454、300～400、341～455，或者 200～400 g；施用于玉米，所推荐剂量为每 100 kg 种子，施用体积（mL）：100～300、200～300，或者施用质量（g）：227～454、303～455；施用于花生，所推荐剂量为每 100 kg 种子，施用体积（mL）：75～100、100～150、200～300、250～350、327～490，或者 327～490 g；施用于水稻，所推荐剂量为每 100 kg 种子，施用体积（mL）：360～550、375～500；还可施用于马铃薯和小麦，所推荐剂量分别为每 100 kg 种子 70～100 mL，或者药种比 1∶（850～1100）。

截至目前，所有已登记的含克百威·戊唑酮·多菌灵种衣剂三元混剂中主要产品规格为 17%克·酮·多菌灵或多·克·酮悬浮种衣剂，其专用于小麦，所推荐剂量分别为每 100 kg 种子，施用质量（g）：283.3～425、1667～2000、1675～2000，或者施用药种比 1∶（40～60）。登记为 22.7%克·酮·多菌灵或多·克·酮悬浮种衣剂专用于棉花，所推荐剂量分别为每 100 kg 种子施用 1675～2000 g，或者施用药种比 1∶（50～60）。

截至目前，所有已登记的含丁硫克百威·福美双·戊唑醇种衣剂三元混剂产品均为玉米专用型种衣剂。其中，登记为 20.6%丁·戊·福美双悬浮种衣剂，所推荐剂量为每 100 kg 种子施用 2250～2500 mL，或者药种比 1∶（40～50）、1∶（50～60）；登记为 20%、18%、14.4%丁硫·福·戊唑或丁·戊·福美双悬浮种衣剂所推荐剂量依次为药种比 1∶（40～60）、1∶（50～60）、1∶（40～60）。

目前，所有已登记的含吡虫啉·咯菌腈·苯醚甲环唑种衣剂三元混剂的产品规格为 52%、23%吡虫·咯·苯甲悬浮种衣剂。其中，52%吡虫·咯·苯甲悬浮种衣剂专用于小麦，所推荐剂量为每 100 kg 种子施用 700～800 mL、750～795 mL 或者 577 g～769 g；所登记的 23%吡虫·咯·苯甲悬浮种衣剂主要施用于小麦，所推荐剂量为每 100 kg 种子，施用体积（mL）：450～600、500～600、600～800；施用于花生，所推荐剂量为每 100 kg 种子施用 450～600 mL。

5.4　展　　望

首先，针对农药活性成分含量相同而助剂、配方不同以及推荐使用剂量不同的种衣剂，通过强制抽检产品质量而规范生产，制定产品质量及安全应用技术标准，从而保证同类种衣剂产品的可比性，避免因质量与应用标准不统一而造成的安全使用问题。其次，为降低作为种衣剂活性成分的化学农药使用、对作物各生育期的敏感性、对有益生物的不利影响及环境污染，造成靶标生物对化学农药产生的抗性等问题，种衣剂产品研发有待以相对低毒的农药活性成分替换高毒活性成分。再次，为适应不同作物、不同病虫害发生、不同耕作生态区域的差异化气候，种衣剂产品研发有待针对性地发展个性化特异型新品种，如高吸水型种衣剂（水稻旱育秧）、抗旱型种衣剂（可推广于西北地区）、缓控释型种衣剂（防花生地下害虫）、玉米抗寒型种衣剂（可推广于东北产区的春玉米）。最后，研发新型种衣剂，针对南方高湿地区，需预防湿度过大引起的药害问题；在除草剂残留严重的地区，需预防除草剂药害问题；针对冷湿逆境地区的抑制作物出苗问题，可考虑添加能大幅提升出苗率的助剂。

（何　睿　贾述娟）

第6章　水稻种衣剂及其安全使用技术

水稻是我国重要的粮食作物，总产量占全球水稻总产量的30%（高福山，2016；黄世文等，2009）。研究结果表明，除品种自身特性、栽培技术、水肥管理外，病虫害也是制约水稻高产、稳产和优质生产的重要因素。当前我国为防控水稻病虫害发生采取的主要措施包括植物检疫、农业防治、物理防治、生物防治和化学防治，其中，利用化学药剂对种子进行包衣处理是防治水稻病虫害发生的重要措施之一，防治效果显著（闫红，2021）。

目前，种子包衣技术已经应用于多种作物，尤其适用于旱地作物如小麦、玉米等主要粮食作物。由于种植方式、气候差别、种子结构等特殊原因，相较于其他旱地作物，水稻种衣剂的研究和应用推广难度较高，主要是因为其对成膜材料与成膜复配技术的要求很高，许多技术问题亟待解决。例如，目前用国内试用的种衣剂处理水稻种子后，浸种时衣膜易溶于水、活性成分损失大、持效期短、防病治虫及提高秧苗素质等效果不明显。此外，由于衣膜透水透气性差，在一定程度上导致种子发芽、出苗慢，出苗率及成秧率低等问题（熊远福，2001）。近年来，新型高分子成膜剂的开发应用、微生物菌剂种衣剂在水稻上的开发应用、种衣剂与生物刺激素的结合使用等方面的研发工作取得了一些实质性进展，水稻种衣剂在市场上的产品数量也在与日俱增。截止到2020年10月，我国现已登记的水稻种子处理剂共285个，其中2010年以后登记的水稻种子处理剂大多为种衣剂。仅2015～2018年登记的水稻种衣剂就达97个，占水稻种衣剂总量的60%以上。

目前，我国水稻种衣剂登记类别以杀菌剂、杀虫剂和植物生长调节剂为主，分别占已登记总产品的64.48%、22.41%和7.24%。从水稻种衣剂的活性成分来看，杀菌成分约25个，主要以咪鲜胺、咯菌腈、精甲霜灵、福美双、多菌灵为主，分别占比30.28%、16.90%、14.44%、13.38%和7.04%；杀虫成分约8种，主要以噻虫嗪、丁硫克百威、吡虫啉为主，分别占比53.85%、19.78%和14.29%。从水稻种子处理剂的制剂类型来看，主要以悬浮种衣剂、可湿性粉剂和乳油为主，分别占比42.81%、15.44%和14.74%。其中，悬浮种衣剂登记比例逐年上升，成为水稻种子处理剂的主流产品。市场调查结果显示，目前推广应用的水稻种衣剂有嘧菌酯·甲基硫菌灵·甲霜灵、咯菌腈·精甲霜灵、多菌灵·福美双、吡虫啉、异噻菌胺、咪鲜胺悬浮种衣剂等。

6.1　水稻种衣剂的主要种类及应用情况

6.1.1　水稻种衣剂的主要种类

在所有的栽培作物中，水稻栽培是最具专业性、复杂性的作物。由于地区、气候、种源、水源、种植模式等条件的不同，种植方式千差万别，如水稻直播、育秧移栽、旱育秧、水旱直播和浸种育秧等。此外，由于病虫草害发生、气候条件、地理位置和土壤理化性质等因素的差别，使用的种衣剂也有所不同。近年来，随着市场需求的扩大，国内外水稻种衣剂的发展十分迅速，越来越多不同种类和功能的种衣剂开始投入水稻种子包衣的实际生产中。为了正确区分和使用不同功能的水稻种衣剂，避免操作过程中的人为错误，我们首先需要正确认识水稻种衣剂的种类和功能。

根据有效成分的不同，水稻种衣剂可分为化学型、生物型、特异型和综合型种衣剂。国内使用的水稻种衣剂大多属于化学型种衣剂，有效成分包括杀虫剂、杀菌剂、植物生长调节剂、微量元素等，例如，杀虫剂噻虫嗪、丁硫克百威和吡虫啉，杀菌剂咯菌腈、精甲霜灵和咪鲜胺，除草剂丙草胺、丁草胺、双草醚等。化学药剂生产成本低、见效快、效果稳定、能与其他药剂混配，但是容易引起病原微生物和害虫抗药性、环境污染、人畜中毒、作物药害等问题。生物型种衣剂含有对水稻有益的微生物或生物源农药，能激发水稻生长发育，提高秧苗素质，抵抗多种病害，如 ZSB-RC 型水稻种衣剂。此类种衣剂安全性高，不易发生副作用，符合环保要求，是水稻种衣剂的发展方向之一，但其药效不如化学型种衣剂的明显，并且效果受环境的影响较大，不易与其他药剂进行混配。特异型种衣剂是针对种植水稻的特殊生态条件而研发的专用种衣剂，如逸氧型水稻直播种衣剂、高吸水旱育秧种衣剂等。将上述几类种衣剂有效成分进行综合应用的种衣剂为综合型种衣剂，如以植物源生物农药和工业副产品硫黄作为杀菌活性成分，开发的印·硫种衣剂即为生物型与化学型的综合。

根据功能的不同，水稻种衣剂可分为植保型、衣胞型和整形型种衣剂。国内目前登记的水稻种衣剂产品大部分属于植保型种衣剂。例如，咯菌腈·精甲霜灵、噻虫嗪、咯菌腈以及丙草胺和解草啶混配的种衣剂，以防治芽期和苗期的主要病、虫、草害为目的而拟定的活性物质配方，形成衣膜包裹在种子表面。衣胞型种衣剂是在某些特许情况下，如特种作物、特定的气候条件或特许的地区，为了保证种子的发芽不受周边环境的影响，在种子外表包裹了一层保护层，如供氧剂、保水剂等，如供氧种衣剂稻农乐、高吸水种衣剂"旱育保姆"等（黄年生等，2007）。整形型种衣剂是用可溶性胶将填充料以及一些有益于种子萌发的辅料黏合在种子表面，使种子成为一个个表面光滑的、形状大小一致的圆球形，使其粒径变大、重量增加。例如，国家粳稻工程技术研究中心和天津天隆科技股份有限公司发明了一种直播水稻种子丸粒化包裹材料，能够用机器设备进行精确播种，节省种子用量，减少劳动力，节约成本。

根据适用对象的不同，水稻种衣剂可分为旱田种衣剂和水田种衣剂。旱田种衣剂适用于旱田作物，包括旱作物种衣剂以及水稻旱育秧种衣剂。例如，"旱育保姆"和"旱抛成功"水稻种衣剂中含有高吸水材料、植物生长调节剂、杀虫剂、杀菌剂和微肥等，具有抗旱、促全苗、提高成秧率、壮秧苗等功能。水田种衣剂包括水稻直播种衣剂和浸种型种衣剂。种子包衣能够浸种或者直播于水中，种衣不易脱落，具有缓释活性成分的功能，如 20%克·福·甲浸种专用水稻种衣剂。

根据防治范围的不同，水稻种衣剂可分为单一型种衣剂和复合型种衣剂。单一型水稻种衣剂有单一的防病型、单一的防虫型或防缺素症型，如亮盾（咯菌腈·精甲霜灵）、稻喆（多·福合剂）等，施用者可根据防治需要逐一购买，混配使用；复合型水稻种衣剂有药肥复合型、病虫兼治型等，目前我国大面积推广应用的水稻种衣剂主要为该种剂型，如稻农乐（由供氧剂、复合微量元素、保水剂和生物活性物质组成）、2.5%咪鲜·吡虫啉悬浮种衣剂等。

根据加工剂型的不同，水稻种衣剂可分为水悬浮型、水乳型、悬乳型、干胶悬型、微胶囊型、水分散粒剂型等。其中，悬浮种衣剂、可湿性粉剂、乳油是主要的制剂类型，分别占比 42.81%、15.44%、14.74%。目前，可湿性粉剂、乳油等相关产品数量逐年下降，悬浮种衣剂产品数量逐年上升，成为主流产品类型。

6.1.2 水稻种衣剂的应用情况

水稻种衣剂在水稻病虫害防治方面发挥了重要的作用，但是，作为药剂在拌种时也存在一定的局限性，主要表现为内吸性差、附着力小、药效损失严重、不能持续地保护水稻种子等。针对上述问题，研制出了可有效防治水稻稻瘟病、胡麻斑病、纹枯病、白叶枯病等多种病害的悬浮型种衣剂福美双。1980 年，日本保土谷化学工业株式会社开发出含量 35%的过氧化钙粉剂型种衣剂作为植物氧源，用于水稻直播栽培。2008年，菲律宾国际水稻研究所成功地将丙草胺和解草啶混合除草剂应用于水稻种衣剂中，进一步拓展了水稻种衣剂在除草领域的应用（肖晓等，2008）。2011 年，瑞士先正达公司研制出了 30%噻虫嗪种子处理悬浮剂，用于防治水稻蓟马（郑庆伟，2015）。随着越来越多的水稻种衣剂相继研制开发，水稻种衣剂在防治水稻苗期病虫害、促进幼苗生长、提高种子质量、降低生产成本以及促进良种标准化等方面发挥了越来越重要的作用。

我国水稻种衣剂的研发起步较晚。由于国外的农业高度产业化和规模化，推广应用的水稻种衣剂主要是单一型（即单一功能的种衣剂），如农药型、肥料型、逸氧型等，针对性强，不易发生副作用。而我国地域辽阔，生态条件差异大，各地区间病虫害种类差别很大，因此，水稻种衣剂主要是多元复合型的，功效全面，适应性广，但针对性较差，生产成本较高，易发生副作用。1980 年，北京农业大学（现为中国农业大学）首先从国外引进种子包衣技术，用于促进水稻种子对氮的吸收及防治苗期病虫害，推动了水稻包衣技术的系统研究。1994 年，安徽农业大学王思让等研制出含杀菌、除草、生长调节等多功能的水稻薄膜种衣剂，但因成膜材料差，浸种时活性成分损失严重。2000 年，中国农业大学种衣剂研究发展中心研制出了适用于北方稻区的"20%克·多·甲悬浮种衣剂"，由克百威、多菌灵和甲基立枯磷复配而成，具有较好的缓释作用，然而其包衣后必须放置 7~10 d，以便固化成膜，否则容易产生副作用。2001 年，湖南宏力农业科技开发有限公司与湖南农业大学研制的"苗博士"浸种型水稻种衣剂，标志着我国水稻种衣剂研究水平上了一个新台阶。该种衣剂的成膜材料不溶于水又能透气透水，成秧率高，药效持续时间长，能够有效防治种苗期常见病虫害。尤其是该种衣剂包衣后的种子耐储藏，储藏时间可达 8 个月以上。

6.2　水稻种衣剂应用中的主要问题或副作用

俗话说"秧好八成粮"。正确认识和使用水稻种衣剂能够保证水稻种子发芽率，提高水稻成秧率，增强水稻秧苗素质和保护水稻秧苗免受病、虫、草害的威胁。然而，我国水稻种衣剂主要为药肥复合剂型，由于其组分的复杂性，复合型水稻种衣剂的研制和生产难度大大增加，新产品种类较少。水稻种衣剂使用过程中经常发生包衣不均匀的情况，从而影响药效，加水量、拌种方法、拌种温度、拌种与播种时间间隔等都会对其产生影响。研究表明，种衣剂的物理屏障作用和部分药剂对种子发芽的抑制作用，使得水稻种子包衣后发芽相对推迟，发芽率降低，还造成晚熟。此外，由于受水稻种衣剂组分的影响，不正确的使用方法（如生防菌剂与杀菌剂的混用、种子包衣后搅拌浸种等）易造成药效降低，甚至造成药害。一些水稻种衣剂的主要药剂成分多使用高毒农药如呋喃丹、丁硫克百威等，容易造成人、畜中毒，以及农药残留、环境污染等安全问题。

目前，国内使用的水稻种衣剂的活性组分主要以化学药剂为主，研究人员着力于研究适用范围广、高效低毒、内吸性好的新型水稻种衣剂（如以吡虫啉为代表的新烟碱杀虫种衣剂），从而降低化学药剂引起的副作用。生物防治剂可避免化学农药产生的不良影响，因而在水稻种衣剂中引入生物防治剂（如枯草芽孢杆菌）颇具开发前景，但生物防治剂作用单一，效果不如化学药剂明显，所以单一应用生物防治剂在实际生产中有一定的局限性。基于此，植物免疫诱抗剂（又称植物疫苗）的研发是新型生物防治剂的重要发展方向之一，这类新型药剂可以通过激活植物免疫、抗氧化等系统，不仅能够增强植物抗病、抗逆能力，而且还能促进植物生长，提高脯氨酸、叶绿素含量。将植物免疫诱抗剂引入种衣剂中，既能达到防治病虫害、促进增产的效果，又能减轻环境污染、减少农药残留（陈炳光，2007；邱德文，2014）。

非活性成分的组成直接影响水稻种衣剂的质量及包衣效果，其中成膜材料是最关键的要素，它必须保证种衣剂具有一定的黏度、良好的成膜性，能在种子外表形成一层衣膜，具有合适的衣膜牢固度和均匀度以及良好的透气透水功能，但又不易被水溶解，随着种子的发芽、生长而逐步降解，确保衣膜内活性成分缓慢释放。目前，国内外现有的水稻种衣剂产品在水稻直播、育秧过程中发挥一定的作用，但在成膜剂等关键制剂上仍有一定的缺陷：①种衣剂分层、沉淀、成膜率低，对种子的包被能力差，不易包牢包匀；②种衣剂遇水易溶解，其活性成分脱落严重，作用效果降低、持续时间变短；③由于材料结构、含水量和药剂用量等问题，部分种衣剂导致种子萌发率降低，甚至造成烂种、死苗现象；④种子包衣后不易储存，并且在搬运、销售和播种过程中，易造成对人、畜的伤害和对水源、器皿的污染；⑤种衣剂在水中的溶解速度受 pH 和温度的影响较大。随着对种衣剂的研究不断深入，人们发现一些高分子聚合物成膜剂，如丙烯酸-丙烯酚胺共聚物（AAC）、柠檬酸-乙二醇聚酯（CGP）等，具有较好的成膜性，能够使药剂在种子表面均匀牢固地附着以及较长时间地发挥药效（徐伟亮等，1999）。一些天然产物如壳聚糖（CTS），具有无毒、可降解、生物相容性好等特点，作为种衣剂时不仅能够防治病虫害的发生，还能改善种子生理功能，能够促进种子萌发、幼苗生长，提高耐盐性（刘鹏飞等，2004）。

除种衣剂本身存在的一些问题外，由于人们对水稻种衣剂的认识不够全面，在使用过程中往往造成种衣剂的浪费、有效成分的下降甚至丧失等问题。例如，ZSB-RC 生物型种衣剂与铜物质、链霉素等杀菌剂混用导致有效成分的失效；拌种温度过低影响种衣剂的流动性，导致种衣分布不均匀，影响种子萌发；水稻种子包衣后，没有进行阴干而直接播种或在阳光下暴晒晾干，导致有效成分含量的降低；浸种过程中进行搅拌、换水，导致药膜脱落、有效成分丧失等。

6.2.1　水稻种衣剂应用中的主要问题

6.2.1.1　对水稻种子发芽率的影响

经种衣剂包衣的种子在发芽的过程中必然会受到周围环境（药膜）的影响，萌发时微环境也会改变，进而影响种子的萌发情况及植株的生理生化指标，甚至最终影响作物产量（官开江等，2011）。根据哈灵顿通则，种子水分含量在 5%～14% 时每增加 1%，种子寿命将降低一半。由于水稻种子在包衣处理后水分含量会有所增高，给包衣种子的贮藏造成了困难。因此种衣剂包衣种子入库贮藏前必须采取有效措施将种子水分含量降低至安全贮藏标准。钟家有等（2000）试验表明，低温贮藏条件下，如果水分含量控制在一定范围内，则种子寿命的长短和水分含量无关，而与种子是否包衣有关，即包衣种子发芽率高于未包衣对照种子，且未晒干的包衣种子常温贮藏条件下贮藏 3 个月，发芽率下降速度明显高于空白对照种子。邱军（2003）等研究表明，药剂处理会对种子发芽具有一定的影响，但影响不显著。大多数种衣剂对种子的发芽具促进作用，但也有少数表现出抑制作用。周美兰等（2006）通过对棉花种子进行药剂处理表明，包衣后的棉花种子的发芽率与成苗率显著提高，死苗率显著降低、主根显著增长、侧根数量显著增多、苗高显著降低。苏绍元（1999）研究发现，水稻种子经禾盛 3 号种衣剂处理后，其对水稻种子发芽具抑制作用，药剂浓度越大，种子发芽率越低。卢俊春等（2000）研究表明，包衣后的水稻种子发芽时间相对较晚，但对发芽率无影响。肖晓（2010）试验结果表明，杂交水稻种子包衣处理后水分含量比未包衣对照种子提高 0.5%～0.61%，发芽率却比未包衣对照种子降低 1%。

6.2.1.2　对成秧率的影响

研究表明，经包衣处理后的水稻种子，由于衣膜内活性成分的作用，可减少脚秧，促进小苗成秧，从而对成秧率有明显的促进作用（张海清等，2005）。何可佳等（1997）等在早稻大田育秧前用诱抗剂 1000 倍液浸种，结果表明水稻的抗寒能力明显增强，种子的成秧率较对照处理提高 2%～18.8%。黄华康等（2002）用种衣剂处理水稻种子，发现种衣剂处理的成秧率比对照提高 5.5%～7.1%。滕振勇等（2002）对水稻包衣种子的成秧率进行调查，结果表明水稻种子包衣处理后，成秧率比对照提高，增幅在 2.2%～8.6%。熊远福（2001）用浸种型水稻种衣剂处理水稻种子，发现成秧率较对照处理提高 8.5%～15.5%。赵建勋（1996）研究表明，包衣种子干籽直播可提高成秧率 16.46% 左右。肖晓（2010）研究结果表明，杂交稻种子包衣后，无论是芽谷播种还是干谷播种，成秧率均高于对照，增幅分别为 2%～19% 和 1%～20%。相同条件下，不同种衣剂对同一水稻品种的成秧率的影响存在一定差异，这是由不同种衣剂内部活性成分的差异所致；同一种衣剂对不同水稻品种的成秧率的影响差异较大，这是由不同水稻品种间本身特性差异所致。

6.2.1.3　对秧苗素质的影响

种衣剂中含有植物生长调节剂、微肥等营养、壮苗的成分，可促进种子萌发、根系及幼苗生长，提高秧苗的素质。描述水稻苗质量高低的指标有很多，如秧苗茎基宽、干物质积累量、苗高、叶龄、叶长、叶挺长、根长、单株根数及单株白根数等都可以反映水稻在苗期的长势情况，秧苗根系活力的高低也可直接反映秧苗根系对秧田养分吸收能力的强弱。何可佳等（1997）在大田播种前用诱抗剂对不同的早稻品种浸种，在插秧前调查秧苗素质，结果表明秧苗的鲜重、干重、苗高和白根数比对照分别增加12.1%、2.2%、1.8%和1.6%。周元明等（2002）用水稻生物型种衣剂包衣后，秧苗根数较对照未包衣秧苗处理增加1.1～1.2条，茎基宽增加0.2～0.4 mm，分蘖率提高7%～8%。聂泽民等（2005）用水稻种衣剂对不同早稻品种包衣后进行田间试验，结果发现处理后的秧苗素质比对照明显增强，叶龄数比对照增加0.1～0.2叶，总根数与白根数分别比对照增加0.2～5.5条和0.6～1.7条，百株干重、鲜重分别比对照增加0.21～0.41 g和0.37～3.11 g，种衣剂处理的绿叶数比对照增加0.2～0.4叶。腾振勇等（2002）用9种种衣剂处理早稻种子，结果发现苗高比对照未包衣处理下降1.44%～6.30%，叶龄、分蘖数、茎基宽、根长、根数、白根数、百株干重分别比对照未包衣处理增长0.65%～7.13%、6.25%～22.92%、5.56%～13.89%、1.76%～10.10%、3.73%～21.05%、10.15%～31.47%、0.19%～1.90%。李小林等（2004）研究表明，使用种衣剂包衣后，出苗率提高1.5%～3.5%，成秧率提高0.3%～3%，百株鲜重提高15.4%～34.2%，分蘖数提高50.0%～62.5%，叶龄增大8.5%～10.6%，产量提高1%以上，这些都与李方远和翟兴礼（2002）的高效唑对水稻种子浸种试验的结果相吻合。张颖等（2004）用15%多·福悬浮种衣剂处理水稻种子，结果发现苗期分蘖数、根长、叶绿素含量和鲜干重与对照相比，差异达到显著水平。杨安中等（1996）对多功能种衣剂在水稻上的应用研究表明，多功能种衣剂能有效控制苗高，增加绿叶数、分蘖数、茎基宽、单苗根数及干重。

王彦杰等（2012）研究表明几种种衣剂和浸种剂对水稻种子的苗高、主根长、须根数、地上鲜重、根鲜重均有促进作用。李绍坤和李超（2016）研究发现，用北农种衣剂处理的水稻秧苗的地下百株鲜重、干重与地上百株鲜重、干重分别较对照提高21%、7%、2%、5%，秧苗发根虽慢，但须根数量较空白对照多，且根白、粗壮。田廷伟（2017）用禾姆悬浮种衣剂、亮盾（精甲·咯菌腈）、精甲·戊唑醇、咪·噁、咪鲜·吡虫啉5种种衣剂处理水稻种子，发现水稻各部分干鲜重、根长、株高、须根数以及产量均好于对照，其中亮盾处理的水稻增产效果显著，比对照增产18.8%。

6.2.1.4　对秧苗生理生化特性的影响

当植物体遭受外界环境胁迫时，植物体内的一系列指标将随之发生改变。绿色植物叶片中较重要的光敏化剂——叶绿素，具吸收光能产生有机物质的作用，其含量的多少将直接影响光合产物的数量（朱为民，2001）；游离脯氨酸含量的高低是植株对逆境抵抗能力强弱的重要参考指标之一。过氧化氢酶（CAT）能消除植株细胞内过多的 H_2O_2，使其保持在一个较低的水平，保护膜细胞的结构；过氧化物酶（POD）能加快体内 H_2O_2 的分解，保护膜结构免受 H_2O_2 的伤害；超氧化物歧化酶（SOD）能防护氧自由基对细胞膜系统的伤害。丙二醛（MDA）是细胞膜脂过氧化产物，其浓度的高低表示脂质过氧化程度和膜系统受伤害程度的强弱，是逆境生理指标。因此，测定这些指标可反映周围一些生物因素或非生物因素对植株造成的影响（张宪政，1992）。刘西莉等（2000a）研究发现，水稻浸种的专用种衣剂使水稻苗体内的可溶性蛋白含量逐渐增加，丙二醛（MDA）含量下降，CAT、POD、SOD 活性有大幅度地提升。黄凤莲等（2000）发现经诱抗剂、植物抗寒剂、ABA 处理后的水稻幼苗，在低温胁迫下其叶绿素含量的降低仅分别为对照的 19.0%、15.9%、23.3%。梁颖等（2003）研究发现经 DA-6（胺鲜脂）浸种处理的冷害水稻幼苗的叶绿素含量高于对照，其中 10 µg/L DA-6 处理的叶绿素含量比对照高 23.5%。此外，2.5%吡·咪和 3%咪·噁对水稻初期叶片的 SOD 与 POA 活性有促进作用，对成苗期叶片的 CAT 有激活作用，同时使用该药剂种衣剂处理水稻种子后可促使水稻叶片的谷胱甘肽（GSH）含量升高（张浩等，2015）。黄穗华等（2018）探讨了拌种剂对直播秧苗生长发育和生理化特性的影响，研究表明经药剂处理后的秧苗叶片的叶绿素含量、可溶性糖含量以及可溶性蛋白含量均明显上升，MDA 含量下降，POD 和 CAT 活性较空白对照明显提高。由此可见，水稻种衣剂能提高秧苗抗逆性酶——过氧化氢酶（CAT）、超氧化物歧化酶（SOD）和过氧化物酶（POD）的活性，在逆境胁迫和衰老过程中清除植株体内过量的活性氧，维持活性氧的代谢平衡，保护膜结构，从而使秧苗抗逆性、抗衰老能力增强（李锦江等，2006；熊远福等，2004b）。

6.2.1.5　对产量构成因素及产量的影响

种衣剂衣膜内的激素、肥料等活性成分在水稻苗期缓慢释放，可促进幼苗生长、增强抗逆性、培育壮苗、促进成穗以及增加有效穗数，达到增产的效果。研究发现包衣处理的水稻结实率、成穗率分别比对照未包衣处理提高 1.8%、12.5%，每穗总粒数平均比对照未包衣处理增加 1.1 粒，导致产量比对照未包衣提高 6.9%（熊远福等，2001b）。赵建勋和骆先登（1994）通过研究发现，包衣的良种有效穗数比对照未包衣多 48 万穗/hm²，穗粒数多 0.6 粒，每穗实粒数少 2.3 粒、千粒重低 0.2 g、产量提高 4.01 g/穗。杨安中等（1996）研究发现，用多功能种衣剂处理水稻能增加有效穗数、穗实粒数和千粒重，从而起到增产作用。其中处理的有效穗数、穗实粒数、千粒重较对照未包衣分别增加 4.2 万～7.8 万穗/hm²、3.7～5.9 粒、1.3～1.4 g，小区实产较对照未包衣提高 6.9%。张颖等（2004）研究发现采用 15%多·福悬浮种衣剂包衣的处理对水稻株高、穗长、穗平均实粒数、结实率、千粒重的影响效果不显著，测定结果与对照基本持平，而每丛穗数、有效穗数、穗平均着粒数、理论产量和实际产量等指标分别较对照未包衣处理提高 3.3%、3.36%、2.37%、4.62% 和 5.02%，包衣剂处理后的水稻生物量与产量显著提高，进而对水稻经济性状有较大影响。

6.2.1.6　对水稻病虫害的防治效果

种衣剂中的杀菌剂、杀虫剂被包于种子表面的衣膜内，随着种子的发芽，种衣剂依靠其缓释及内吸作用被根或种胚不断吸收，再传导至植株各部分，从而达到苗期病虫害综合防治的作用（肖国超等，2006）。慕康国等（1998）研究表明，15%咯菌腈和"苗博士"对水稻恶苗病能达到很好的防效，分别为95%和90%左右。熊远福等（2001）研究表明浸种型水稻种衣剂对飞虱和蓟马的防效分别为85%和80%左右。金善根等（1996）发现使用 ZBS 型种衣剂对水稻病害产生了一定的防效，但对虫害防治效果不佳。胡前毅和黄育忠（1997）使用种衣剂对水稻种子包衣，对水稻秧苗期的病虫害情况进行调查，发现纹枯病、稻瘟病比对照未包衣处理分别降低了 5%～14.5%、3.74%～11.52%，潜叶蝇比对照未包衣处理减少 6.23 头/m^2。钱小平等（2006）在秧田期使用种衣剂处理稻种，种衣剂对秧田灰飞虱、条纹叶枯病、螟虫都有较好的控制作用，对灰飞虱的控制效果达到 60%以上，对条纹叶枯病的防病效果达到 67%以上，对二化螟的控虫效果达到 90%，保苗效果达到 35.16%。黄华康等（2002）研究发现，早稻种子经包衣后基本上没有发生恶苗病，而对照未包衣处理的恶苗病发生率为 6.21%，早、晚稻苗瘟的发生率比对照未包衣减少 3.6%～7.4%，晚稻稻蓟马卷叶率比对照减少 2.2%～41.8%。何永华等（1995）研究认为，种衣剂育秧可有效地控制本田初期病虫对幼苗的危害，种衣剂包衣育出的秧苗移栽本田后，绵腐病发病率比对照减少 3%～8%，恶苗病发病率只有 0.3%。王彦杰等（2012）研究显示，经过种衣剂处理的水稻能显著降低病斑的发生。赵艳杰和杨德伟（2013）用 0.8%精甲·戊唑醇种衣剂对水稻种子进行包衣处理，结果表明随着试验药剂浓度的增加，药剂对水稻立枯病的防效显著提高。李晓明和李超（2016）研究发现经北农 1%咪·噁水稻种衣剂处理后水稻立枯病基本没有发生，恶苗病发病率为 0.25%，较空白对照发病率（1.5%）降低了 1.25 个百分点。束华平等（2022）在推荐剂量下用 11%氟环·咯·精甲对干稻种拌种，晾干后直接播种，发现种衣剂对水稻恶苗病防效优良且具有良好的应用前景。

6.2.2　水稻种衣剂的副作用

目前，水稻种衣剂种类相对较少，但性能、特点和质量相差很大。一些厂商为了提高种衣剂的作用效果及增加销售量，常常添加隐性成分，这些隐性成分给人民的生命安全、农业生产带来严重问题。例如，2011 年 5 月初农药代理商秦某等从某农化有限公司购买了一种名为"鸟不食"的功能种衣剂，并转售给当地农户使用，结果导致农民播种的水稻不能正常发芽而重新播种，造成重大经济损失。检测结果发现，该种衣剂含有高毒化学成分"克百威"（呋喃丹的别称），用"鸟不食"包衣水稻种子后，种子萌发时间显著变长，种子萌发率、出苗率显著下降，苗高、鲜重显著下降，并且这种抑制效果随着种衣剂的用量增加而显著增加，表明"鸟不食"含有对人体高毒以及抑制水稻种子发芽、生长的物质。经进一步发现，"鸟不食"种衣剂未经国家批准生产和许可销售（顾双平等，2014）。因此，水稻种衣剂中的假冒伪劣产品是其产生问题的重要原因之一，购买种衣剂产品一定要从正规渠道选择品牌产品。

水稻种衣剂中混配物的配比问题也会给农业生产带来严重问题。一些厂商、用户为了提高作用效果，人为改变混配物配比，增加杀菌剂、除草剂、杀虫剂、植物生长调剂等有效成分的用量，造成死苗、烂种、叶片失绿、畸形、根须短等药害现象。例如，种衣剂中的杀菌剂来自化学合成，一些杀菌剂本身就是植物外源激素，过量使用造成植物中毒，产生严重的副作用，即抑制种子萌发和幼苗生长、降低幼苗免疫功能而造成植物对病原菌等敏感性增加。例如，为防治水稻纹枯病和稻曲病，过量使用唑类杀菌剂（三唑醇、丙环唑、烯唑醇等）易造成水稻生长缓慢，甚至绝收。唑类杀菌剂不仅能够通过抑制真菌体内麦角甾醇的生物合成而发挥作用，而且对水稻等农作物体内赤霉素的形成会产生抑制作用，从而抑制水稻等作物的生长发育（夏静和朱永和，2002）。丙草胺可防除稻田稗草、鸭舌草等杂草，过量使用可导致水稻植株矮化、出叶速度慢、叶小、秆细等问题，生长受到严重抑制。克百威及有机磷杀虫剂可有效防治水稻蓟马等害虫，但是过量或不当使用不仅易造成水稻芽萎蔫，同时还严重威胁人畜、环境安全。种衣剂中的植物生长调节剂也可能对水稻种苗造成危害，因为植物生长调节剂能够调节植物营养平衡酶的代谢，过量或不当使用会导致植物体内酶代谢异常，引起植物体内营养、内源激素不平衡，进而诱发生理性病害。除此之外，种衣剂中的微量元素、辅助剂、有效成分加工工艺也会对水稻种子产生副作用。

6.3　水稻种衣剂的安全使用技术

种子包衣是实现良种标准化、播种精良化、栽培管理轻型化、加工机械化、省工节本、农作物增产增效的关键技术，但在种衣剂的推广应用过程中，农药的致毒性和残留问题不容忽视。因此，水稻种衣剂在使用过程中一定要严格按照水稻种衣剂安全使用技术严格执行操作。水稻种衣剂安全使用技术总结如下。

6.3.1　精选稻种

水稻种子包衣前要先进行精选，如晒种、风选、筛选，清除草籽、秕粒及杂质等，确保为优选稻种，以达到更好的包衣效果。

6.3.2　正确选择种衣剂

水稻种衣剂的药害问题一般是由种衣剂的质量问题或者有效成分浓度过高引起的。农民用户要从正规渠道购买"三证"齐全产品，同时在相关技术人员的指导下，严格按照规范使用种衣剂，控制药剂使用量，从而在根本上避免种衣剂药害的发生。

6.3.3　拌种包衣

种子包衣一定要均匀，药种比一定要准确。包衣是否均匀、药量是否适量直接影响种衣剂的药效。包衣可采用手工包衣和机械包衣两种方法。传统的手工包衣多选取耐用的厚塑料布，倒入一定量的稻种，再添加配置好的混合均匀的种衣剂，倒在稻种上，需两人配合，分别抓住塑料布的 4 个边角，来回对折，使稻种充分翻动，直至每粒种子都均匀包衣后倒出，装袋贮存。机械包衣有手摇拌种器包衣、种子包衣机包衣和混凝土搅拌机包衣 3 种方法。由于水稻种子表面粗糙，必须选择专用的水稻种子包衣机械进行包衣，混凝土搅拌机是目前生产实践证明的最适合水稻种子拌种包衣的理想机械。方法是在搅拌机内一次性加入一定量的精选好的稻种，将适量水稻种衣剂混合摇匀后倒在种子上，将种子倒入搅拌箱内，开动搅拌机，搅拌 3～5 min，待稻种包衣均匀后，即可倒出包衣种子，直接灌袋贮存或烘干后贮存（侯勇，2010）。包衣时工作人员必须要有一定的保护设施，穿工作服、戴口罩、戴乳胶手套，避免徒手接触种衣剂。包衣结束后必须洗净手、脸等裸露处。

6.3.4　防止晒种

包衣好的稻种不能摊晾在阳光下暴晒，且不能立即浸种，应直接装入编织袋中，在 5～10℃阴凉干燥条件下贮存 72 h 左右，确保药膜充分固化后再浸种。药膜固化是保证水稻种衣剂药效的关键技术之一，切不可省略。

6.3.5　浸种

将包衣好的种子置于加有清水的容器中进行浸种，控制好浸种温度、时间及水位等因素，确保浸好的种子呈半透明状，用手能碾成粉状，没有生心。为了确保种衣剂的药效、防止药膜上的药剂流失，浸种时应注意不用盐水选种、不能淘种、不加过量浸种水，以水刚好淹没稻种、稻种不露出水面为准，不得多加。袋装浸种时只装半袋或八成袋即可，否则影响药效；不混浸，包衣好的稻种应单独浸种，不能与未包衣的种子混合浸种；不加任何药剂，只用清水浸种即可；不换水、不流水浸种，浸种时绝对不能换水，更不能用流水浸种或泡在河水里浸种；不搅拌，浸种过程中不能搅拌，应保持静置。袋装浸种时允许上下翻袋，但必须轻拿轻放；浸好的稻种可不经过催芽直接播种，亦可催芽后再播种（黄年生等，2007）。

6.3.6　种衣剂药害发生的补救

水稻封闭除草时断水、缺水、水层较浅等情况易造成局部农药浓度过高，从而产生药害问题。这种情况下，可灌大水洗田：排清含有高浓度农药的田水，灌入新鲜田水，重复操作几次；排水后晾田，增强土壤透气性和微生物活动，促进药剂降解和根系生长。有机质对除草剂有吸附作用，多施有机肥可以降低除草剂药效，同时还能快速补充植物所需营养，从而恢复受害作物的生理机能，促进生长。例如，发生药害后，适当增加肥量，结合浇水追施腐熟人、畜粪尿等有机肥。此外，一些解毒剂或者安全剂能够有效降低化学药剂对水稻的药害。例如，实验表明川芎提取物、双苯噁唑酸、解草啶可以有效降低双草醚对水稻的药害作用；氯丙烯胺能够使水稻免受乙草胺、丁草胺等除草剂的伤害。此外，萘二甲酸酐、解草酮、吡唑解草酯、细辛提取物等安全剂在保护水稻免受除草剂药害方面同样发挥了很好的作用。

当除草剂药害发生时，一般使用植物营养剂解决。实际上，大部分种衣剂药害也是由除草剂引起的，同病毒病、植物营养失衡等问题一样，都是由植物体内酶的代谢失衡、微生态菌群失衡和植物营养失衡引发的植物生长缓慢、畸形、斑点等抑制生长、营养不良症状。这些症状通过选用功能性植物营养剂解决，如赤霉素·吲哚乙酸·芸苔素可湿性粉剂能促使受害作物更快愈合及恢复生长，增强作物抗逆能力。直播水稻的浸种试验以及水稻苗床苗移栽后的药剂喷洒试验表明，使用碧护 0.136%赤霉素·吲哚乙酸·芸苔素可湿性粉剂对水稻生长和增产具有良好的促进作用（罗举等，2013）。此外，赤霉素·吲哚乙酸·芸苔素+功能性肥料与除草剂混合使用，能够在不影响除草剂药效的情况下，有效预防除草剂药害。当种衣剂药害发生时，喷洒赤霉素·吲哚乙酸·芸苔素+功能性肥料能够有效缓解、解除药害，并促进作物生长（王险峰，2016）。禾生素是一种新型绿色生物源农药、植物功能性营养剂。禾生素与碧护、益护、种衣剂等通过拌种、喷雾应用于多种作物，可以抵抗病虫害（张芮宁等，2020）。在水稻农业生产中，禾生素与益护配合使用可以有效抵御稻瘟病、立枯病等多种病害（张芮宁等，2020）。水稻拌种、喷雾和灌根试验表明，禾生素与碧护、益护混合使用后不仅能够增加水稻穗长和穗数，达到增产目的，还能在一定程度上缓解水稻药害和肥害。在水稻孕穗前或孕穗期使用，禾生素加益护还能促进水稻早熟、改善水稻品质（王险峰，2015）。

6.3.7 中毒症状及急救措施

人中毒后多表现为头痛、不安、体虚、恶心、视觉模糊、腹泻、出汗、流泪、惊厥、昏迷等症状，严重者可致死。若出现以上情况之一，应将中毒者迅速移开毒源，使中毒者处于新鲜、干净的空气中。立即脱去被污染的衣服，用肥皂水清洗身体污染处。若伤及眼睛，需用大量清水冲洗 15 min。病情严重者应紧急送往医院诊治。

6.4 展 望

应用种衣剂处理种子是提高种子质量、降低病虫害发生、增产丰收的有效措施，是国家种子工程重要的组成部分和战略突破口，在高效农业可持续发展中发挥着重要作用。我国是最大的水稻种植国和生产国，常年种植面积超过 3146 万 hm^2，年需种子约 160 万 t（俞泉和胡一鸿，2019）。然而，我国水稻种衣剂处理的种子不足总种植面积的 10%，水稻种衣剂的发展前景广阔，市场潜力巨大。随着农村劳动力的转移、水稻耕作栽培模式的改变，水稻生产更加机械化、轻简化和集约化，种田大户、新型专业化合作社等社会化服务组织蓬勃兴起，水稻种子处理控病虫增效技术因简便、环保、长效、节本、增效等优点越来越受到人们的青睐（张舒和胡洪涛，2017）。随着新农药管理条例的颁布实施和国内种子处理剂研发力量的增强，作为农药范畴的种衣剂管理将走上法制化、规范化轨道，种衣剂可实现与生长调节剂、诱抗剂、信息传递物质及控制释放技术的有机结合，实现农药减量增效、省工和环保。水稻新型种衣剂的研发在农业可持续发展中任重而道远。

（程书苗 刘 龙 杨凤连）

第7章 小麦种衣剂及其安全使用技术

我国小麦种植广泛，北起黑龙江、南至海南岛、东临三江汇合处、西到帕米尔高原，包括新疆北部、西藏南部、台湾北部均有小麦播种。据 2019 年统计数据，全国小麦面积占世界小麦总面积的 10.98%，位居第 3 位；总产量 13359.6 万 t，占世界小麦总产量（76 494 万 t）的 17.46%，位居第 1 位。

由于小麦适生区范围广、种植面积大、生长周期长，因此在生长过程中易遭受多种有害生物的危害。我国常见的小麦病虫害有 70 多种，主要有赤霉病、白粉病、纹枯病、条锈病、叶锈病、叶枯病、地下害虫、麦蜘蛛、吸浆虫、黏虫、蚜虫等，每年均造成不同程度的危害。我国在研究小麦栽培的同时，也开始了对小麦病、虫、草、鼠害防治方法的筛选和试验研究，经过长期的探索和优化选择，逐步形成了包括抗病品种、农业防治、物理防治、化学防治和生物防治等措施的综合防治技术。自 2006 年以来，在"公共植保、绿色植保"理念的指引下，我国小麦主产区积极开展小麦病虫害绿色防控技术试验研究，优化集成创新，提出了适合不同生态区域的绿色防控技术模式，推广应用后取得了显著的经济、社会和生态效益。

种子处理是防治小麦病虫害的有效措施，能够从源头上预防病虫害的发生。随着小麦种子处理技术的推广应用，因种衣剂质量问题、使用不合理及不良环境因素等造成的副作用时有发生，主要表现为抑制小麦种子出苗、出苗期推迟、苗黄苗弱及严重时造成大面积死苗和毁种等现象，严重制约了小麦种衣剂的推广应用。因此，弄清小麦种衣剂副作用的症状表现及产生的原因，明确副作用产生的机理，制定小麦种衣剂安全使用技术，是促进小麦种衣剂产业健康发展的重要措施。

7.1 小麦种衣剂的主要种类及应用情况

1983 年，国内成功研制了由多菌灵和克百威组成的第一个种衣剂产品，主要用于小麦、玉米、水稻、棉花、大豆、蔬菜等作物。20 世纪 80 年代，我国先后成功研制了包括小麦种衣剂在内的 30 多个适宜不同地区、不同作物良种包衣需求的种衣剂系列产品（李金玉等，1983）。自 1996 年之后，农业部提出实施"种子工程"，我国开始进入了种衣剂研发和推广的高速发展阶段。2000 年后，新一轮高效低毒的种子处理剂相继推向市场，商业化程度大大提高。目前，小麦生产上以含有噻虫嗪、吡虫啉、毒死蜱、苯醚甲环唑、戊唑醇、咯菌腈等有效成分的种衣剂应用较为广泛，这些产品具有对小麦安全、防治效果好、持效期长等优点，是目前小麦种衣剂的主导产品。2019 年，全国小麦种子处理面积 2.48 亿亩（1 亩≈667m^2），种衣剂的使用量及种子处理面积呈上升趋势，种子处理已经成为预防小麦苗期病虫害、减少小麦田农药使用量的重要措施。

7.1.1 小麦种衣剂的主要种类

我国已登记的对小麦病虫害有较好防治效果的种衣剂有 31 种，包括单剂 11 种、二元复配剂 14 种和三元复配剂 6 种。目前推广应用的小麦种衣剂主要有进口和国产两大类。进口小麦种衣剂包括 2.5%适乐时（咯菌腈）悬浮种衣剂、3%敌委丹（苯醚甲环唑）悬浮种衣剂、2%立克秀（戊唑醇）干拌剂、15%羟锈宁（三唑醇）、25 g/L 扑力猛（灭菌唑）、12.5%全蚀净（硅噻菌胺）、15%阿米西达（嘧菌酯）、4.8%适麦丹（苯醚甲环唑·咯菌腈）、40%卫福合剂（萎锈灵·福美双）、11%禾跃（吡唑醚菌酯·灭菌唑）等杀菌种衣剂，防治对象主要为小麦纹枯病、全蚀病、根腐病、茎基腐病、黑穗病类等土传与种传病害；70%锐胜（噻虫嗪）干种衣剂、60%高巧（吡虫啉）悬浮种衣剂、30%护粒丹（噻虫胺）等杀虫种衣剂，防治对象主要为地下害虫、蚜虫等；32%奥拜瑞（戊唑醇·吡虫啉）、27%酷拉斯（苯醚甲环唑·咯菌腈·噻虫嗪）等复配种衣剂，综合防治小麦苗期病虫害。国产种衣剂主要是含有丁硫克百威、噻虫嗪、噻虫胺、吡虫啉、三唑酮、苯醚甲环唑、多菌灵、戊唑醇等有效成分的单剂及复配制剂。

7.1.2 小麦种衣剂的应用情况

目前，种衣剂在小麦生产中广泛应用，有效地减少了小麦病虫害的发生，提高了小麦的产量，为粮食安全生产提供了很大的保障。种衣剂在小麦生产中的作用主要表现为以下几个方面。

（1）保证出苗率

种子丸衣化或种子表面包裹强吸水材料后，能有效调控水分和空气进入种子。种衣剂处理能够提高小麦种子的活力、发芽率和发芽势，有助于降低播种量，提高播种质量，保障小麦一播全苗，为后期小麦的生长提供保障。

（2）促进小麦生长

合理的种衣剂处理能增加作物幼苗中超氧化物歧化酶（SOD）、过氧化物酶（POD）和过氧化氢酶（CAT）等酶的活性，降低体内丙二醛（MDA）的积累量，减缓植株衰老速度；种衣剂包衣处理可以促进小麦根系增长，增加根重及苗重，提高小麦植株对土壤水分与养分的吸收利用，促进小麦壮苗早发，增加冬前大分蘖的数量和比率。

（3）提高小麦抗逆性

小麦种植区域跨度广，不同区域的种植模式、土壤、气候条件差别很大。高盐、干旱、严寒等非生物胁迫条件是作物生长发育的主要限制因子，对小麦的生长产生不良影响。在原有种衣剂成分的基础上添加芸苔素、褪黑素、脯氨酸等物质，开发抗低温、抗旱、抗盐碱等种衣剂是当前的热点。经种衣剂处理后，小麦个体生长健壮，根系发达，抗逆能力明显提高，有助于预防低温冻害及后期倒伏。

（4）病虫害防治

种衣剂对种子携带的病原菌和土壤中的病虫具有杀灭与系统防治作用，确保小麦苗生长在最佳环境中。27%苯醚·咯·噻虫悬浮种衣剂（酷拉斯）对播期地下害虫以及土传和种传病害都有优异的防治效果（戴思远，2021）。对于全蚀病发生区，可选用12.5%硅噻菌胺悬浮剂20～30 mL 兑水100～200 mL，拌种或包衣10 kg 麦种，然后堆闷10～12 h，晾干后播种；对于小麦根腐病发生区，可选用25 g/L 咯菌腈悬浮种衣剂20 mL 加水180 mL，拌麦种10 kg；对于黑穗病、茎基腐病、纹枯病等病害的防治，可选用6%戊唑醇悬浮种衣剂5 mL 加水200 mL 拌种或包衣10 kg 麦种；对于地下害虫发生区，可选用30%噻虫嗪悬浮种衣剂20 mL 兑水180 mL，拌种或包衣10 kg 麦种，或用60%吡虫啉悬浮种衣剂2 mL 加水180 mL，拌种或包衣10 kg 麦种；对于地下害虫与种（土）传病害混发区，可选用31.9%戊唑·吡虫啉悬浮种衣剂40 mL 兑水200 mL，拌种或包衣10 kg 麦种，或用2.3%吡虫·咯·苯甲悬浮种衣剂60 g 兑水150 mL，拌种或包衣10 kg 麦种，或用27%苯醚·咯·噻虫悬浮种衣剂20 mL 兑水180 mL，拌种或包衣10 kg麦种。

（5）保障食品安全和良种生产标准化

食品安全是我国高度关注的问题。农药残留超标已严重威胁人们的饮食安全。而利用种衣剂进行种子包衣，可以减少粮食生产过程中的用药次数与剂量；对于一些饲用作物，播种前进行种子包衣是唯一利用化学农药的方式。种子处理后带有不同颜色，可以有效防止劣质种子流入市场，加速种子产业化进程。

（6）减少环境污染，便于机械化播种

种衣剂的应用将苗期喷药方式转变为隐蔽的地下施药，不仅减少了用药次数和剂量，而且减少了人、畜接触和中毒的机会，降低了污染程度。同时，小粒种子包衣后，形状和大小均一，增加了种子的体积和质量，便于计数，也有利于机械化播种。

7.2　小麦种衣剂应用中的主要问题或副作用

7.2.1　小麦种衣剂应用中的主要问题

（1）剂型单一，适应性不足

目前，小麦种衣剂剂型比较单一，主要为悬浮剂或胶体剂等流动性液体剂型。这类种衣剂对作物种子的粒度要求比较严格，大多需要密封湿法超细研磨，制作工艺复杂，成本高，贮藏和运输不便。固体粉剂种衣剂遇水易溶，包衣缓释效果较差（李跃明等，2011）。我国地域广阔，气候多变，栽培的农作物种类繁多，农业病虫害发生也复杂多变，不同地区、不同作物的栽培需要更为丰富的种衣剂配方和品种剂型，单一配方种衣剂在不同地区、不同作物上很难达到理想的效果。例如，"克（克百威）·多（多菌灵）·酮（三唑酮）"或"克（克百威）·福（福美双）"种衣剂在小麦上应用效果不明显，特别是对小麦地下害虫的防治效果不佳（季书勤等，2000）。

（2）生产技术相对落后

虽然我国种衣剂发展迅速，但与发达国家相比，不论是生产工艺还是检测水平都比较落后，尤其是在产品理化性状、稳定性、悬浮性等方面有较大差距，有效成分含量不足，药种质量比低（雷玉明，2005）。如有机磷系列防治小麦地下害虫效果好且稳定，但其应用于种衣剂中成为悬浮剂，其中水含量在 80%左右，有机磷遇水乳化，在贮存过程中，有效成分极易分解，达不到标准要求，防治小麦地下害虫的效果下降。

（3）产生副作用

种衣剂的有效成分杀虫剂、杀菌剂等不可避免地对靶标植物、环境、有益微生物、天敌昆虫等造成不良影响。如小麦种衣剂中含有的唑类杀菌剂有抑制种子发芽的作用，含有唑类杀菌剂的种衣剂使用量大或包衣不均匀，能造成种子晚出苗 1～3 d、苗弱、长势差；用吡虫啉制剂喷雾拌种，药剂通过种皮的气孔进入种子胚部，造成小麦不出苗或出苗迟缓，严重时影响出苗率，造成缺苗断垄。使用含有吡虫啉、吡蚜酮、噻虫嗪等新烟碱类的种衣剂拌种后堆闷，严重影响小麦种子发芽率，甚至可能会出现"一拌无芽"的不良现象。包衣小麦种子播种后，遇到播种过深、整地质量差、干旱、低温、土壤湿度过大等不良环境条件，种子出苗历期延长，营养消耗过多，种衣剂副作用加重，造成种子不发芽、出苗率明显下降、苗黄、苗瘦弱等现象，甚至形成小老苗，严重影响小麦健壮生长。

7.2.2 小麦种衣剂的副作用

种衣剂在使用的过程中，由于上述问题，会对作物本身、非靶标生物等产生一系列的副作用。

（1）对作物本身的副作用

种衣剂除具有防治土传病害的作用外，也会抑制小麦的正常发育，表现为小麦在前期发芽时透气性差、发芽率低或芽根很短、弯曲不出土，后期小麦植株合成速率下降，对产量造成损失（王娟等，2014）。如 12%噻·咯菌腈·苯醚悬浮种衣剂处理小麦种子虽然可以提高发芽率，但是发芽势和发芽指数却会降低（陈韬，2021）。不同剂型的三唑酮种衣剂对小麦病害的防治效果较明显，但是对种子的发芽、成苗有抑制（李铭东等，2014）。

高浓度种衣剂处理会对植物根部产生影响，表现为根或肿大或萎缩，须根少。高浓度戊唑醇包衣对小麦地下部分根长、根数和根重都有影响，表现为根数减少，根鲜重降低（田体伟，2014b）。

种衣剂常用的保护性杀菌剂有福美双、克菌丹等，内吸性杀菌剂主要有三唑类杀菌剂菌锈灵、多菌灵、噻菌灵、甲基立枯磷等。一些高毒农药如克百威、多菌灵等种衣剂，不可避免地会对农作物产生药害。如 15%克·福·醇种衣剂（吉农 4 号）影响种子的发芽率（王义生等，2004）；经三唑类杀菌剂种衣剂处理的玉米和小麦种子，均会表现出不同程度的药害，即不长芽或芽很小，弯曲不出土，并且对幼苗也有严重的抑制作用。

大多数种衣剂在推荐剂量范围内对作物没有明显副作用，但是如果在使用中人为增加使用剂量则会引起药害。如三唑酮属于三唑类杀菌剂，在适宜的剂量下对植物出苗生长具有调控作用，反之，则表现为抑制生长。3%三唑酮悬浮种衣剂在 1∶（400～600）时，小麦株高和鲜重与对照相比都有增加，其对小麦株高和鲜重有促进作用，但高于此剂量用药则不安全。另外，种衣剂包衣时间对作物发芽也会产生一定的影响，研究表明，小麦种衣剂在包衣 10 d 内播种会影响小麦的出苗率（张凤玲等，2006）。

在低温条件下，种衣剂随着作物种子吸水进入种子，种子萌发生长，温度低于 13℃时，种苗代谢停止，因药剂不能快速排出体外而中毒；在大于 13℃ 条件下，随温度上升，种苗代谢能力加强，排毒速度加快，种苗安全性提高。研究结果表明，在温度低于 13℃ 条件下，作物代谢缓慢甚至停止，解毒能力差，种衣剂、除草剂、杀菌剂、人工合成植物生长调节剂都容易造成药害。特别是在北方寒温带地区如黑龙江、吉林、内蒙古、辽宁、新疆、甘肃、青海，春季受延迟性低温影响，若按传统气温播种，作物使用种衣剂后极易受药害，每 10 年一个周期，总有 1~2 个极端低温年；每年 5 月中旬到 6 月上旬，总有低于 13℃ 的天气。在 4 月下旬到 5 月 15 日之间播种的大田作物，会导致出苗缓慢，20~25 d 后才出苗，使用种衣剂后，轻的在 3 叶期后表现药害症状（王险锋，2019）。

（2）种衣剂对非靶标生物的副作用

种衣剂在使用的过程中，除对目标生物和植物产生影响以外，还对自然界中的非靶标生物有一定的影响。大田试验发现经戊唑醇种衣剂处理的小麦田麦蚜虫的发生率高于未处理的麦田。麦长管蚜在戊唑醇种衣剂处理小麦幼苗上的若蚜历期和成虫寿命都要高于对照，产卵量却显著高于对照，说明戊唑醇种衣剂处理会提高小麦幼苗上麦长管蚜的生育能力。

（3）种衣剂在其他方面的副作用

种衣剂中内吸性农药会残留于植物的吐水、花粉和花蜜中，在播种中被磨损的种子会分散到环境中，从而造成环境污染。在种子包衣及种衣剂贮存、处理和运输过程中，以及播种机对种子的损坏，均会产生受损的包衣颗粒，这些颗粒含有农药活性成分。目前市场上的化学种衣剂普遍残效期长，农药残留问题严重。有机磷、拟除虫菊酯、新烟碱类农药在土壤中残留量大，容易对下茬作物产生药害，种衣剂残留可能会下渗到地表水中，可能对水生生物以及人、畜产生毒害作用。另外，一些种衣剂随着筛管向上运输，可能进入植物果实，导致产品农残超标。

7.2.3　小麦种衣剂副作用的产生机理

（1）降低种子吸水性

种子吸水是种子萌发的前提条件。种子吸水过程包括 3 个阶段，第一阶段是吸胀吸水。该阶段依赖原生质胶体吸胀作用吸水，吸胀吸水后活种子中的原生质胶体由凝胶状态转变为溶胶状态，干种子中结构被破坏的细胞器和未活化的高分子得到伸展与修复，从而表现出原有的结构和功能。第二阶段为迟缓吸水。在该阶段细胞水合程度增加，酶蛋白恢复活性，细胞中某些基因开始表达，酶促反应与呼吸作用增强，子叶或胚乳中的贮藏物质开始分解，转变成简单的可溶性化合物。这些可溶性的分解物一方面给胚的发育提供了营养，另一方面也降低了胚细胞的水势，提高了胚细胞的吸水能力。第三阶段是生长吸水。在该阶段胚根、胚芽中的蛋白质、核酸等物质合成旺盛，细胞吸水加强。胚根突破种皮后，有氧呼吸加强，新生器官生长加快，种子的吸水和鲜重都持续增加。

一般来说，吸水能力较强的种子的活力、抗逆性、适应性较强，生产潜力也较高。因此，吸水能力是衡量种子质量的重要指标。种衣剂包衣会在种子表面形成膜，如果成膜剂质量不达标，或者种子包衣操作不科学都会降低种子的吸水性，进而影响种子的萌发和幼苗的生长。研究表明经过戊唑醇种衣剂处理后会导致种子吸水性的改变，因此影响种子的发芽（田体伟等，2014b）。

（2）降低胚乳和幼苗中酶的活性

植物体内的代谢变化是由酶驱动的，酶不仅催化各种生化反应，还参与代谢速度、方向、途径的调节和控制，因此是新陈代谢调节元件。淀粉是小麦种子的主要储藏物质，在萌发初期，储藏的淀粉在 α-淀粉酶的催化下水解，为蛋白质合成提供碳骨架，为 ATP 的合成提供底物。种子萌发过程中，先经过吸胀作用吸收水分，之后 α-淀粉酶开始大量合成并降解淀粉为糖，进而为种子萌发提供物质和能量基础。种子萌发时，储藏蛋白的转运和转化必须首先经过蛋白酶的分解才能进行，因此蛋白酶活性对种子萌发过程中蛋白质代谢以及种子萌发都有直接的影响。高浓度戊唑醇种衣剂（0.12 g/kg 种子）包衣小麦种子中淀粉酶和蛋白酶活性下降（田体伟，2014b）。

（3）抑制根系发育

高浓度种衣剂处理会对植物根部产生影响，表现为根或肿大或萎缩，须根少。高浓度戊唑醇包衣对小麦地下部分根长、根数和根重都有影响，表现为根数减少，根鲜重降低（田体伟，2014b）。

（4）对作物生长的影响

植物种衣剂对植物的副作用的共同特点是抑制植物生长，表现为叶失绿、变色、变黄、叶缘叶尖变色、下垂或枯死；植株矮小，不抽穗，花果畸形等。例如，种衣剂含多效唑、抑霉唑、三唑醇、丙环唑、三唑酮、氯苯嘧啶醇、乙环唑、苄氯三唑醇、烯唑醇等均可降低出苗率，导致幼苗僵化，抑制地上部分的伸长，如抑制小麦苗的叶、根和胚芽鞘的伸长。作物生长受到抑制会影响作物分蘖、开花、结果、成熟，轻者贪青晚熟而减产，重者绝收。据南京农业大学周明国教授研究，三唑类种子处理与对照相比，对禾谷类作物出苗 12 d 的叶面积的生长抑制情况为：抑霉唑 15%、三唑醇 16%、丙环唑 20%、三唑酮 22%、氯苯嘧啶醇 23%、乙环唑 27%、苄氯三唑醇 28%、烯唑醇 45%（王险峰，2016）。

7.3　小麦种衣剂的安全使用技术

7.3.1　小麦种衣剂选择误区

随着种衣剂研发、推广以及应用规模的加大，小麦种衣剂在地下害虫和小麦蚜虫控制中的防效突出。近年来，小麦全蚀病在全国造成减产的情况不断发生，因此对小麦种衣剂的接受度和认可度不断提升。但是小麦种衣剂选择和使用存在以下常见误区。

（1）误区 1：种衣剂越艳丽越好

在种衣剂的研发和生产过程中，为了区分种子是否拌过种衣剂，以免拌种种子被误食，因此在种衣剂中添加了显色物质。因此种衣剂中的颜色只是起到一个警戒的作用，与种衣剂的质量并无直接的关系。

（2）误区 2：种衣剂药味越浓越好

如果种衣剂有很浓的农药气味，说明添加的农药是高毒的。作物病虫害的有效防治，尤其是地下害虫的防治，不能完全依靠种衣剂和农药拌种来保证，同时应配合轮作或者在化肥中混拌杀虫剂等农业措施。在作物生长后期更需要合理科学地使用杀虫剂来解决叶面鳞翅目类害虫造成的危害。

（3）误区 3：种衣剂成分越多越好

复配种衣剂的作用靶标多，一次拌种可以防治多种有害生物。但是种衣剂的成分也不是越多越好，如果成分种类太多，则可能会导致产生复杂的化学反应，这样就会增大药害产生的风险。

（4）误区 4：包装剂量越大越好

一些农民认为大瓶的拌种剂更实惠、药量足、效果好。其实种衣剂的效果取决于有效成分含量和剂量，选择产品更应该看具体的配方和含量，而不能仅靠包装的大小来判断。

（5）误区 5：膜越亮的种衣剂越好

为了保障在机械播种时可以顺利下籽，种衣剂中会添加成膜剂。种衣剂成膜剂是一种化学物质，其亲水基及疏水基的多少决定着外观的亮度。所以说，种衣剂包衣后膜的色泽与种衣剂本身的效果并无直接关系，相反，成膜物质会影响种子的透水透气功能，在不良环境条件如低温状态下反而会影响种子的正常发芽。

（6）误区 6：用量越大越好

在使用种衣剂进行小麦种子包衣时，一定要严格按照说明使用，千万不可随意加量。如果使用剂量过大，很有可能导致不出苗，或者苗弱，或者出苗晚。

（7）误区 7：暴晒

拌种后的小麦种子应该放在阴凉处自然晾干，而不能放在太阳底下暴晒，因为强光会导致拌种剂药效降低，甚至失去效果。

7.3.2　小麦种衣剂安全使用注意事项

（1）安全储存保管

种衣剂属于农药的一种，大多数具有毒性。因此，种衣剂应装在牢固密闭的容器内，容器外边贴上醒目的标签，并安排专人保管。种衣剂应存放在远离热源、火源及小孩、家畜不能接触到的干燥、凉爽库房或荫蔽处。严禁种衣剂与食物、饲料进行混存。

（2）必须有保护设施

在种衣剂尤其是药肥复合包衣剂的使用过程中，工作人员必须戴乳胶手套，避免徒手接触种衣剂，同时要戴口罩、穿劳保服装，避免或减少种衣剂对工作人员的伤害。在种子包衣结束后必须用肥皂洗净手、脸等裸露处。

（3）严格按说明书使用

大多数种衣剂为固定型号，使用时应该认真阅读使用说明书。不能随意加水稀释，更不能添加其他药肥，以免造成沉淀、成膜性差、药效丧失或出现药害等情况。拌好的小麦种子要放在阴凉处晾干，避免强光分解以降低药效，同时防止包衣种子丢失，避免误食中毒。如果购买的是包衣后的商品种子，在播前无须再经药剂拌种或浸种。目前市场销售推广的小麦拌种剂很多是"套餐"，请按说明书要求进行。

（4）关注使用环境

药肥型种衣剂在水中的水解变化受水温及 pH 的影响较大，所以不能与碱性的农药和化肥同时使用，也不宜在重碱性的土壤上应用，否则容易分解失去药效。

（5）避免牲畜中毒

用药肥复合型种衣剂包衣的小麦种子播种出苗后，应避免牲畜的食用。如果在种衣剂包衣的田间发现有死虫、死鸟等，应集中深埋，防止家禽、家畜误食发生二次中毒。

7.3.3 小麦种衣剂的安全使用

（1）药剂选择

选择正规厂家生产的在保质期内的种衣剂，而且种衣剂标签应完整。种衣剂标签应包含以下内容和信息：①产品的标准号、性能、用途、有效成分含量、剂型；②农药登记证号、产品的生产厂家、农药生产许可证（或生产批准文件）号；③产品的使用技术和使用方法、储存与运输条件、注意事项、中毒急救措施；④产品的生产日期和有效期等信息。

（2）种子选择

切忌片面求新求异、盲目追求大穗型品种、片面追求高肥水品种。应该根据农业管理部门的推荐，综合考虑地力条件、产量水平和籽粒品质等因素，选用高产、优质、抗逆性强的小麦品种。

（3）种子包衣

在小麦播种前 3～20 d 进行包衣。包衣时根据推荐剂量和种子量确定种衣剂使用量。可以根据当地实际情况选择手工包衣或机械包衣。手工包衣：准确称取种衣剂，按照说明书的要求加入适量清水，混合均匀调成浆状药液。少量、多次地将混好的药液倒在种子上，充分搅拌使种衣剂包衣均匀，然后在通风阴凉处自然晾干。机械包衣：按照说明书要求加适量清水，混合均匀调成浆状药液；根据种子的大小和形状选用适宜的包衣机械，根据要求进行包衣处理。包衣后的种子放置在通风阴凉处晾干，避免暴晒。需要注意的是，不管采用哪种方法包衣，为了保证药膜充分固化，包衣后的种子一般都要存放3～5 d，防止因药膜未完全固化而脱落，从而影响药效。在包衣后的种子晾晒和存放过程中要做好标记，以免人畜误食。

（4）播种

根据温度选择合适的播种期：春性型小麦品种要求气温 12～14℃，5 cm 地温 13～15℃；冬性型小麦品种要求气温 16～18℃，5 cm 地温 17～19℃；半冬性型品种要求气温 14～16℃，5 cm 地温 15～17℃。在适宜的播期范围内，要力争早播，才能实现壮苗，有利于越冬。包衣后的种子出苗时间会推迟，但是播种 10 d 后出苗率基本稳定。

（5）播种后管理

小麦种衣剂包衣会推迟种子出苗时间、增加畸形植株率，因此播种后应及时观察出苗和畸形植株情况，及时补种。

7.3.4　小麦种衣剂副作用的预防

（1）加强安全性评价项目

种衣剂在田间登记试验中应该增加的项目包括：①低温条件下的安全性评价；②适期播种条件下的安全性评价；③施化肥、农药条件下的安全性评价；④与农艺措施配套的安全性评价。

（2）适期播种

在使用化肥、农药生态缓解条件下，北方播期应以稳定通过平均气温 13℃为准，各地根据这个原则选择适宜的品种，根据当地气象资料分析，经过田间试验，确定适宜的播期。

（3）种衣剂与功能性植物营养剂混用

预防种衣剂药害的最佳方法是与功能性植物营养剂混用，平衡微生态菌群，给有益微生物提供营养，促进各种酶的代谢与平衡，提高植物种苗期自身免疫功能，促进植物幼苗新陈代谢和排毒、解毒，促进幼苗快速生长。种衣剂与功能性植物营养剂混用能增加作物体内有益微生物菌群，促进种子萌发、生根发芽及幼苗生长。

（4）科学规范拌种

科学规范拌种包括控制拌种用水量、拌种方法和拌种温度 3 个方面。拌种用水量问题：不同作物的种子大小不同，用水量不同。一般禾谷类作物拌水量为种子量的 2%。拌种时要求达到混拌均匀、成膜好、不脱落。拌种应把种衣剂和植物营养剂的含水量计算在内。拌种方法：可以采用手工拌种或者机械拌种的方法进行。手工拌种时用塑料袋或桶盛好要处理的种子，根据所拌种子量取所需种衣剂和水进行充分混匀，快速与种子搅拌或摇晃至药液均匀分布在每粒种子上；机械拌种时，要认真调试加水量和转数以确保拌种均匀。拌种温度问题：拌种温度应在 5～20℃。温度太低，影响种衣剂的流动性，影响种子发芽率和拌种均匀度。

（5）种衣剂助剂的应用

将泥粉、膨润土、活性炭、硅胶粉等吸附剂和戊唑醇悬浮种衣剂混合后对种子包衣，能缓解戊唑醇对小麦幼苗的副作用，增加种子发芽率，使幼苗更好地生长（张良等，2018）。河南奈安生物科技股份有限公司提供的小麦种衣剂安全助剂的主要成分为聚谷氨酸和有机质，具有提高种衣剂安全效果、预防小麦种衣剂副作用发生的功效，能快速打破种子休眠，分蘖、鲜重、叶面积、根系数等增加明显，增产效果明显。另外，在种衣剂研制过程中，通过在种衣剂中添加植物生长调节剂可以缓解种衣剂对作物造成的副作用，并使幼苗健康生长。

7.4　展　　望

种衣剂用药量小、靶向作用强，能够显著减少作物苗期病虫害的发生，减少田间杂草泛滥，同时可以促进作物的生长发育，提高作物产量（吴鹏冲和路运才，2020）。在小麦种植过程中使用种衣剂处理种子，不仅省时省工，符合国家减少化肥与农药施用的"双减"政策，而且对小麦增产增收也发挥着重要作用。种子包衣技术能够有效防治作物病虫害，护苗、促苗、增产、增强抗逆性等作用效果显著，同时有利于保护环境，能提高经济和生态效益。

但随着种衣剂的大面积使用，不可避免地产生影响植株生长、污染生态环境及土壤水质等副作用。因此，如何有效及安全地使用种衣剂成为农业生产中需要解决的问题。根据植物营养免疫学新理论，植物营养平衡有助于酶代谢正常，促进作物健康。因此，种衣剂为作物提供矿物质营养的同时，又要补充功能性营养。未来将功能性植物营养剂与种衣剂混用，可解决种衣剂遇低温抑制作物生长的问题；逐步替代种衣剂中人工合成的杀菌剂，人工合成的植物生长调节剂、微量元素等是大势所趋。

7.4.1　有效成分向低毒方向发展

目前，种衣剂市场需求或发展均是高效、广谱、低残留，要求其产品与有机绿色相适应，积极引进新品种，降低种衣剂毒性势在必行（史为斌和王新磊，2014）。同时应提高种衣剂中高效低毒、内吸性的杀菌剂和生物活性物质的利用率，使种衣剂朝着对人、畜等有益的方向发展。种衣剂中的杀虫剂如甲基异硫磷、克百威等高毒农药，对人、畜来说安全隐患极大，迫切需要用吡虫啉、丁硫克百威等高效低毒杀虫剂来取代。

7.4.2　研究开发高效能的助剂

种衣剂中的助剂直接影响种衣剂的质量。例如，成膜剂影响种衣剂的拌种均匀度，黏着剂影响成膜后的透气性，着色剂影响包衣产品的外观以及种子的生理活动（吴凌云等，2007）。如何使这些功能助剂朝着价格便宜和兼具改善种子生理功能的方向发展是当务之急。另外，用有异味的物质作为添加剂或警戒色，可以减少鸟类的取食，符合生态农业的发展方向。

7.4.3　加强种衣剂品种创新

目前，化学农药依然是防病治虫的首选，但已有很多报道表明化学农药的使用造成了环境污染、产生药害和对有益生物产生不利影响等问题，因此，应将植物源农药、生防菌、微生物肥料等生物防治剂引入种衣剂生产。我国植物资源丰富，具有杀菌和杀虫活性的植物很多，如研究表明蛇床子素和蛇床子乳油对植物病原性真菌的抑制活性很高（黄昌华等，2005）；苦参、独角莲、牛膝菊、曼陀罗等植物对番茄叶霉病菌、稻瘟病菌等6种常见植物病原真菌都有抑制作用；知母总皂苷的正丁醇提取物对龙胆斑枯病病原菌具有很强的抑制作用，而且浓度越高，抑菌作用越强（严妍，2016）。植物源种衣剂在农业发展中的重要性必然决定了它的普遍运用。相对于国外而言，我国植物源种衣剂仅是针对一种或几种植物抑菌成分复合而成，因此今后需要加大开发力度。

7.4.4　研究开发特异型种衣剂

将种子学、植物病理学、灾害学、土壤学、气象学、农业工程等相关学科融合起来，生产专用型种衣剂和综合型种衣剂。根据不同作物、不同生态区域，研发有针对性的种衣剂，如在西北地区推广抗旱型种衣剂，在东北地区推广抗寒型种衣剂。过氧化钙包衣小麦种子，可以使播种在冷湿土壤中的小麦出苗率从 30% 提高到 90%；以干旱地区作物种子包衣所用的高分子吸水剂为组分的特异型种衣剂也是研究开发的热点之一，由于其特异的性能将在各类特殊种子上或特殊地区得到大力发展，预计将在大西北进行大面积推广和应用。

要确保种衣剂中的农药、微量元素、助剂、成膜剂等对种胚不造成伤害，不用在水中溶解度大的溶剂，农药的颗粒细度要大于种皮孔，避免堵塞种皮孔。针对不同配方的种衣剂制定产品质量技术标准，通过强制执行和产品质量抽查，规范种衣剂生产和销售。

7.4.5　将生物防治剂引入种衣剂

众所周知，化学农药的长期使用会导致有害生物产生抗药性，对有益生物产生不利影响，造成环境污染等一系列问题。生物农药种衣剂对人、畜和环境的危害比传统的农药低，发展越来越迅速，在市场占有的份额越来越大，生物防治具有广阔的发展和应用前景。目前，已经用于生物防治的微生物有真菌、细菌、放线菌等；已经登记的生物型种衣剂有阿维菌素、苏云金杆菌、枯草芽孢杆菌、淡紫拟青霉悬浮种衣剂，这些生物型种衣剂在生产上展现出广阔的应用前景。随着研究和开发的不断深入，今后将有越来越多的生物型种衣剂应用于生产。

7.4.6　丰富种衣剂剂型

当前采用的种衣剂大多为水溶性，在种子包衣过程中需要晾晒和烘干，尤其是在多雨潮湿天气，包衣种子得不到及时干燥会严重影响种子质量。而有机溶剂虽然挥发性好，但是会增加成本。因此，研制一种适当提高温度即能液化，而恢复室温即能固化的无水固体新型种衣剂，对实施大批量种子包衣和连续化生产具有积极意义。

超微粉剂型是把防治小麦地下害虫的有效农药有机磷，加入到成膜剂及其载体上，同时配以助溶剂、渗透剂等，经超微研磨后，呈超微粉状。使用时只需按照一定比例加水，搅拌 15 min，使其成为悬浮剂，即可按照药种 1∶50 的比例进行种子包衣。该剂型具有用量少、费用低、使用简单方便、效果好等特点。

7.4.7　新技术材料的应用

在种衣剂中加入灵敏度高、易检测的物质，如在色谱中有特定吸收峰的物质，在特定波长的光源中与其他特定化合物有变色特征反应的物质等，使种子本身带有隐形防伪标志。

7.4.8 加强配套技术研究，提高管理水平

种子包衣配套技术的研究包括加工工序的机械化，种子的精选、加工、贮藏，包衣种子的干燥、贮存，栽培技术、苗期管理等环节，应做到严格把关，充分发挥种衣剂的实际应用效果。

（雷彩燕　于思勤）

第8章 玉米种衣剂及其安全使用技术

玉米是我国目前种植面积最大的粮食作物。2020 年,我国玉米种植面积 4126 万 hm²,占总耕地面积的 35.33%,产量达 26 067 万 t,占粮食总产量的 38.94%。除作为粮食外,玉米还是重要的饲料和工业原料,在国民经济中占有重要地位(王振营和王晓鸣,2019)。

病虫草害是玉米高产稳产的重要限制因素。我国玉米常见的病害有大斑病、小斑病、弯孢叶斑病、南方锈病、苗枯病、茎基腐病、纹枯病和穗腐病等,常见害虫有玉米螟(*Pyrausta nubilalis*)、黏虫(*Mythimna separata*)、棉铃虫(*Helicoverpa armigera*)、玉米蚜(*Rhopalosiphum maidis*)以及地老虎、蛴螬、金针虫等地下害虫,常见杂草有狗尾草(*Setaria viridis*)、藜(*Chenopodium album*)、反枝苋(*Amaranthus retroflexus*)、香附子(*Cyperus rotundus*)等。近 10 年来,随着全球性气候变暖、玉米品种更替和种植范围与面积的扩大、农业种植结构调整及耕作栽培方式转变(秸秆还田、地膜覆盖、免耕直播等),玉米病虫草害发生呈加重趋势(王振营和王晓鸣,2019)。据《全国植保专业统计资料》的数据,2009~2016 年玉米种植面积以年均 3% 的比率增长,而 2007~2012 年病虫草害发生面积年均增长超过 5%,2012 年达到历史最高值(王振营和王晓鸣,2019)。2018 年,全国玉米病虫害发生面积 5872 万公顷次,其中,虫害发生面积 4404 万公顷次,病害发生面积 1468 万公顷次(刘杰等,2019)。尤其是从玉米播种发芽至苗期,地下害虫和苗期病害的危害尤为严重,对玉米生产造成严重威胁,因此病虫草害防治尤其是苗期病虫害防治已成为玉米整个生产过程中非常重要的关键环节。

目前,玉米病虫草害的防治主要依靠施用化学农药,但传统的喷雾方法需要的施药次数较多,费时费力,农药利用率低,同时带来的害虫抗药性、农药残留等生态、环境和食品安全问题引起了社会的高度关注。因此,改变施药方法、提高农药利用率和控制效果,是改变这些现状的主要途径。种衣剂将传统喷雾的"平面施药"和颗粒剂的"线型施药"变为"定点施药",节约了用药量,同时还具有省力省时、节约劳动成本等优点,在防控作物病虫草害和调节作物生长等方面发挥了重要作用。如种子包衣处理可以有效地防治玉米苗期地下害虫、苗期病害等,是提高玉米成苗率、确保一播全苗最为简便和有效的措施。

随着国家种子工程的实施,种子处理技术得到了迅速发展,每年登记的种衣剂品种、应用作物和防治靶标种类快速增加。1998 年,我国登记的种衣剂仅 51 种(占全年总制剂的 9.35%)。截止到 2022 年,依据中国农药信息网(http://www.chinapesticide.org.cn/)的不完全统计,我国仅在玉米上已经正式获批登记的种衣剂产品就有 400 多种,涉及的活性成分主要是杀虫剂和杀菌剂,组分也由原来的单一组分向多组分发展,由高毒农药向低毒、高效农药发展。

8.1 玉米种衣剂的主要种类及应用情况

8.1.1 玉米种衣剂的主要种类

玉米种衣剂采用的杀虫剂和杀菌剂一般具有广谱、高效、内吸性强等特点。目前，国内玉米种衣剂中常用的杀虫活性成分有克百威、氟虫腈和吡虫啉、噻虫嗪、噻虫胺、呋虫胺等新烟碱类杀虫剂，杀菌活性成分主要有戊唑醇、三唑酮、三唑醇、烯唑醇、咯菌腈和福美双等，常用的植物生长调节剂有吲哚-3-乙酸（IAA）、萘乙酸（NAA）等生长素类和矮壮素（CCC）、多效唑（PP333）等生长延缓剂与细胞分裂素（CTK）以及赤霉素类（如赤霉素 GA3）等。随着种衣剂的发展和生产需求的提高，以除草剂和有益微生物为活性成分的种衣剂也得到研究者关注，目前研究的有益微生物包括绿僵菌（杨震元，2009）、木霉菌（颜汤帆，2010）等。在营养元素方面，玉米种衣剂除添加尿素、磷肥等常量肥料外，也添加锌、硼、铁等微量元素，如添加锌以增加玉米幼苗的抗性（李欣等，2008）。

20 世纪 30 年代，英国 Germains 种子公司在禾谷类作物上首次成功研制出了用于种子包衣的禾谷类旱作物丸化种衣剂，并迅速将其商品化，标志着种衣剂使用的开始。1983 年，美国富美实（FMC）公司研制出的呋喃丹种衣剂（Furadan 35ST），因其对刺吸类害虫和地下害虫具有广谱杀虫作用，先后在多个国家和地区得到了广泛应用，极大地推动了种衣剂的研究和应用进程，此后种衣剂获得了迅猛的发展。美国有利来路化学公司研制生产的低毒、广谱性拌种杀菌剂卫福 200FF（活性成分为萎锈灵和福美双），是世界上第一个用于种子处理的胶悬剂产品，对玉米、小麦、棉花等的烂种以及苗期的立枯病、根腐病、茎基腐病、猝倒病等防效极佳。瑞士先正达公司的 10%适乐时种衣剂（有效成分为咯菌腈），用于防治玉米等大田作物与蔬菜的种传和土传病害；70%噻虫嗪种子处理可分散粉剂，用于防治玉米灰飞虱等害虫。用灭草烟包衣抗咪唑啉酮类的玉米种子，已成功用于控制寄生杂草独脚金，并已在非洲商业化应用。目前，国外种子处理技术已经发展成一个较为成熟的产业，众多产品已得到广泛应用，如先正达公司的噻虫嗪、高效氯氟氰菊酯、咯菌腈、精甲霜灵、苯醚甲环唑、氟唑环菌胺等，拜耳公司的吡虫啉、戊唑醇等，巴斯夫公司的灭菌唑等。

近年来，我国种衣剂研究和应用发展迅猛，研制出了多种玉米种衣剂，并实现了工业化生产和大规模推广应用，取得了显著的经济效益和社会效益。现阶段国内玉米种衣剂的研究倾向于在提高种子、幼苗综合素质的同时，重在对苗期主要病虫害防治效果的研究。

我国玉米种植区域广，不同区域种植方式、土壤和气候条件迥异，病虫害发生种类和危害程度不同，因而决定了玉米种衣剂的多样性（王雪等，2021）。截至目前，我国在玉米上已经正式获批登记的种衣剂制剂产品共有 435 个（表 8-1），其中主要是活性成分为杀虫剂和杀菌剂的产品（429 个），植物生长调节剂产品很少（仅 6 个产品）。活性成分由原来的单一组分向多组分发展，活性成分性质由高毒向中、低毒高效发展（表

8-1）。在制剂剂型方面，主要以悬浮种衣剂为主（253 个），其次是悬浮剂（81 个）和可分散粉剂（35 个），另外还有少数的种子处理悬浮剂（17）、可湿性粉剂（14），登记产品不足 10 个的制剂类型还有水剂、湿拌种剂、乳油、种子处理微囊悬浮剂、种子处理微囊悬浮-悬浮剂、微囊悬浮剂、种子处理干粉剂、水乳剂、种子处理乳剂等。对于抗寒种衣剂、蓄水抗旱种衣剂、调节 pH 种衣剂等特殊用途的种衣剂，目前研究很少（吴凌云等，2007）。

表 8-1　玉米上已登记种衣剂部分产品

防治对象	有效成分	种衣剂部分产品
茎基腐病	咯菌腈	25 g/L 咯菌腈种子处理悬浮剂
		35 g/L 咯菌·精甲霜悬浮种衣剂，10%咯菌·嘧菌酯悬浮种衣剂
		29%噻虫·咯·霜灵悬浮种衣剂，11%精甲·咯·嘧菌酯悬浮种衣剂
		30%精甲·咯·灭菌悬浮种衣剂，12%噻虫嗪·咯菌腈·氟氯氰种子处理悬浮剂
	精甲霜灵	20%精甲霜灵悬浮种衣剂
		35 g/L 咯菌·精甲霜悬浮种衣剂，10%精甲·苯醚甲悬浮种衣剂
		29%噻虫·咯·霜灵悬浮种衣剂，11%精甲·咯·嘧菌酯悬浮种衣剂
		30%精甲·咯·灭菌悬浮种衣剂，10%精甲·戊·嘧菌种子处理悬浮剂
	甲霜灵	20%甲霜灵悬浮种衣剂
		4.23%甲霜·种菌唑微乳剂，6%甲霜·戊唑醇悬浮种衣剂
		10%甲霜·嘧菌酯悬浮种衣剂
		14%甲·萎·种菌唑悬浮种衣剂
	吡唑醚菌酯	18%吡唑醚菌酯种子处理悬浮剂
		10%唑醚·精甲霜种子处理悬浮剂，41%唑醚·甲菌灵悬浮种衣剂
	福美双	15%福·克悬浮种衣剂，20%福·克悬浮种衣剂
		15%多·福悬浮种衣剂，400 g/L 萎锈·福美双悬浮种衣剂
		25%丁硫·福美双悬浮种衣剂
		15%克·酮·福美双悬浮种衣剂，20.75%腈·克·福美双悬浮种衣剂
丝黑穗病	戊唑醇	60 g/L 戊唑醇悬浮种衣剂，80 g/L 戊唑醇悬浮种衣剂
		10%戊唑·噻虫嗪悬浮种衣剂，21%戊唑·吡虫啉悬浮种衣剂
		6%甲霜·戊唑醇悬浮种衣剂，10.2%戊唑·福美双悬浮种衣剂
		7.5%戊唑·克百威悬浮种衣剂，8%丁硫·戊唑醇悬浮种衣剂
		20.6%丁·戊·福美双，8.1%克·戊·三唑酮悬浮种衣剂
		63%克·戊·福美双干粉种衣剂，10%精甲·戊·嘧菌种子处理悬浮剂
		6%福·戊·氯氰悬浮种衣剂，20%吡·戊·福美双悬浮种衣剂
	三唑醇	16%克·醇·福美双，20%克·醇·福美双
	烯唑醇	15%烯唑·福美双悬浮种衣剂
		15%吡·福·烯唑醇悬浮种衣剂
	三唑酮	15%三唑酮可湿性粉剂
		8.1%克·戊·三唑酮悬浮种衣剂，9.1%克·戊·三唑酮悬浮种衣剂
	腈菌唑	0.8%腈菌·戊唑醇悬浮种衣剂
		20.75%腈·克·福美双悬浮种衣剂

防治对象	有效成分	代表登记产品
丝黑穗病	灭菌唑	28%灭菌唑悬浮种衣剂
		30%精甲·咯·灭菌唑悬浮种衣剂
	苯醚甲环唑	3%苯醚甲环唑悬浮种衣剂
		10%精甲·苯醚甲，8%苯甲·毒死蜱悬浮种衣剂
		24%苯醚·咯·噻虫悬浮种衣剂
	氟唑环菌胺	44%氟唑环菌胺悬浮种衣剂
	萎锈灵	400 g/L 萎锈·福美双悬浮种衣剂
瘤黑粉病	氟唑环菌胺	44%氟唑环菌胺悬浮种衣剂
	福美双	20%福·克悬浮种衣剂
蛴螬、金针虫、地老虎、蝼蛄	克百威	10%克百威悬浮种衣剂，350 g/L 克百威悬浮种衣剂
		20%福·克悬浮种衣剂，9%克百·三唑酮悬浮种衣剂
		7.5%戊唑·克百威悬浮种衣剂
		30%多·福·克悬浮种衣剂，25%萎·克·福美双悬浮种衣剂
		15%克·酮·福美双悬浮种衣剂，15%克·醇·福美双悬浮种衣剂
		8.1%克·戊·三唑酮悬浮种衣剂
	丁硫克百威	20%丁硫克百威悬浮种衣剂，47%丁硫克百威种子处理乳剂
		8%丁硫·戊唑醇悬浮种衣剂，25%丁硫·福美双悬浮种衣剂
		20%丁硫·福·戊唑悬浮种衣剂，20.6%丁·戊·福美双悬浮种衣剂
	氯氰菊酯	300 g/L 氯氰菊酯悬浮种衣剂
		6.5%福·戊·氯氰悬浮种衣剂，13%氯氰·福美双悬浮种衣剂
		12%噻虫嗪·咯菌腈·氟氯氰种子处理悬浮剂
	氟氯氰菊酯	12%噻虫嗪·咯菌腈·氟氯氰种子处理悬浮剂
	高效氟氯氰菊酯	18%吡虫·高氟氯悬浮种衣剂
	毒死蜱	8%苯甲·毒死蜱悬浮种衣剂
		20.3%福·唑·毒死蜱悬浮种衣剂
	氟虫腈	5%氟虫腈悬浮种衣剂，8%氟虫腈悬浮种衣剂
		8%戊唑·氟虫腈悬浮种衣剂，20%吡虫·氟虫腈悬浮种衣剂
二点委夜蛾	溴氰虫酰胺	48%溴氰虫酰胺种子处理悬浮剂
	噻虫嗪	40%溴酰·噻虫嗪种子处理悬浮剂
灰飞虱	吡虫啉	600 g/L 吡虫啉悬浮种衣剂
		21%戊唑·吡虫啉悬浮种衣剂，20%吡虫·氟虫腈悬浮种衣剂
	噻虫嗪	30%噻虫嗪悬浮种衣剂，35%噻虫嗪悬浮种衣剂，70%噻虫嗪种子处理可分散粉剂
		22%噻虫·咯菌腈种子处理悬浮剂，10%戊唑·噻虫嗪悬浮种衣剂，30%氟腈·噻虫嗪悬浮种衣剂，20%吡虫·氟虫腈悬浮种衣剂
		29%噻虫·咯·霜灵悬浮种衣剂，9%吡唑酯·咯菌腈·噻虫嗪种子处理微囊悬浮-悬浮剂
	噻虫胺	8%噻虫胺种子处理悬浮剂，48%噻虫胺种子处理悬浮剂
		27%精·咪·噻虫胺种子处理悬浮剂
	氟虫腈	8%氟虫腈悬浮种衣剂，50 g/L 氟虫腈悬浮种衣剂

续表

防治对象	有效成分	代表登记产品
蚜虫	吡虫啉	600 g/L 吡虫啉悬浮种衣剂，70%吡虫啉种子处理可分散粉剂
		11%戊唑·吡虫啉悬浮种衣剂，21%戊唑·吡虫啉悬浮种衣剂
	噻虫嗪	30%噻虫嗪悬浮种衣剂，35%噻虫嗪悬浮种衣剂
		7%戊唑·噻虫嗪悬浮种衣剂
		29%噻虫·咯·霜灵悬浮种衣剂
	呋虫胺	8%呋虫胺悬浮种衣剂，70%呋虫胺种子处理可分散粉剂
	克百威	20%福·克悬浮种衣剂
	氟虫腈	5%氟虫腈悬浮种衣剂
蓟马	噻虫嗪	46%噻虫嗪种子处理悬浮剂，40%溴酰·噻虫嗪种子处理悬浮剂
	溴氰虫酰胺	40%溴酰·噻虫嗪种子处理悬浮剂
	吡虫啉	20%吡虫·氟虫腈悬浮种衣剂
	克百威	20%福·克悬浮种衣剂
黏虫	溴氰虫酰胺	40%溴酰·噻虫嗪种子处理悬浮剂
	氯虫苯甲酰胺	50%氯虫苯甲酰胺种子处理悬浮剂
草地贪夜蛾	噻虫嗪	40%溴酰·噻虫嗪种子处理悬浮剂
甜菜夜蛾	克百威	20%福·克悬浮种衣剂
玉米螟	噻虫嗪	35%噻虫嗪种子处理微囊悬浮-悬浮剂
	克百威	20%福·克悬浮种衣剂

8.1.2　玉米种衣剂的应用情况

8.1.2.1　种衣剂对玉米生长发育及产量的影响

（1）对玉米种子萌发和幼苗生长发育的影响

种衣剂既能提升种子质量和价值，同时又可促进作物生长和提高作物产量。种子活力涉及种子发芽率、幼苗生长速率、整齐度以及这些特性的保持能力，是综合反映种子质量的指标（段强等，2012）。采用种子处理技术是提高种子活力的有效途径之一，高活力种子可以提高种子的发芽率和田间成苗率，促进植株生长（张晓龙和王世光，1989）。如经 60%吡虫啉悬浮种衣剂和 400 g/L 萎锈·福美双悬浮种衣剂包衣处理后，鲜食玉米出苗率可分别提高 9.38%和 3.65%（姚玉波等，2020）。吡虫啉拌种（药种比为 5：10 000）后玉米种子发芽势、发芽率、发芽指数和活力指数与未拌种处理相比分别提高了 38.9%、6.4%、27.6%和 72.6%（段强等，2012）。在大田和干旱胁迫条件下，用以噻虫嗪、咯菌腈和精甲霜灵为有效成分的复配种衣剂处理玉米种子，能够改善玉米种子抗/耐旱性能、提高发芽率、促进植株生长、增加产量（杨国航等，2010）。

玉米幼苗的生长指标是评价玉米生长态势的重要指标之一（宋雪慧等，2018）。研究表明，用以吡虫啉+戊唑醇（5%+0.4%）为主要成分的种衣剂进行种子处理（药种比为 1：100），可促进玉米种子萌发及根系生长，同时增加根数、株高和茎粗（房锋等，

2009）。吡唑醚菌酯拌种不但能提高玉米种子的发芽势和活力指数，还可以提高幼苗株高、根数、鲜重、根冠比以及叶绿素含量等，对玉米种子活力及幼苗生长的促进作用明显（袁传卫等，2014）。0.5～3.0 g/kg 氯虫苯甲酰胺拌种能明显提高玉米种子发芽势、发芽率、发芽指数和活力指数，增加幼苗期生长量，提高根系活力、还原糖含量及可溶性蛋白含量（何发林等，2019）。

（2）对玉米生理生化特性的影响

玉米是 C_4 植物，叶片光合作用能力较强，叶片中的叶绿素是植物进行光合作用的主要色素，其活性高低与光合作用强弱有关。叶绿素含量越高，植株积累的营养物质就越多，作物产量也会增加。研究表明，17%克·福·醇悬浮种衣剂和 600 g/L 吡虫啉悬浮种衣剂能够增加叶片中叶绿素的含量（王义生等，2004；段强等，2012）。氯虫苯甲酰胺在 0.5～3.0 g/kg 剂量下拌种处理能明显提高玉米叶绿素含量（何发林等，2019）。田体伟（2015）研究发现，20%福·克悬浮种衣剂在播种后 10 d，低剂量能够提高玉米叶绿素含量，但高剂量会使叶绿素含量降低，播种后 20 d 种衣剂处理叶绿素含量均升高，且高剂量处理升高更明显。叶绿素含量的提高有利于植物有机物质的积累，为植物后期生长和增产提供保障。

（3）对玉米抗逆性的影响

种衣剂包衣处理种子能提高植株体内抗性相关酶类的活性，增强作物的抗逆性。如超氧化物歧化酶（SOD）能清除细胞内的氧自由基，是玉米植株细胞内的一种重要的防御酶；过氧化氢酶（CAT）能消除细胞内过多的过氧化氢（H_2O_2），使过氧化氢保持在一个较低的水平，对细胞膜结构具有重要的保护作用；过氧化物酶（POD）也具有分解 H_2O_2 的作用，因此这些酶在玉米机体防御体系中担负着重要作用。研究表明，20%福·克悬浮种衣剂能够提高 POD 的活性，增强清除自由基的能力，提高玉米植株的抗倒性（陈士林等，2004）。玉米种衣剂能够通过增强 POD 活性、降低丙二醛（MDA）含量，诱导玉米苗体内产生潜在的抗性，抑制膜质过氧化作用（杨业圣等，2005）。吡虫啉·戊唑醇（5%+0.4%）种衣剂处理山农饲玉 7 号（药种比为 1：100）后，幼苗地上部分和地下部分抗病性相关酶，如 SOD 活性分别提高了 47.1%和 100.2%，苯丙氨酸解氨酶（PAL）活性分别提高了 59.5%和 58.6%，MDA 含量分别降低了 54.0%和 26.2%，CAT、POD 活性也有不同程度的提高（房锋等，2009）。经不同浓度种衣剂处理，玉米苗期 POD、CAT、SOD 活性增强，活性增强幅度与药剂浓度相关。各处理与对照相比，苗期 MDA 含量升高，差异显著，与种衣剂浓度相关性显著（李纪白等，2014）。

我国地域辽阔，经纬度跨越较大，农作物种植模式、作物品种、气候等生态条件以及农田管理水平等存在较大的差异，寒冷、干旱、盐碱等恶劣气候条件仍是威胁我国部分地区农业生产的主要因素，一些种衣剂如遇不良气候条件难以满足作物安全生长的需要而易导致副作用发生（郑铁军，2006；雷斌等，2007）。因此，针对特殊的生态环境，在防治病虫害的基础上开发具有特殊功能的专用种衣剂成为玉米生产的重大需求，如亟待开发抗旱种衣剂（王道龙等，2006；张志军等，2010；丁昊等，2016）、抗寒种衣剂（励立庆等，2004）和耐盐碱种衣剂（张云生等，2008）等来满足我国不同地区农业生产的需求。种衣剂中添加二甲基亚砜等成分能够增加甜玉米的抗寒性，促进生长，提高幼苗素质，并提高甜玉米植株内的 SOD 和 CAT 等抗逆性相关酶的活性，但不同玉米品种因遗传性状的差异而表现出不同的抗寒效果（励立庆等，2004）。也有研究发现，种衣剂中添加适量芸苔素内酯，能增加玉米抵御冷害的能力，从而提高出苗率（苏前富等，2013）。干旱条件下，利用高吸水树脂种衣剂包衣会提高玉米的出苗率，促进玉米生长及叶绿素含量与 PPO 活性的增加，并减少 MDA 的积累，提高幼苗的抗病能力（陈恒伟等，2004）。

（4）对玉米产量和品质的影响

种衣剂处理种子后，通过提高种子的活力，促进玉米苗期生长，减轻病虫害的发生，改善玉米的长势，从而达到增产增收效果。如用 5.4%吡虫啉·戊唑醇悬浮种衣剂对玉米种子进行包衣处理后，能有效防治粗缩病和纹枯病，增产效果可达 11.5%（房锋等，2008）。用 60%吡虫啉悬浮种衣剂和 400 g/L 萎锈·福美双悬浮种衣剂包衣种子后，玉米分别增产 22.35%和 9.30%（姚玉波等，2020）。丁丽丽等（2016）研究发现，以 70%噻虫嗪悬浮种衣剂、28%灭菌唑、35 g/L 咯菌·精甲霜为有效成分的四元复配种衣剂包衣处理，可有效增加玉米株高、茎粗、根系数和叶片数，同时有利于干物质积累，增产效应明显，增产幅度可达 19.1%。新型环保型种衣剂以生物抑菌剂及天然高分子材料为主要原料，相对于传统农药，在对玉米黑粉病菌抑制率相当的情况下，能够使产量提高9.8%，且成本下降 29%，兼具经济效益与环境效益（曾德芳等，2007）。

种衣剂的有效成分在农产品中的最终残留量是影响农产品品质的重要因素。针对种衣剂这种特殊的农药剂型，国内建立了相应的残留检测方法。如陈平（2014）建立了 15%戊唑醇·克百威悬浮种衣剂的检测方法；遇璐等（2013）建立了烯肟菌胺·苯醚甲环唑·噻虫嗪悬浮种衣剂的高效液相色谱分析方法；毛晶和张浩（2010）建立了 70%吡虫啉湿拌种剂在玉米上的残留分析方法；张灿光等（2014）建立了噻虫嗪·氟虫腈·苯醚甲环唑种衣剂的残留分析方法等。Wang 等（2012）利用分散固相萃取和分散液-液微萃取方法，建立了包括玉米在内的 4 种种子籽粒中 7 种新烟碱类杀虫剂的残留检测方法。目前，在种衣剂残留相关的研究中均未发现种衣剂的使用导致农药在农产品中残留超标的问题。如刘同金等（2014）用 8%氟虫腈悬浮种衣剂按有效成分 1.5～2.25 g/kg 对玉米拌种，结果表明，籽粒中氟虫腈的残留低于 0.005 mg/kg，符合国际食品法典委员会（CAC）规定的氟虫腈最大残留量（MRL）0.01 mg/kg 的标准。用烟嘧·辛酰溴油悬浮剂处理种子后，未在玉米上检出最终残留量（＜0.01 mg/kg）（刘同金等，2019）。

8.1.2.2　种衣剂对玉米病虫害的防控作用

玉米属高秆作物，在生产中通过人工喷雾方式防治病虫害费工费时，且实施较为困难，种子包衣技术用药量小、持效期长、靶标性强，因此采用种衣剂处理种子防治病虫害是种衣剂应用的主要目标，已成为防治玉米病虫害的重要手段。

（1）对玉米病害的防治作用

防治玉米病害的种衣剂种类较多，如防治玉米丝黑穗病的种衣剂主要含戊唑醇、三唑醇、三唑酮、烯唑醇、苯醚甲环唑、灭菌唑、氟唑环菌胺及萎锈灵等杀菌剂成分，以三唑类杀菌剂居多。防治玉米瘤黑粉病的种衣剂目前只登记了 2 种有效成分，即氟唑环菌胺和福美双。防治玉米苗枯病和茎腐病可选用含咯菌腈、福美双或三唑类等广谱杀菌剂成分的种衣剂。其中，对于腐霉根腐病的防治，则需要选用含精甲霜灵或甲霜灵等成分的种衣剂。

由于种衣剂对种子的保护作用明显，利用种衣剂处理种子成为控制作物土传病害的主要措施。研究表明，9%毒死蜱·烯唑醇悬浮种衣剂、17%克·福·醇悬浮种衣剂、15%福·烯唑悬浮种衣剂、7.5%克·戊醇悬浮种衣剂、6.9%甲柳酮戊唑悬浮种衣剂等均对玉米丝黑穗病表现出良好的防治效果（张炳炎等，1997；卢宗志和刘洪涛，2002；晋齐鸣等，2004；沙洪林等，2004；王汉芳等，2009）；不同剂型的戊唑醇种衣剂对玉米和高粱的丝黑穗病均有较好的防治效果（石秀清等，2007；杨书成等，2011）；15%腈菌唑乳油对玉米和高粱的丝黑穗病防治效果较好（司乃国等，2001）；18%克·福悬浮种衣剂+2%戊唑醇湿拌种剂、20%克·福悬浮种衣剂+2%戊唑醇湿拌种剂和 15%腈菌唑乳油15%克·福悬浮种衣剂对玉米顶腐病和苗枯病防效较好（马建仓等，2010）。利用 50%氯虫苯甲酰胺种子处理悬浮剂与 4.23%种菌唑·甲霜灵微乳剂混配来处理玉米种子，能有效抑制玉米顶（茎）腐病的发生，防治效果可达 56.07%。11%精甲·咯·嘧菌悬浮种衣剂对玉米茎基腐病的防治效果达 73.7%（孙斌等，2019）。郭宁和石洁（2010）研究发现，多种种衣剂对玉米成株期的茎腐病均有不同程度的防治效果，其中，阿维菌素+咯菌腈的防治效果最好，防效为 36.55%；石凤梅（2014）研究发现，105 g/L精甲霜灵·苯醚甲环唑悬浮种衣剂对玉米茎腐病的防效可达 69.9%～85.9%，增产效果明显，玉米产量可提高 13.4%～26.3%。

线虫主要为害作物的根系，造成作物根系受损而营养不良。种衣剂能作用于根系周围，是防治作物线虫病的主要方法之一。丙硫克百威单独包衣、丙硫克百威与杀菌剂混配后包衣对玉米线虫矮化病的防效均高于 80%（郭宁等，2019）。以杀虫剂噻虫胺和生物杀线虫剂坚强芽孢杆菌（*Bacillus firmus*）为主要成分的 Poncho/Votivo 种衣剂，不仅对地下害虫和蚜虫有效，还具有对多种线虫起抑制作用、对作物安全的特点（刘维娣等，2012）。

（2）对地下害虫的防治作用

地下害虫是作物苗期生长的重要威胁。颗粒剂是过去防治地下害虫的主要农药剂型之一，至今仍在广泛应用，但由于用量大，严重影响土壤生态环境，而种衣剂用于防治地下害虫时，不仅可以很好地减少地下害虫的发生为害，而且用量较颗粒剂少，因此成为近年来农药企业登记地下害虫防治药剂的主打品种。在地下害虫和苗期害虫发生重的地区，使用的种衣剂主要包含克百威、丙硫克百威、丁硫克百威、硫双威、氟虫腈、吡虫啉、氯氰菊酯、毒死蜱、溴氰虫酰胺等杀虫剂成分。王运兵等（1999）调查发现，利用种衣剂包衣既能够有效地消灭害虫，又能够保护天敌，对玉米田昆虫群落起到双向调节作用。44%速拿妥（有效成分为吡虫啉+氟虫腈）悬浮种衣剂+4.23%顶苗新（有效成分为 2.35%种菌唑+1.88%甲霜灵）微乳剂对玉米金针虫的防效高达 71.58%（陶静和赵志伟，2021）。吡虫啉和呋线威种子处理能够减轻黑异爪蔗金龟（*Heteronycbus arator*）对玉米的为害（Drinkwater and Groenewald，1994）。29%噻虫·咯·霜灵悬浮种衣剂既能有效防治玉米地下害虫，又能控制茎腐病的发生，起到了一药多效的效果（姚永祥等，

2019）。在甜玉米上，采用吡虫啉和噻虫嗪处理种子后，可以显著降低玉米铜色跳甲（*Chaetocnema pulicaria*）对叶片的危害，在易感品种上，还能降低玉米细菌性萎蔫病的发病率（Kuhar et al.，2002）。

（3）对传毒昆虫和植物病毒病的防治作用

蚜虫和飞虱是为害玉米的重要刺吸类害虫，这些害虫除直接为害作物外，还传播一些植物病毒病造成更大的经济损失，因此，控制传播媒介是有效控制植物病毒病的重要方法。在这方面新烟碱类（吡虫啉、噻虫嗪、噻虫胺和呋虫胺）与克百威等种衣剂产品表现出良好的防治效果。新烟碱类杀虫剂的主要靶标昆虫是半翅目的蚜虫、飞虱和粉虱以及鞘翅目的甲虫等。研究表明，吡虫啉种衣剂对玉米蚜虫具有良好的防效，且在蚜虫的防治上有较长的持效期，能够达到"一季无蚜"的效果（李文等，2011；Pons and Albajes，2002；王昱等，2020）。30%氟虫腈·噻虫嗪悬浮种衣剂对玉米蚜虫的防治效果高达80.0%（孙斌等，2019）。用新烟碱类种衣剂处理种子，对玉米全生育期刺吸式害虫的防效显著（赵曼等，2020）。氟啶虫酰胺、噻虫嗪、呋虫胺和吡虫啉均对玉米田灰飞虱（*Laodelphax striatellus*）、禾蓟马（*Frankliniella tenuicornis*）与玉米蚜虫表现出良好的防效（周超等，2021）。600 g/L 吡虫啉悬浮种衣剂对玉米田蚜虫的防效高达72.38%～77.00%，产量增加4.96%～10.50%（王昱等，2020）。噻虫嗪种子处理对玉米灰飞虱及其传播的玉米粗缩病具有较好的防效（刘爱芝等，2009）。200 g/L 吡虫啉·氟虫腈悬浮种衣剂以2000 g/100 kg种子进行包衣处理防治灰飞虱和蓟马，对玉米苗期两种害虫的防治效果均高于95%（武怀恒等，2014）。

（4）对其他害虫的防治作用

种衣剂主要用于防治地下害虫和刺吸类害虫，但在实际应用中发现，种衣剂处理对一些咀嚼式口器的食叶害虫、蛀茎害虫也有较好的防效。如35%呋喃丹悬浮种衣剂能够降低亚洲玉米螟（*Ostrinia furnacalis*）的危害（张文准和臧逢春，1987）；用50%氯虫苯甲酰胺悬浮剂种衣剂和新型杀虫剂 IPP1 拌种处理，对玉米苗期草地贪夜蛾（*Spodoptera frugiperda*）的防效分别为64.15%和59.40%（甘林等，2021）。因此，开发对食叶类害虫有效的种衣剂也成为一些企业的研发目标。15%克·福·萎悬浮种衣剂具有防治玉米种传、土传和苗期病虫害的效果，同时能提高出苗率和产量（李小林等，2003）。

综上所述，利用种衣剂进行种子包衣处理，不仅可预防和控制病虫害发生，而且可促进玉米种子萌发，提高出苗率，促进幼苗健壮生长，还可维持良好的根系微生态环境，改善玉米营养条件，因此，在玉米生产中具有广阔的应用前景。

8.1.2.3　除草剂用于玉米种衣剂的探索

杂草具有较强的与作物竞争水分、阳光和营养的能力，尤其是与苗期作物竞争水分和营养，造成作物生长缓慢，影响作物产量。除草剂的诞生，代替了以往的人工除草，减少了大量人力和物力的投入。

种衣剂在早期作用于作物幼苗周围，对除草剂的应用选择性较高，但种衣剂中携带的除草剂的剂量往往不能满足杀灭周围杂草的要求，因此需要开发具有高分散性能的助剂才能解决其在植株周围的分散问题（潘立刚等，2005b）。随着转基因技术的发展，通过种植抗除草剂基因作物解决除草剂对作物的伤害，有望将除草剂成功用于种子处理技术。研究发现，利用嘧硫草醚、灭草烟和咪唑烟酸等除草剂处理转基因抗除草剂玉米，防治农田杂草独脚金有较好效果，同时能提高玉米产量（Kanampiu et al.，2003；Ransom et al.，2012）。

8.1.2.4 植物生长调节剂在玉米种衣剂中的应用

植物生长调节剂的应用被誉为除改善作物生长环境和遗传性状之外的促进作物生长的另一种重要的措施（Nickell，1982），其主要通过植株叶面喷雾和浸种用于农林生产中，种衣剂的发展为植物生长调节剂的使用提供了新思路。如用植物生长调节剂处理种子，能打破种子休眠、促进种子萌发，并能调节作物生长和增强作物抗逆性。但植物生长调节剂是外源激素，生理活性较高，滥用或不合理施用容易发生副作用，因此必须科学合理使用，同时应避免一些高毒调节剂的残毒问题，以免危害人类健康和生态环境。

研究表明，低浓度的矮壮素和 6-苄氨基嘌呤（6-BA）能够提高玉米发芽势与发芽率，提高叶绿素含量，促进光合作用，同时还能促进根系生长和干物质积累，而高浓度则会抑制种子萌发（汤海军等，2005）。氯化胆碱包衣处理可提高幼苗内脯氨酸和叶绿素的含量，同时降低 MDA 的含量，提高低温逆境条件下玉米种子的发芽率、发芽指数和活力指数，提高幼苗的株高、根长、茎粗、根冠比和单株干重，因而起到壮苗作用（曹宏等，2011）。植物生长调节剂与锌肥配合基施能有效促进玉米籽粒灌浆，提高玉米产量和百粒重（张书中等，2008）。使用适当质量浓度的乙烯利浸种可缩短玉米种子发芽时间，提高发芽率等萌发指标（田文杰，2018），如在模拟干旱处理下，用 100～800 mg/L 的乙烯利处理种子均能增强玉米 CAT 和 POD 活性，降低 MDA 含量，提高种子发芽率和幼苗株高，缓解干旱胁迫（闫秋洁等，2013）。

8.2 玉米种衣剂应用中的主要问题或副作用

8.2.1 玉米种衣剂应用中的主要问题

（1）对玉米发芽和生长的影响

种衣剂的有效成分和含量的不同，对种子和作物生长的影响也不尽相同。种子包衣后会在种子表面形成一层药膜，势必会对种子发芽和生长形成物理屏障。研究表明，玉米种子包衣通过影响种子的吸水过程而影响发芽（蔡万涛等，2006）。种衣剂的安全性与其剂型和使用剂量相关，70%吡虫啉水分散粒剂用量高于 5 g/kg 种子时会抑制玉米种子萌发，降低根系活力和叶绿素含量，出现叶部药害（魏晨等，2013）。40%噻虫啉悬浮种衣剂 2～6 g/kg 拌种能显著提高玉米幼苗的各项生长指标、叶片保护酶活性和根系活力，而 8 g/kg 处理对玉米植株生长有轻微抑制作用（宋雪慧等，2018）。三唑类杀菌剂通过抑制甾醇类生物合成，使菌体细胞膜受到破坏。王雅玲等（2009）研究发现低温胁迫下，用戊唑醇和苯醚甲环唑处理玉米种子均能抑制种子出苗与幼苗生长，加剧低温胁迫导致的膜脂过氧化作用和叶绿体的分解。房锋等（2009）研究发现，复合型种衣剂

15%克百威·福美双·三唑酮（7% + 7% + 1%）对玉米株高、初生根长和鲜重有一定的抑制作用。高剂量的 20%福·克悬浮种衣剂会抑制玉米种子发芽（许海涛等，2013）。用 0.06 g/kg 戊唑醇处理玉米种子时，能降低种子发芽势，用 1.4 g/kg 萎锈灵处理后种子活力指数明显低于未处理对照（郭建国等，2007）。吉庆勋等（2013）通过分析种衣剂中杀菌剂成分对粮食作物的影响，认为三唑类杀菌剂易引起玉米不同程度的药害，表现为影响幼苗出土、抑制幼苗生长等。

种衣剂的包衣效果与种子活力是密切相关的，活力低的种子一般更易受种衣剂中的化学成分的影响（张军等，2001），因此，活力低的种子和较为稀有的种子一般不适用种子包衣技术（Taylor and Harman，1990）。吡虫啉只适合高质量的种子的包衣，陈种子和低质量的种子发芽势降低，因此也不适宜包衣处理。研究表明，25 g/L 咯菌腈悬浮种衣剂能抑制微胚乳玉米种子的发芽和出苗，其原因是提高了脱落酸（ABA）的含量，造成可溶性糖含量降低，油脂降解和氨基酸利用的速率降低（谢阳姣等，2009，2010）。

（2）玉米种衣剂的环境风险

任何一种化学药剂进入环境中后都会对环境产生影响，种衣剂也不例外，主要表现为种衣剂进入植株体内后，通过食物链影响非标靶害虫和其他植食性节肢动物乃至传粉昆虫，种衣剂进入土壤后会对土壤微生态环境产生影响，因播种质量不高造成的种子裸露还会影响鸟类安全。

A. 对天敌和其他动物的风险

所有的化学农药都可能会对非靶标生物带来危害。吡虫啉种衣剂处理后可能会改变玉米植株内的营养物质，或伤害玉米螟的主要天敌小花蝽（Orius sp.），引起欧洲玉米螟为害加重，从而影响其潜在的增产能力（Pons and Albajes，2002；Albajes et al.，2003）。异色瓢虫（Harmonia axyridis）幼虫暴露于用噻虫嗪或噻虫胺包衣的种子的玉米幼苗中6 h，就有72%的幼虫出现可观察到的神经中毒症状，但仅有7%的神经中毒幼虫能恢复，而暴露于未经种衣剂处理种子的玉米幼苗上的异色瓢虫幼虫的神经中毒率（3%）和死亡率（3%）较低（Moser and Obrycki，2009）。狡诈花蝽（Orius insidiosus）是玉米、高粱和紫花苜蓿田的重要捕食性天敌，但用吡虫啉、噻虫嗪和氟虫腈等处理种子后，均会导致这些植株上狡诈花蝽种群数量的减少（Al-Deeb et al.，2001）。

播种后，种子表面的药剂先作用于土壤，势必会给周围土壤和地面节肢动物带来不利影响。播种时，暴露于地面的经种衣剂处理的种子会伤害取食的鸟类和其他啮齿动物，已有研究发现经新烟碱类种衣剂处理的玉米种子会影响鸟类的生殖；福美双种衣剂会降低红腿鹧鸪（Alectoris rufa）的生殖能力及后代的免疫力（Lopez-Antia et al.，2015）。播种后，通过内吸、释放等途径进入植物、土壤和周围水体中的种衣剂对环境生物的影响更为广泛，雷斌等（2011）研究发现，18.6%拌·福·乙酰甲悬浮种衣剂对鹌鹑（Coturnix coturnix）和家蚕（Bombyx mori）表现为中毒，对意大利蜜蜂（Apis mellifera）和斑马鱼（Danio rerio）表现为高毒。张国福等（2014）对不同剂型的苯醚甲环唑和嘧菌酯对斑马鱼的毒性研究发现，悬浮种衣剂的毒性仅次于原药，高于悬浮剂和水分散粒剂。目前，种衣剂的副作用问题受到越来越多的关注，如为了保护鸟类，有研究认为可在种衣剂中加入氧化铁、麝香草酚、聚丁烯和蒽醌等以达到驱鸟的效果（Werner et al.，2011；

吴凌云等，2007）。

B. 对传粉昆虫的风险

在农业生态系统中，传粉昆虫对增加作物产量、保障物种延续和维持生态平衡发挥着重要作用。新烟碱类杀虫剂作用于昆虫的中枢神经系统，是神经后突触烟碱乙酰胆碱受体（nAChR）的抑制剂（唐振华等，2006），在植物体内具有良好的内吸传导性和较长的持效期。近年来，由于蜜蜂在作物播种季节大量死亡，新烟碱类种衣剂对蜂类的影响成为学者争论的焦点。有研究发现，玉米播种后蜂巢前蜜蜂死亡率增加，化学分析表明单只蜜蜂体内含有上百纳克的新烟碱类杀虫剂，因此认为蜜蜂的死亡可能与春季包衣玉米种子的机械播种有关（Girolami et al.，2012）。还有一些研究认为新烟碱类种衣剂的使用会通过播种粉尘、花粉和露水等方式伤害蜂类（Tapparo et al.，2012；Girolami et al.，2009；Fabio et al.，2012），如在播种过程中，播种机的气动装置会将种衣剂传播到空气中和农田周围，从而毒害在这些环境中飞行和取食的蜜蜂；新烟碱类杀虫剂具有较好的系统传输性，可以从根部传送到植株各个组织，甚至进入一些吐水作物的露水中，因此对取食花粉和露水的蜜蜂造成伤害。研究发现，亚致死量的吡虫啉（1～10 μg/kg）会使蜜蜂丧失嗅觉学习和联想记忆学习能力（Decourtye et al.，2003；2004），低剂量的新烟碱类杀虫剂会降低蜂类的觅食能力（Mommaerts et al.，2010）。季守民等（2015）研究表明噻虫嗪、噻虫胺、呋虫胺和吡虫啉对蜜蜂的急性毒性均为高毒或剧毒，风险性为中等风险或高风险。

2013 年，*Science* 杂志以"新烟碱类杀虫剂的风险"为题对新烟碱类农药对蜜蜂、鸟类等的风险进行了讨论（Zeng et al.，2013）。同年，欧洲食品安全局的调查报告显示含吡虫啉、噻虫嗪和噻虫胺 3 种药剂的种子处理剂对蜜蜂的安全有严重威胁，随后欧盟宣布在大规模开花作物和以蜜蜂进行授粉的作物上禁止使用这 3 种药剂。美国、巴西和加拿大也分别于 2009 年、2012 年和 2013 年开始限制新烟碱类杀虫剂的使用。2013 年 7 月，我国农业部农药检定所组织专家召开新烟碱类农药风险分析研讨会，并启动了这类种衣剂对蜜蜂和其他有益生物风险的追踪研究。如何解决播种过程中粉尘飘移对传粉昆虫的伤害，一些组织也提出了新的方法，如 Exosect 公司发明的一种流动润滑剂 Entostat，是一种基于天然或合成蜡的微粉末，可以改善种子流动性，减少播种时农药的飘逸，因此对保护传粉昆虫具有重要的价值。

C. 对土壤微生物的影响

土壤微生物是土壤生态系统的重要组成成分，在土壤结构形成、有机质和矿物质分解以及固氮等方面发挥着重要作用。根系周围的微生物可以调节植物生长，与植物共生的微生物如根瘤菌、菌根真菌等可为植物提供氮素、有机酸、氨基酸、其他矿质与有机营养，促进植物生长。种衣剂作用于作物根系周围，在防治种传和土传病害及地下害虫的同时，也会对土壤中一些有益微生物造成不良影响。王翠玲等（2014）研究表明 10%克百威·10%福美双悬浮种衣剂和 9%克百威·9%吡虫啉·9%福美双悬浮种衣剂对玉米生长前期根际土壤中脲酶、蛋白酶和脱氢酶有抑制作用，而对过氧化氢酶、磷酸酶和蔗糖酶有显著的促进作用。因此，在生产中应根据作物及防治靶标的种类，合理选择和使用种衣剂，以最大程度地减少种衣剂对土壤环境的不良影响。

8.2.2　玉米种衣剂的作用机理

玉米种衣剂的杀虫、抑菌作用主要是通过活性成分实现的，而非活性成分则能为活性成分发挥作用提供保障。因不同种衣剂的有效成分、助剂和剂型等存在较大差异，其作用机理也不同。

经玉米种衣剂处理后种子能够正常萌发和出苗是植株能够正常生长的保障。种衣剂的应用效果取决于种子类型、活力、含水量、种子包衣前后的贮藏期和贮藏环境、种衣剂的成分与剂型、种子和土壤中微生物群落、播种期的土壤与气候特征、种植深度和密度等多种因素的交互作用，其中，种衣剂的成分、剂型和剂量是影响其应用效果的主要因素。蔡万涛等（2006）认为，种衣剂通过影响玉米种子的吸水过程而影响种子发芽，而植物主要靠根系吸收水分、矿质元素和其他有机物质。根系活力是反映根系吸收、代谢合成和氧化还原能力的重要生理指标之一，根系活力强则能够吸收更多的物质供地上部分生长使用。已有研究表明，种衣剂可以提高玉米的发芽率和发芽势，同时能够促进根系生长，使根数增多、根长和根重增加、株高增加、茎秆加粗、单株生物量增加，因此对玉米生长起到很好的促进或调控作用（李小林等，2003；王义生等，2004；刘志伟等，2009；段强等，2012）。

熊远福等（2001a）认为种衣剂的成膜剂将一些活性物质固定后均匀地分布在种子表面，形成一层暂时无活性的"活性物质库"，随着播种后种子吸水膨胀，无活性的"活性物质库"转化成有活性的"活性物质库"，活性物质溶解释放并逐步与种子及土壤接触，促进作物苗期生长。丸化种衣剂分为溶解型和裂解型两种，溶解型遇水即溶解，有效成分在植物种子的周围分散而发挥作用；裂解型遇水不溶解，种衣通过毛细管作用吸水膨胀、产生裂缝，其活性成分通过裂缝缓慢与种子及周围土壤接触。二者的作用原理不同，但均可为种子萌发提供所需的水分和氧气，保证出苗率。

自种衣剂应用以来，其剂型和成分呈现多元化，其作用机理也越来越复杂，除传统种衣剂的作用机理外，昆虫驱避剂、生物药剂等病虫害防治新模式的引入及生理学、分子生物学和色谱技术的利用，为阐述种衣剂的作用机理提供了新的方法。

8.3　玉米种衣剂的安全使用技术

8.3.1　正确选择种衣剂

在使用玉米种衣剂之前，首先要充分了解当地作物上病虫害的主要种类，确定需要利用种衣剂进行防治的靶标有害生物，然后再选择适宜的种衣剂品种，做到有的放矢、有效防治。此外，使用玉米种衣剂前应认真阅读产品使用说明书，了解剂型、用量、使用注意事项等，确保正确使用。要选择有完整标签的种衣剂产品，标签内容应包括农药登记证号、农药生产许可证（或生产批准文件）号、产品标准号、有效成分含量、剂型、使用方法和用量、生产日期与有效期等产品信息。使用说明书应明确产品性能和用途、注意事项、中毒急救措施、储存与运输条件等。

8.3.2 掌握正确的使用方法，保证施药质量

1）药剂用量：严格按照生产厂家的推荐用量，不得减少或加大用量。

2）种子包衣时间：用户自行包衣时，一般在播种前 3～20 d，严格按照制剂使用说明书的要求进行。

3）种子包衣方法：①确定种衣剂使用量。根据种子量和种衣剂说明书中每千克种子用制剂量或有效成分量，确定种衣剂用量。②种衣剂使用前处理。有些种衣剂为直接包衣使用，如 16%克·醇·福美双悬浮种衣剂和 20%福·克悬浮种衣剂，不能加水或与其他农药、肥料混合使用。有些种衣剂在使用前需加适量清水稀释混匀后再使用，如 600 g/L 吡虫啉悬浮种衣剂，在制剂中加适量清水，使药液量与玉米种子的质量比为10～20 mL/kg 种子。无论是哪种类型的种衣剂，使用前都应充分摇匀。③种子包衣。人工包衣时，将摇匀后的药液倒在种子上充分搅拌，边倒边拌，待种子表面均匀着药后，摊开并在通风阴凉处晾干后即可播种。机械包衣时，选用适宜的包衣机械进行包衣处理。目前，玉米种子经销商均在玉米种子出售前进行了包衣，用户购买后可直接播种。

8.3.3 播种注意事项

1）土壤条件：播种时如果土壤比较干旱，可能会影响包衣种子的出苗，因此播种后应及时浇水。

2）播后管理：①播种后应立即对裸露的种子进行覆土，以避免鸟类和畜、禽误食。②播种后应及时观察出苗情况，如遇出苗期推迟 2 d 以上，应挖土调查种子情况，检查种子是否霉烂，并及时补种。③对种子包衣处理的玉米田，应密切注意非靶标病虫害的发生动态，其发生严重时应及时采取措施进行防治。

8.3.4 使用安全

8.3.4.1 安全防护

1）种子包衣和播种时，应穿长袖上衣、长裤、靴子，戴防护手套、口罩等，避免皮肤接触及口鼻吸入。

2）施药过程中不吸烟、不饮水、不吃东西，施药后及时用肥皂清洗手、脸等暴露部位的皮肤，及时更换衣物。

3）孕妇、哺乳期妇女及过敏者禁止生产操作。

8.3.4.2 包衣种子的管理

1）包衣种子在晾干过程中须专人看管，远离儿童，以防儿童误食中毒。包衣种子严禁人、畜食用或清洗后食用。

2）包衣后的种子当年用完。多余的种子不能留作下一年使用，更不能改作他用，

应及时销毁。

8.3.4.3　环境保护

1）应严格按照种衣剂说明书使用种衣剂。

2）有些种衣剂如氟虫腈悬浮种衣剂对鸟类、蜜蜂、家蚕及鱼类等水生生物有毒，禁止在蜜源作物花期、鸟类保护区、天敌释放区、蚕室和桑园附近使用，禁止在水产养殖区施药。

3）禁止在河塘等水体中清洗施药器具，清洗施药器具的水也不能排入河塘等水体，可倒入农田、树根周围等处。

4）用过的种衣剂空包装应压烂并妥善处理，严禁重复使用。

8.3.4.4　其他

1）种衣剂除种子包衣使用外，不得改作其他防治方法使用。

2）种衣剂应置于儿童及无关人员接触不到的地方，并加锁保存。

3）种衣剂应储存在干燥、阴凉、通风、防雨处，远离火源和热源。

4）勿与食品、饮料、饲料、种子、肥料等其他商品混合储存。

8.3.5　中毒急救

1）如不慎接触皮肤，应脱去被污染的衣物，先用软布轻轻去除皮肤表面的农药，然后立即用大量清水和肥皂冲洗。

2）如不慎溅入眼睛，立即用流动清水冲洗不少于 15 min。

3）如不慎误食，应立即用清水充分漱口，并携带农药标签到医院就诊。

4）使用中或使用后如感觉不适，出现烦躁不安、焦虑、颤抖、痉挛等症状时，应立即携带药剂标签就医，对症治疗。

8.4　展　　望

应用种衣剂处理种子是提高种子质量、降低病虫害发生、增产丰收的有效措施，是国家种子工程重要的组成部分和战略突破口，在高效农业的可持续发展中发挥着重要作用。目前，玉米种衣剂在玉米生产中应用十分普遍，使用种衣剂包衣接近 100%，表现出良好的防病防虫、节本增收效果。2015 年，农业部按照"一控两减三基本"的目标，组织实施"到 2020 年农药化肥使用量零增长行动"，在玉米生产中通过种衣剂包衣处理种子，可以真正实现"一剂多防"和"后病（虫）前防"，通过一次施药，减少后期病虫害发生和化学农药的施用量，最终达到减药增效的效果。在未来农业的可持续发展中，种衣剂技术有着广阔的发展空间和应用前景。

种衣剂未来的发展将趋向于高效、多功能、安全、环保。应用高效低毒药剂来替代或更新种衣剂中的中、高毒农药将是玉米种衣剂的发展方向之一；生物型种衣剂因具有安全、环保、靶标性强等特点，可减轻对天敌和非靶标生物的威胁，减少对环境的副作用，将是未来研发的主要方向之一；多功能复配型种衣剂的开发，如在杀虫剂和杀菌剂的基础上，通过复配其他活性成分，使种衣剂在防病虫的同时，还能提高玉米种子的活力和出苗率及提高抗逆能力，也值得关注；另外，还应关注新型成膜剂和助剂体系的研发，改善种衣剂的成膜特性和药剂的缓释性、长效性。我国地域辽阔，玉米种植区域南北跨度大，不同种植地区气候和生态条件差别大，针对寒冷、干旱、盐碱等特殊环境条件，应注意研发地域化、专用化的玉米种衣剂，以提高药效、降低成本。随着玉米种衣剂研发工作的深入，种衣剂的生产和加工技术将不断提高，玉米种衣剂必将在中国玉米产业的可持续发展进程中发挥更大的作用。

（郭线茹　刘艳敏　赵　曼）

第9章 油菜种衣剂及其安全使用技术

油菜是我国重要的油料作物之一，具有很高的经济价值和营养价值，是我国食用植物油的最主要来源，也是潜在的仅次于豆粕的饲用蛋白源，截止到 2019 年，我国油菜播种面积达到 $6583.09×10^3$ hm^2，占全国油料作物种植总面积的 50%以上，占世界油菜种植面积的 1/3（刘成等，2019；李娜和杨涛，2009）。随着我国油菜种植面积持续扩大，油菜生产上的病虫害总体处于重发状态。影响我国油菜生产的最为重要的 10 种病虫害依次为油菜菌核病、油菜蚜虫、油菜霜霉病、小菜蛾、油菜黄条跳甲、油菜茎象甲、油菜病毒病、地下害虫、菜粉蝶和白菜白锈病。油菜苗期主要的病虫害有蚜虫、菜青虫和病毒病等；开花期主要的病虫害有菌核病、霜霉病、白锈病、萎缩不实病、蚜虫等，其中油菜菌核病和蚜虫对油菜生产威胁最大，每年造成的损失高达 20%以上，综合损失在 30%以上，严重地降低了油菜产量的提高和制约了生产的发展。

种子包衣技术具有省工、省种、杀菌、杀虫、促进作物生长与确保苗全、苗齐、苗匀、苗壮以及利于机械化作业的作用（张利艳，2013）。播种时，用内含杀菌剂、调节剂等成分的种衣剂包衣油菜种子，不仅可以有效减少油菜种传病害的发生，提高油菜发芽率，促进油菜苗健康发育，改进油菜品质，提高油菜籽产量，还能杀灭地下害虫、苗期害虫，有效防止种传、土传病害，具有防效好、包衣成本低、使用方便、保护天敌、低毒环保等优点，现已成为防治油菜根部病害的重要手段之一（张静和胡立勇，2012）。油菜种子包衣后，幼苗素质明显提高，根系活力增强，营养物质积累加快，抗逆性增强，而生育期没有明显的变化（徐国华，2000）。

油菜种衣剂是以油菜的生理特性和栽培特点为研究基础而研制出的一种种子处理剂，油菜种子包衣后，包裹在种子外面的种衣内所含的微肥、农药、激素等活性成分能作用于整个苗期，促进出苗、成苗，综合防治病虫，从而达到培育壮苗的目的，为油菜高产打下基础；同时相对于油菜传统的种植模式而言，实施种子包衣不仅简化了油菜生产中如间苗、定苗、施肥、打药等程序，而且还能省种、省时、省工，从而降低了生产成本，提高了经济效益。应用生物种衣剂和化学种衣剂对油菜种子包衣的试验证明，应用 ZSB 生物种衣剂按 1∶20 的药种比对油菜种子包衣，可显著提高种子发芽率、发芽势、发芽指数及发芽峰值，有效促进幼苗生长，作用和效果优于化学种衣剂（赵明锁等，2006）。

9.1 油菜种衣剂的主要种类及应用情况

9.1.1 油菜种衣剂的主要种类

（1）悬浮型

这类种衣剂是将活性成分及部分非活性成分经湿法研磨后与其余成分混合而成的

悬浮分散体系，一般采用雾化等方式包衣。其生产工艺较简单，包衣效果较好。缺点是活性成分含量低，药种质量比一般在 1∶50 左右，生产、运输、贮存成本较高，且产品贮存时活性成分易沉淀、变性。其包括 l0.15%芸苔素内酯种衣剂、LY-2 号种衣剂等。

（2）丸化型

这类种衣剂的主要成分是泥炭、硅藻土等，是物理型（含有大量填充材料和黏合剂等）与化学型（含有农药、肥料以及激素等化学活性物质）的综合，主要用作油菜、烟草等小颗粒种子丸化包衣剂，包衣后种子体积、质量大幅增加且粒型规整，便于机械播种、均匀播种，同时，由于含有化学活性物质，对种子的出苗、成苗及幼苗的生长有促进作用。其包括油菜种衣剂 XYW-1、HN-3 和 AL 丸化型种衣剂等。

（3）生物型

生物型种衣剂属水基胶黏剂，主要成分为生物活性菌。生物型种衣剂是一种对作物安全、对人畜无毒害、对环境无公害的新型种衣剂（赵明锁等，2006）。其用于种子包衣时在室温条件下自然干燥成膜，不易脱落，在水中也不易溶解扩散。此类种衣剂安全性高，具有激活和保护作物的作用，能够促进作物生长，并能够减轻各种病菌对作物的危害。

（4）促生长型

这类种衣剂主要含有微肥、激素等活性成分，可满足油菜幼苗期生长所需的肥力，达到壮苗的效果（陆长婴和吴文娟，2003）。

（5）防护型

这类种衣剂主要含有杀虫剂、杀菌剂等活性成分，根据加入药剂的不同以达到防治不同病虫害的目的，其中又以吡虫啉、噻虫嗪、萎锈灵等成分的使用较多。

（6）标识型

这类种衣剂主要用于标识优势种子，以区别于其他假劣种子。

9.1.2　油菜种衣剂的应用情况

1）张登峰（2002）应用卫福种衣剂、适乐时悬浮型种衣剂、0.15%芸苔素内酯包衣（拌种）油菜种子,经过处理后的油菜苗高、单株鲜重、侧根数等均高于对照,增产 5.27%～10.36%；蒋植宝等（1999）用 25%油菜 2 号种衣剂进行包衣，结果表明，其具有较好的防治蚜虫和菌核病的效果，蚜虫防效期长达 45 d，菌核病发病率低于对照 11.60%，同时还能促进油菜生长，提高油菜苗品质，比对照增产 12.46%；张颖弢等（2004）发现，20%多福油菜种衣剂在抗蚜虫上有一定的效果，百株蚜虫量比对照降低 6.0%～10.9%，但其后期的防治效果不理想；王兰英等（2003）研究表明，用 LY-2 号种衣剂处理油菜种子后，单株分枝数、结荚数分别较对照增加 23.90%和 36.85%，产量增幅为 18.38%～26.09%；陆引罡等（2003）利用壳寡糖配以化肥、微量元素及防腐剂等研制的壳寡糖油菜种衣剂拌种，发现该种衣剂对油菜种子发芽和出苗均无明显影响，但对油菜菌核病有防治效果。

2）李永红和时书玲（1998）利用 HN-3 和 AL 两种丸化型种衣剂处理油菜种子，发现油菜种子的发芽势和发芽率均明显降低，可能是由于外膜吸水慢、丸衣不易崩解。丸化型种衣剂和薄膜型种衣剂包衣处理后，油菜防控病虫害的能力分别提高了 32.73%～79.44%和 10.91%～70.61%（熊海蓉，2011）。毋玲玲和宋万合（2005）的研究表明，油菜种子丸化后由于存在丸衣吸水膨胀开裂的过程，在发芽初期（2 d）其发芽势、发芽率均低于对照，但到第 5 天后则转为正常并高于对照。AL 种衣剂可有效防控油菜苗期蚜虫，对菌核病也有一定的防效，并且能增加单株有效角果数和千粒重，增产率 4.32%；HN-3 种衣剂对菌核病有一定的防效，但是对蚜虫则没有防效，有一定的保苗作用，但对苗品质和产量的提高效果不明显。熊远福等（2004a）运用高分子复合成膜材料与缓释技术等推广油菜轻型化栽培技术，研制出了丸化型油菜种衣剂 XYW-1。经过 3 年试验示范，该种衣剂具有促进油菜生长、提高成苗率、增强苗素质、增强抗逆能力、有效防治病虫害、增加产量等作用，成苗率、根系活力、脯氨酸含量分别提高 14.4%、32.2%和 68.9%，对苗期主要病虫害的防效高达 82.8%～87.0%，增产率 22%。两种种衣剂均具有促进油菜幼苗生长、增强抗逆性、提高苗素质等作用，其作用程度在杂交品种和常规品种间存在一定差异。丸化型种衣剂的综合作用效果优于薄膜型种衣剂（熊海蓉等，2011）。

3）生物型油菜种衣剂 ZSB-RP 已推广应用（宋德安等，2000），用该种衣剂处理油菜种子后，其发芽率稍高于对照，具有较好的避蚜、减轻油菜霜霉病和苗期菌核病的作用。蒋美明和兰月相（1997）研究表明，利用 ZSB-RP 处理油菜种子后能提高油菜出苗率 3%～5%，还能增强油菜抗逆性，提高有效分枝数和单株角果数，增加粒重，增产 5%～10%。

9.2　油菜种衣剂应用中的主要问题或副作用

油菜种衣剂的应用在油菜轻简化生产和病虫害防治方面发挥了重要作用。我国现阶段使用的种衣剂大部分属于化学农药型，不同品种种衣剂的药剂成分及其含量不同，因此对种子和作物生长的影响也不尽相同。包衣种子表面形成的一层药膜，在遇到不良土壤环境如干旱、高湿时会影响种子发芽和生长；同时由于种衣剂使用技术性强、用量严格，在生产中因使用不当而产生副作用的现象常有发生。

目前我国尚未有油菜专用型种衣剂，国内已研制使用的种衣剂应用在油菜上存在着抑制种子发芽、出苗迟缓、出苗率低、对虫害无防效以及增产效果不明显等一系列问题（张利艳，2013）。近年来使用的杀虫剂大部分属于有机磷、氨基甲酸酯、拟除虫菊酯、新烟碱类农药，这几类农药在土壤中残留量大，容易对下茬作物产生药害，而且种衣剂残留可能会下渗到地表水中，会对水生生物和人畜产生毒害作用。用剧毒、高残留农药甲拌磷播前拌种，一直是多年来青海省油菜生产上防治苗期害虫，尤其是油菜茎龟象的主要方法。因甲拌磷的长期单一使用，导致害虫抗药性的产生，防效降低；同时导致土壤环境污染、杀伤有益生物、农产品农药残留日益加重，人畜中毒事件屡见不鲜。因此，研究开发在生产上能迅速投入使用的高效、低毒油菜种衣剂已成为油菜生产上亟待解决的重大问题（蔡有华，2005）。

9.2.1　油菜种衣剂应用中的主要问题

（1）生物型种衣剂的局限性

化学农药的使用不仅会对农作物产生药害，还会给非靶标生物和有益微生物带来不利影响，且很容易使有害生物产生抗药性。目前，已开发新型生物型种衣剂，用于生物防治的微生物有放线菌、细菌、真菌等，但这些微生物往往对环境条件有一定的要求。例如，荧光假单胞菌作为种衣剂的关键成分，对周围温度和湿度的要求较高，因此需要添加一种辅助成分加以保护。另外，生物型种衣剂还存在着持续期短、作用谱窄等问题。杨震元（2009）研究表明，金龟子绿僵菌种衣剂不能保证对地下害虫的长期控制，且对玉米害虫小地老虎、金针虫等的防治效果不佳；颜汤帆（2010）研究发现，木霉菌生物型种衣剂只能激发作物根部的抗性表达，而无法激发叶部的潜力抗性，因此幼苗地上部并不具有抗病虫能力，且此种衣剂还会对土壤微生物产生一定的影响。新烟碱类种衣剂使用简单、持效期长、防效高，但一些研究发现该类种衣剂会对种子产生毒性，伤害萌发的种子，且幼苗活力也受到影响（郝仲萍等，2019）。

（2）在防治病虫害方面的局限性

生物型种衣剂虽然对病害有一定的防治效果，但因不含杀虫剂而对虫害防效较差；丸化型种衣剂 XYW-1 防治病虫害的效果较好，但仍存在着一定的局限性，并不能"包治百病"；同时持效期短，对油菜生长发育中后期的病虫害仍需采用药物进行常规防治。因此，我国现有种衣剂还存在着功效不全面、作用持效期较短、丸衣抑制发芽等问题。

（3）种衣剂的推广不普及

目前我国种衣剂的使用主要集中在北方，特别是在东北和华北，占整个市场总量的86%，但在其他地区，特别是南方地区，种衣剂的使用非常有限，不足种衣剂使用总量的5%。

（4）种衣剂生产缺乏行业标准

目前我国对种衣剂的管理主要依据种子和农药的管理方法，没有建立针对种衣剂的行业标准，同时也没有建立专门的管理法律和条例。

9.2.2　油菜种衣剂的副作用

（1）种衣剂中助剂的副作用

成膜剂大多数为高分子聚合物，这种聚合物的特性决定了黏结性能较高，但成膜强度较低、产品流动性差、成膜不均匀（即流平性能差）、膜的耐磨性能差，容易呈粉状脱落；反之，成膜强度高的品种黏结性差，膜与种子亲和力差，容易成片脱落。成膜剂极易呈片状或粉状脱落，很有可能对人畜造成危害。

（2）种衣剂对油菜生长和品质的副作用

种衣剂的安全性与其剂型和使用剂量相关，不同种衣剂的药剂成分和含量不同，对种子和作物生长的影响也不尽相同。油菜种衣剂的副作用主要表现在苗期，多表现为发芽不齐、苗势减弱；过量或不当使用种衣剂导致油菜种子在土壤中腐烂（霉变）或出苗势和出苗指数下降，还可导致出苗不整齐、苗畸形、苗期叶色变黄、根系活力降低，影响后期生长发育，从而造成产量损失。如以内吸作用为主、主要用于防治刺吸式口器害虫的吡虫啉种衣剂，用量过高会明显抑制种子萌发，使根系活力和叶绿素含量显著下降，叶部出现药害症状。研究结果显示，随着种衣剂使用量的增加，油菜种子萌发受到明显的抑制，直接导致油菜植株密度下降；高浓度的种衣剂还会抑制油菜幼苗的生长发育，但这种抑制作用随油菜植株的生长发育逐渐消失（郝仲萍等，2019）。我国现有油菜种衣剂中，LY-2 号种衣剂、ZSB-RP 油菜种衣剂、HN-3 丸化型种衣剂、AL 丸化型种衣剂及进口卫福种衣剂等都对油菜种子的发芽、出苗有一定的抑制作用（张利艳，2013）。丸化型油菜种衣剂 XYW-1 虽能促进油菜种子的萌发，提高出苗率和成苗率，但播后 3 d内需浇足水，此外，种子的包衣效果和种子的活力密切相关，活力低的种子一般更易受种衣剂中化学成分的影响。例如，吡虫啉对油菜种子有毒性，只适合高质量的种子包衣，陈旧的和低质量的种子不宜包衣处理。

（3）种衣剂对田间害虫与天敌的副作用

高巧种衣剂拌种对油菜苗期蚜虫的防治效果研究表明，高巧种衣剂拌种能够显著降低油菜苗期蚜虫头数，对油菜苗期蚜虫的防效平均为 92.0%（燕瑞斌等，2019），与使用高效氯氟氰菊酯乳油喷施处理效果相当，但是，种子包衣也会带来害虫抗虫性的发展风险，在蚜虫发生较轻的年份，不推荐使用吡虫啉进行种子包衣。在蚜虫中等偏重发生的年份，推荐使用 600 mg/L 的吡虫啉悬浮种衣剂进行种子包衣，可以取得对蚜虫较好的防效，且不会明显抑制油菜植株的生长发育，可增加油菜的产量（郝仲萍等，2019）。雷斌等（2011）研究发现，18.6%拌·福·乙酰甲悬浮种衣剂对鹌鹑和家蚕表现为中毒，对蜜蜂和斑马鱼表现为高毒。黄芳（2017a）研究发现，经吡虫啉包衣处理后油菜田间单株油菜蚜虫数量显著减少，且中高浓度处理后的油菜田块中有翅蚜比例显著提高。美国鸟类保护协会曾报道经过新烟碱类种衣剂处理过的种子可以杀死鸟类，对鸟类的生殖有较高的危害。异色瓢虫取食经过噻虫嗪和噻虫胺种子处理的幼苗会出现神经中毒与死亡反应，取食经噻虫胺种子处理的幼苗表现出的幼虫死亡率（80%）显著高于取食经噻虫嗪种子处理的幼虫死亡率（53%），不同浓度吡虫啉包衣处理可有效防控蚜虫对油菜的危害，但中浓度处理可导致有翅蚜大量发生及蚜群后代繁殖力提升。

（4）种衣剂对传粉昆虫的副作用

传粉昆虫在农业生态系统中对保障物种延续和增加作物产量发挥着重要作用。新烟碱类杀虫剂作用于昆虫的中枢神经系统，是神经后突触烟碱乙酰胆碱受体的抑制剂（唐振华等，2006），在植物体内具有良好的内吸传导性和较长的持效期。进入 21 世纪后，新烟碱类种衣剂对蜂类的影响成为国内外学者争论的焦点，其原因是播种季节蜜蜂的大量死亡。目前已有很多报道认为新烟碱类种衣剂通过粉尘、花粉和露水伤害蜜蜂，其观点是种衣剂粉尘通过播种机传到空气和农田周围的植物上，在蜜蜂的飞行和取食过程中对蜜蜂产生伤害；新烟碱类杀虫剂具有较好的系统传输性，可以从根部传送到植株各个组织，一些吐水作物的露水中含有新烟碱类杀虫剂，通过蜜蜂取食花粉和露水对其造成危害。已有研究发现，种衣剂的使用造成油菜花粉中药剂残留过高，从而造成蜜蜂个体和种群受到不同程度的伤害，严重时可导致整个蜂群灭亡。2012 年，*Science* 刊登了 2 篇新烟碱类种衣剂伤害大黄蜂和蜜蜂而导致蜂群衰退的文献，发现吡虫啉种衣剂能够显著阻碍大黄蜂的生长与降低繁殖能力，蜂王的生殖能力能够降低 85%；非致死剂量的噻虫嗪会影响蜜蜂的觅食和生存能力（Henry et al.，2012；Zeng et al.，2013）。因吡虫啉、噻虫嗪和噻虫胺等新烟碱类药剂可能给蜜蜂等传粉昆虫带来危害，法国、意大利等一些国家相继开始暂停或禁止其在生产上的使用，欧盟委员会宣布从 2013 年 12 月 1 日起限制其在夏季禾谷类作物和蜜源植物上的使用。我国农业部也于 2013 年 7 月召开了新烟碱类农药风险分析研讨会，并开始了新烟碱类药剂对蜜蜂和其他有益生物的风险评价与追踪。

（5）种衣剂对土壤微生物的副作用

土壤微生物在形成土壤结构、分解有机质和矿物质以及固氮等方面发挥着重要的作用。植物根系周围的土壤微生物还可以调节植物生长，植物共生微生物如根瘤菌、菌根真菌等能为植物直接提供氮素、有机酸、氨基酸和其他矿质与有机营养，促进植物生长。种衣剂作用于作物根系周围，对防治种传和土传病害具有较好的效果，但是也会给土壤中的一些有益微生物带来负面影响。例如，丁硫克百威和适乐时种衣剂对土壤细菌与放线菌有一定的抑制作用，且丁硫克百威种衣剂能够显著抑制根瘤菌的生长（刘登望等，2011）。用百菌清处理过的土壤中，细菌和真菌群落结构都遭到破坏，微生物多样性与正常土壤存在明显差异。因此，在种衣剂研发和应用过程中应尽量使用一些对土壤微生物伤害较小的种衣剂。

9.2.3 油菜种衣剂副作用的产生机理

（1）对种子耐储性的影响

以高巧（吡虫啉悬浮剂型，先正达）包衣油菜种子，贮存 4 个月后，发芽率比未包衣的种子下降 10%左右，当贮存时间达到 7 个月时，种子发芽率只有未包衣种子的 50%。贮存期间水分含量可显著影响种子活力，包衣处理增加了种子的含水量，造成种子活力下降。包衣后的种子表面由于附着有药剂，改变了种子对外环境的疏水性，吸潮导致种子含水量发生变化。

（2）对种子发芽势的影响

种衣剂包衣不均匀导致种子表面附着的药量不一致，造成明显的个体差异，表现为出芽不齐、长势不一，同时，种皮外包裹的膜剂或药剂使种子对氧气的吸收受到一定的影响，因此包衣后的种子的出苗时间很有可能推迟。此外，药剂对叶绿素的合成也有一定的影响，经种衣剂处理过的油菜种子，其体内叶绿素含量显著低于未经过处理的油菜种子，且随着施用量的增加，对叶绿素合成的抑制作用明显增强。如用卫福种衣剂对油菜种子进行包衣后，当子叶舒展开后，叶缘周围呈现明显的黄色，对叶绿素含量进行检测，结果发现叶绿素 a、叶绿素 b 的含量均只有对照的 50%。

（3）对土壤微生物的影响

通过变性梯度凝胶电泳（DGGE）技术分析，结果发现播种包衣种子的土壤中细菌及真菌群落结构均发生显著变化，一些土壤酶活性也出现显著的变化。虽然主要功能菌的变化仍不明确，但目前已经明确了种衣剂的使用可以通过改变土壤中微生物的结构从而改变土壤的某些属性，这有可能对下茬作物的种植造成影响。

（4）对授粉昆虫的影响

加拿大、美国学者分别对其国内大面积使用种衣剂的油菜种植区进行调查，研究发现，长期使用内吸性强的种衣剂使得油菜的花粉中含有较高的药剂，致使采集这些花粉的蜜蜂受到药害，个体活力减弱，从而导致种群崩溃。由此可见，药害的表现主要在于蜜蜂无法正确回巢、采集花粉能力变弱等。

9.3　油菜种衣剂的安全使用技术

9.3.1　引导农民因地制宜，合理使用种衣剂

油菜种衣剂的使用率不高、使用经验不足，因此在使用油菜种衣剂时，首先要购买可追溯的商品，不要使用假冒伪劣的药剂。其次，要根据当地的气候、种植情况、土壤条件，结合当地作物生长、病虫害发生情况选择针对性强、安全、防治效果好的种衣剂。如以防病害为主需选择卫福等主要控制病害发生的种衣剂，如以防虫害为主则需选择吡虫啉、噻虫嗪等内吸性较强的杀虫型种衣剂。特别注意的是，春油菜和冬油菜在种衣剂选择方面需要考虑不同的环境要求，春油菜的种植季节为 4 月播种、9 月收获，这段时期为蚜虫发生的适宜期，因此在选择种衣剂时，需要考虑含有吡虫啉、噻虫嗪等活性成分的内吸性较强的种衣剂；冬油菜在种植过程中，则需要考虑种衣剂中的抗冻成分。种衣剂中的杀虫剂如克百威、甲基异硫磷、甲拌磷等均属于高毒农药，对人、畜安全隐患极大，人、畜中毒事件时有发生，需要用丁硫克百威、吡虫啉、噻虫嗪、辛硫磷等高效低毒杀虫剂替代，严格控制唑类杀菌剂的用量。同时选用新型环保、安全、生物相容性好的高效成膜材料，使种子透水透气，能够正常生长发芽。应用缓释技术，提高活性成分的持效性和种衣剂的使用效率，以此减少种衣剂的使用量，减轻环境污染，保护生态平衡。

9.3.2　规范种衣剂使用技术措施

要严格控制种子含水量、种衣剂用量和包衣质量，尽量缩短包衣种子存放时间，并且需要选择合适的药种比，既要有效防治病虫害，又要避免对作物产生药害；特别是农民自行拌种时，要根据说明书的要求使用，要使用合理的剂量进行包衣，不能盲目增加用量，包衣后的种子要及时播种，储藏期不要超过 30 d，且对储藏环境中的湿度要进行控制。播种不宜过深，以免出现副作用。

9.3.3　油菜种衣剂副作用发生后的补救措施

苗期时根据幼苗生长势情况判断是否发生种衣剂副作用，若发生可在播种后 5～7 d，

用大量的水喷淋垄土，降低种子表面及周围土壤中的药剂浓度；同时，可适当增施硫酸铵。幼苗生长势显著减弱时，可适当增施氮钾肥壮苗，如叶面喷施 0.3%的尿素加 0.2%的磷酸二氢钾混合液，以缓解种衣剂副作用。

9.3.4 研究种衣剂副作用应急防控技术措施

根据不同类型种衣剂副作用的田间表现症状，建立种衣剂副作用识别和快速诊断标准，组织开展种衣剂安全使用技术研究和推广应用，根据副作用严重程度和发生频率，采取不同的应对措施。例如，在西北地区推广的种衣剂要添加聚谷氨酸抗旱剂，在东北地区推广的种衣剂要添加防寒剂，在南方地区推广的种衣剂要考虑湿度过大引起的药害问题。在除草剂残留量大或除草剂药害严重的地区，推广使用含有奈安除草剂的种衣剂，预防除草剂药害。在盐碱较重的地块，请勿使用种衣剂；黏性土壤保肥、保水条件好，应根据气候和病虫害情况选择使用种衣剂；沙性土壤的通透性好，但保肥、保水性差，遇低温容易造成烂种、死苗，可选用不含唑类杀菌剂的种衣剂。

9.4 展 望

种子处理技术在世界范围内已经被广泛应用，带来了巨大的经济效益和生态效益。然而，我国现有油菜种衣剂中的杀虫剂、杀菌剂都以化学农药为主，虽然用量少对大气环境污染少，但它们在土壤中的残留，易给农作物及生态环境中的有益生物和微生物造成不利的影响，如伤害天敌和传粉昆虫等。因此，在种衣剂的研究和应用中不能只关注对靶标生物的防效，还应关注并减少其对种子和幼苗生长等带来的副作用以及对环境和其他生物的影响，最大限度地发挥种衣剂在农作物安全生产及食品安全和农业生态系统健康发展中的作用。因此，开展新型、高效、低残留的杀虫剂、杀菌剂等活性成分筛选以及用植物或生物提取物来防治油菜病虫害，应是油菜种衣剂研发的重要内容之一。

生物防治是植物保护的一种重要的手段，国内外学者对生物防治在种衣剂上的使用进行了长期大量的研究，但真正用于生产上的较少，因此，加强生物型油菜种衣剂的研究和推广是油菜种衣剂发展的一个重要方向。

成膜剂的优劣直接关系到种衣剂的质量，加强新型成膜剂的开发，将成膜剂纳米化，减少播种期间粉尘的脱落量，可以减少种衣剂对作物早期生长和传粉昆虫的危害。为了保护鸟类、传粉昆虫和其他有益生物，在种衣剂中加入驱避剂是一种有效降低其对生态环境危害的手段，如加入氧化铁、麝香草酚、聚丁烯和蒽醌等来达到驱鸟的效果（吴凌云等，2007）；将昆虫驱避剂引入种衣剂中，也是减少种衣剂副作用发生和有效防治害虫的一种重要手段。作物不同品种间的抗虫性和抗病性存在很大的差异，将种衣剂的研发与抗性育种相结合，通过种子处理技术可以解决一些作物品种的自身缺陷问题，因此种子生产企业与种衣剂产业融合发展是种衣剂行业发展的重要方向。

综合油菜生产现状和发展趋势以及种衣剂在油菜上的应用现状，丸化型油菜种衣剂将是今后研究的主要方向之一。油菜籽粒小，丸化后可使种子重量增加 50%~150%，体积增大，便于机播、匀播，从而节省用种量、减少间苗劳工等；同时丸衣对种子可以起到物理屏蔽保护作用，该类种衣剂特别有利于油菜、烟草、蔬菜等小颗粒种子包衣处理及直播栽培。丸化型油菜种衣剂作为油菜直播栽培法的主要配套技术之一，已在生产上得到了应用，并取得了较好的效果。

在进行油菜种衣剂应用研究的同时也应加强基础理论研究，应涵盖包衣对种子储藏期和整个生长周期中各种生理活动的影响，针对油菜生长的特点，应开发更加适合油菜生长的专项种衣剂。与欧美发达国家相比，我国的种衣剂行业发展水平和种子包衣技术还需要多方面的提高。新农药管理条例的颁布和国内种子处理剂研发力量的增强以及化学、生物、材料、计算机等学科的发展与种衣剂相关新技术的突破，作为农药范畴的种衣剂管理将走上法制化、规范化轨道，种子处理剂可实现与生长调节剂、诱抗剂、信息传递物质及控制释放技术的有机结合，实现农药减量、增效、省工和环保，油菜新型种衣剂的研发在农业可持续发展中任重而道远。

（赵晨晨　黄　芳）

第10章　棉花种衣剂及其安全使用技术

　　棉花是重要的经济作物，是纺织工业的主要原料，是关系国计民生的战略物资之一，在国民经济中占有重要的地位。近10年来，我国已成为世界上棉花生产与消费的第一大国，棉花产量和消费量均占全世界的1/4，以棉花为基础的棉纺工艺和棉织产品也居世界首位，据统计，2022年，中国棉花种植面积为4500.45万亩，棉花产量为597.7万t。棉花产业已成为我国发展外向型经济的重要产业。

　　棉花是喜温作物，棉种发芽的最适温度为28～30℃，播种期、苗期的临界温度分别为12℃、15℃，低温是制约其生长发育的主要因素之一，种子露白期和幼苗期是感受低温最敏感的时期（Ruelland et al.，2009；王钰静等，2014；Jouyban et al.，2013）。新疆北疆棉区由于早春"倒春寒"频繁发生，种子露白期和幼苗期经常发生低温冷害，造成烂种、烂芽和死苗。一直以来，棉花的种植都存在出苗率低的问题。棉花的生长周期较长，因此解决棉花出苗率低、对逆境抗性差的问题就非常重要。棉花种衣剂可直接或经稀释后包覆于种子表面，形成具有一定强度和通透性的保护层膜（吴学宏等，2003a；蒋小妹等，2013），增强棉花的抗逆性，并促进棉种发芽和幼苗生长（李进等，2015）。种衣剂包衣棉种对棉花苗期病虫害有一定的效果，并具有增加产量、减少田地农药和肥料投入使用量、保护农田生态环境等优点（宋顺华和郑晓鹰，2008；熊远福等，2001b；吴学宏等，2003a；高云英等，2012）。

　　棉花病虫害在世界各产棉国普遍发生，主要是种子带菌和土壤传播的病害，如棉花枯萎病、黄萎病、立枯病、炭疽病等，主要的害虫种类有棉蚜、棉叶螨、棉铃虫、蛴螬、地老虎等。近年来，随着棉花大面积集中种植，连作模式普遍，棉花病虫害的发生越来越严重，已经逐渐成为影响棉花产量和品质的主要因素。当前生产中对棉花病虫害的综合防治主要有如下措施：合理轮作倒茬、选育抗病品种、土壤消毒、化学防治、生物防治、实行种子处理等。种子阶段是病原物生长最薄弱的阶段，也是病原物相对集中、易被控制的一个阶段，通过种子处理可以给病原物最彻底、最有效的打击，错过这一阶段，则防治难度增大，陷入被动局面。所以，种子处理是植物病害综合治理体系中最经济、简单、有效的方法之一（肖琴，2008）。

10.1　棉花种衣剂的主要种类及应用情况

10.1.1　棉花种衣剂的主要种类

　　截止到2021年12月，我国共登记棉花种衣剂99个。按照剂型分，其包括悬浮种衣剂97个、干粉种衣剂1个、可湿粉种衣剂1个。按照农药类型分，其包括杀虫剂种衣剂41个、杀菌剂种衣剂46个、植物生长调节种衣剂1个、杀虫剂/杀菌剂复合种衣剂

11 个。杀虫剂成分有乙酰甲胺磷、克百威、拌种灵、吡虫啉、噻虫嗪等，其中登记最多的为吡虫啉，约有 36 个产品。杀菌剂成分有甲基立枯磷、福美双、多菌灵、萎锈灵、噻菌铜、三氯异氰尿酸、五氯硝基苯、嘧菌酯、精甲霜灵、咯菌腈、代森锰锌、吡唑醚菌酯、敌磺钠、噁霉灵、络氨铜、种菌唑、甲霜灵、乙蒜素等，其中登记最多的为福美·拌种灵和精甲·咯·嘧菌，均有 7 个产品。

截至 2022 年 4 月，登记的棉花种子处理剂有 14 种，主要防治棉花猝倒病、立枯病和枯萎病等，其农药名称、有效成分、剂型及防治对象如下（表 10-1）。

表 10-1　我国棉花上登记的主要杀菌种衣剂的防治对象及有效成分

登记证号	农药名称	防治对象	主要成分	剂型	总有效成分含量
PD20211985	多·福	立枯病	多菌灵、福美双	种子处理悬浮剂	17%
PD20211156、PD20100051、PD20070474、PD20200228	精甲霜灵	猝倒病	精甲霜灵	种子处理乳剂	350 g/L
PD20211128	噁霉灵	枯萎病	噁霉灵	种子处理悬浮剂	3%
PD20210002、PD20184134	噻虫·咯·霜灵	蚜虫、猝倒病	噻虫嗪、精甲霜灵、咯菌腈	种子处理悬浮剂	25%
PD20100687	五氯硝基苯	苗期病害	五氯硝基苯	种子处理干粉剂	40%
PD20190154	咯菌腈	立枯病	咯菌腈	种子处理悬浮剂	25 g/L
PD20132667	戊唑醇	枯萎病	戊唑醇	种子处理可分散粉剂	2%
PD20130704	噁霉灵	立枯病	噁霉灵	种子处理干粉剂	70%
PD20180500	氟环·咯·精甲	猝倒病、立枯病	氟唑环菌胺、精甲霜灵、咯菌腈	种子处理悬浮剂	11%
PD20171588	吡唑醚菌酯	立枯病、枯萎病	吡唑醚菌酯	种子处理悬浮剂	18%

10.1.2　棉花种衣剂的应用情况

种衣剂因含有内吸性杀虫剂或杀菌剂，能较好地防治苗期虫害或病害，同时含有的植物生长调节剂、微量元素等成分能促进棉花生长发育和增强棉花幼苗抗逆性，进而减轻苗期病虫危害，在化学农药减施增效中发挥着重要作用（吴学宏，2003a；周扬等，2017；张军高等，2019）。20 世纪末，国内主要采用杀菌剂拌种与撒施呋喃丹颗粒防治苗期病害和棉蚜（张适潮等，1989；晓诸，1984），也引进美国卫福（有效成分：萎锈灵和福美双）与日本大扶农（有效成分：克百威）防治棉花苗期病虫害，但其均属于单一型药剂（张进宏和张芝凤，1994；田维志和陈齐信，1991）；随后李金玉等（1983）采用呋喃丹液剂 35ST 与多菌灵复配来兼防棉苗病害和棉蚜，李健强等（1994）采用多菌灵、三唑酮和福美双三元复配制成种衣剂 21 号，防治苗期立枯病、红腐病和炭疽病等多种病害，正式开始多元复配种衣剂研究。国内开展了大量杀虫、杀菌药剂混配的种衣剂试验和产品登记（丑靖宇，2015），新疆也筛选和研发出锦华与卫绿环等系列种衣剂产品（亚力昆江·阿布都热扎克等，2002；王锁牢等，2005；乔贵宾等，2005；雷斌等 2002），并大面积推广应用。国外在棉花上应用的种衣剂较多，主要有美国有利来路化学公司的卫福 200、美国富美实（FMC）公司的呋喃丹、日本住友化学工业株式会社的 12.5%速保利、德国拜耳公司的高巧、瑞士先正达公司的适乐时等产品。棉花上目前用得较多的国外种衣剂是适乐时、锐胜、高巧、卫福等种衣剂。

10.2　棉花种衣剂应用中的主要问题或副作用

10.2.1　棉花种衣剂应用中的主要问题

（1）对棉花种子萌发和出苗率的影响

研究结果表明，种衣剂处理可以提高作物的发芽势和发芽率，促进根系生长、根数增多、根长增加，使株高增加、茎秆加粗、根鲜（干）重和株鲜（干）重增加、叶绿素含量提高等（王义生等，2004；苏前富，2011；段强等，2012；刘志伟等，2009；胡凯军等，2010）。龚辉（2003）通过试验发现不同种衣剂均能提高棉种发芽势，但对发芽率作用不显著；何忠全和何明（1999）采用小区和大田试验的方法测定了药肥复合型棉花种衣剂防治棉苗病害及对棉花生长、产量的效应，结果表明，该种衣剂防治立枯病、猝倒病效果达到 96.43%，并能提高棉花的出苗率，促进棉苗生长，增强抗逆能力，种衣剂处理棉花成株数、蕾铃数均比对照高，皮棉平均增产 7.56%；张晓洁和隋洁（2005）研究了不同种衣剂对棉花种子活力与植株生长的影响，结果表明种衣剂处理对幼苗的生长有较好的促进作用；段瑞萍等（1999）的研究表明，棉种包衣后能促进幼苗生长发育、增加叶面积、提高成铃率；郑青松和刘友良（2001）用适当浓度范围 DPC（1, 1-二甲基哌啶鎓氯化物）浸种可提高棉花幼苗的耐盐性。

（2）对棉花病虫害的防治作用

杀虫剂、杀菌剂是种衣剂中常用的活性成分，其可以在种子及其所发育成的幼苗周围形成保护层，也可以由植物内吸到植物体内，有效防治种子及苗期的病虫害。史文琦等（2017）评价了 25%噻虫嗪·咯菌腈·精甲霜灵悬浮种衣剂 5.175 g/kg 种子对棉花立枯病和猝倒病的防治效果，防效分别为 93.3%和 92.7%，均有较好的防治效果。刘景坤等（2015）研究了 50%噻虫嗪悬浮种衣剂对棉花蚜虫的防治效果，结果表明，在有效剂量为 187.5 g/hm^2 的条件下，防治效果好，其对棉花 4 叶期、5 叶期蚜虫的防效分别达到83.94%、53.94%。孙君灵等（2000）研究了 9 种杀菌剂对种子活力的影响，在棉花上，种衣剂对苗期病虫害的防治效果显著，改变了过去措施繁多、病虫分治的种子处理程序。采用通用的种衣剂，棉蚜防治效果达到 80%～95%，持效期 45～50 d；蓟马防治效果达到 58.3%～80.2%；对棉花苗期立枯病、炭疽病、枯萎病等病害的防治效果达到 95%～96.6%；对枯萎病带菌种子消毒的效果达到 96%～98%（赵培宝和任爱芝，2002）。熊远福等（2004c）研究表明，超微粉种衣剂对蓟马、蚜虫的防效分别为 82%和 88%，效果很明显。作物地下害虫的优势种类为金针虫、蛴螬、蝼蛄、地老虎，由于难以观察，其防治难度较大。目前，生产中针对地下害虫主要有土壤处理、药剂拌种、根部灌药、撒施毒土、毒饵诱杀、种子处理、黑光灯诱杀成虫等多种防治方法（张帅等，2016）。李进等（2021）研究表明，种衣剂处理后地下害虫为害株率显著降低。此外，棉花种子经杀螨剂处理后具有防治蜘蛛和螨虫的功能。

（3）对棉花抗逆性的影响

我国地域辽阔，经纬度跨越较大，农作物种植模式、气候和生态条件等存在较大的差异，干旱、寒冷、盐碱等恶劣气候条件仍是威胁我国部分地区农业生产的主要因素，一些种衣剂如遇不良气候条件便难以满足作物安全生长的需要（郑铁军，2006；雷斌等，2007）。针对特殊的生态环境，应在防治病虫害的基础上开发具有特异功能的专用型种衣剂，如抗旱种衣剂（王道龙等，2006；张志军等，2010）、抗寒种衣剂（王道龙等，2006；励立庆等，2004）和抗盐碱种衣剂（张云生等，2008）等来满足我国不同地区农业生产的需求。

在棉花播种至出苗阶段，早春低温潮湿、倒春寒时有发生，常造成气温剧烈变化，致使棉花出苗困难，棉田保苗率低，严重时可造成大面积重播（雷斌等，2004），对棉花生产造成严重危害（郑维和林修碧，1992）。据不完全统计，每年苗期因低温冷害等因素造成的经济损失达数千亿元（曹慧明等，2010）。用种衣剂处理的棉种较未包衣处理，在发芽率、出苗率、株高、根长、茎粗、棉苗鲜重及干重等方面均有不同程度的增加，说明种衣剂对低温处理下棉花的出苗率及幼苗长势具有促进作用（龚双军等，2005；张少民等，2012；雷斌等，2005）。卫秀英等（2006）使用抗低温种衣剂包衣棉花种子，有效降低了低温冷害对幼苗的危害；张云生等（2008）利用自行研制的棉抗系列种衣剂进行棉花的抗旱、耐盐碱试验，结果表明，种衣剂能不同程度地增强棉花幼苗的抗旱、抗盐碱能力；刘成扩等（2009）通过室内外试验研究新型抗旱多功能种衣剂在棉花上的应用效果，发现该种衣剂能提高棉苗的抗旱能力，促进棉株的正常发育；阿里普·艾尔西等（2012）研究表明，在播期提前的情况下，抗低温种衣剂处理后棉花的保苗效果和产量明显高于普通种衣剂；采用渗透调节引发方法可降低低温条件下棉花烂根、烂种率，对普通包衣种子具有良好的保苗效果；孟雪娇等（2010）发现水杨酸可调节棉花叶肉细胞保护酶活性，减少活性氧的积累、增加渗透调节物质含量、抑制电解质渗漏，从而提高棉花的抗寒性。研究结果表明，向种衣剂中单独添加定量的水杨酸，经包衣种子和低温胁迫处理后，可以显著降低棉花幼苗中有害物质的积累、提高抗氧化酶的活性、增加渗透调节物质的含量；辛慧慧等（2015）研究表明，水杨酸、壳聚糖和硝酸钙在诱导棉花幼苗耐寒性中具有协同效应；李防洲等（2015）研究发现，使用 1～10 mmol/L 水杨酸包衣种子，能有效减轻低温对棉花幼苗的伤害。

10.2.2　棉花种衣剂的副作用

棉花种衣剂使传统的"面源施药"变为"定点施药"，降低了农药的使用量，减少了农药与环境有益生物的接触机会。但是，由于种衣剂使用技术性强、用量严格，在生产中也常有由于使用不当而产生副作用的现象。棉花种衣剂的副作用主要表现在植株叶片较小、苗期植株瘦弱、药害等方面。用药过量，往往抑制作物生长发育，造成幼苗根部肿胀、变形扭曲甚至产生药害，同时浪费药剂。用量过低则影响药效，起不到防病治病的效果（肖琴，2008）。

棉花种子包衣后会在种子表面形成一层药膜，势必给棉花种子萌发产生物理屏障，在遇到不良土壤环境如干旱、高湿时会影响种子发芽和棉苗生长。如以内吸作用为主、主要用于防治刺吸式口器害虫的吡虫啉种衣剂，用量过高不仅会明显抑制棉花种子萌发，还会使棉花根系活力和叶绿素含量显著下降，叶部出现药害。种衣剂中的活性成分及其含量影响棉花生长发育，缓释缩节胺包衣棉花种子致使棉花出苗延迟、出苗率降低，并会抑制棉花前期的营养生长，随着缩节胺剂量的增加，棉花完成出苗所需的时间相对延长（韩松等，2013）。

近年来使用的棉花种衣剂大部分属于有机磷、氨基甲酸酯、拟除虫菊酯、新烟碱类农药，种衣剂残留可能会下渗到地表水中，会对土壤、水生生物和人畜产生毒害作用，这些农药施用后的脱靶现象还会对环境产生负面影响。例如，种衣剂中使用最广泛的新烟碱类杀虫剂，已经被证实对野生蜜蜂的多样性和分布产生负面影响（Jeschke et al.，2022）。

10.2.3　棉花种衣剂副作用的产生机理

（1）农药胁迫对棉花的生物有害性

植物叶绿素含量的动态变化能直接反映植物光合能力及叶片衰老的程度，因此，植物叶绿素含量可以间接反映光合产物的累积与运输。当植物受到环境胁迫，如农药暴露时，其体内叶绿素含量也会有一定程度的波动。研究表明，经种衣剂处理过的棉花体内叶绿素含量显著低于未经过种衣剂处理的棉花，且随着种衣剂施用量的增加，其对棉花叶片叶绿素合成的抑制作用不断增强。种衣剂中的内吸性农药主要是通过植物吸收转运然后在植物体内发挥作用，施用后农药在棉花不同部位的分布往往是不均匀的，其在棉花整个生长发育周期不同部位的持效性往往是不同的，从而对植物的生长发育及生理生化特性造成一定的影响。有研究表明，植物在农药胁迫下可启动抗氧化防御机制以抵御农药造成的损伤，并且植物中大分子物质及光合作用也会受到影响，从而进一步影响植物生长发育和产量。

（2）国产种衣剂产品技术相对落后，产品结构不合理

过去，我国应用于棉花上的种衣剂产品相对较少，近年来，随着种衣剂研发技术的发展，已有多种应用于棉花的种衣剂产品，但种衣剂所用的农药种类比较陈旧，其杀虫剂多为呋喃丹、甲拌磷等，杀菌剂也多以保护性杀菌剂福美双为主，高效低毒、低残留的内吸性药剂相对较少。在剂型方面，以粉剂、乳油和悬浮剂等为主，不同剂型在控制释放和缓释技术等方面存在显著差异，影响有效成分的发挥和商品性；另外，种衣剂产品的针对性与专一性也相对较差。具有蓄水抗寒、抗旱、逸氧、调节 pH、降低除草剂残留等特异性功能的种衣剂甚少。在种衣剂质量方面，我国种衣剂产品的理化性状、稳定性与悬浮性仍与国外有一定差距，在包衣技术和成膜技术等方面也有待加强，主要表现为成膜时间长、成膜不均匀、包衣质量差且易脱落、活性成分易淋失、耐磨性差、相对较易发生药害及丸粒化种衣剂包衣产品存在多种子丸和空丸现象等，不仅导致播种的棉花均匀度差、种子发芽率低、出苗晚、抑制作物生长发育等不良影响，而且容易污染土壤和地下水，危害生态

环境（Raveton et al.，2007）。同时，国内种衣剂企业产品技术基本处于同一水平，企业规模小而分散，种衣剂生产、销售较为混乱，严重影响了种子市场的健康发展。

10.3 棉花种衣剂的安全使用技术

10.3.1 规范种衣剂使用技术措施，种衣剂的使用要因地而异，合理使用种衣剂

种衣剂的品种和类型很多，因使用方法不当而引起的棉花包衣种子出芽慢、出苗弱甚至烂种以及后茬作物不能生长、不能防病增产等问题时有发生，如 20 世纪 90 年代中期种衣剂在新疆推广时因未能结合当地的气候、土壤等因素而导致棉花大面积烂种、烂根、死苗现象（魏建华等，2003），因此种衣剂的使用必须结合棉花的生长情况与当地的气候因素、土壤条件、病虫害情况，选择合适的种衣剂以及最佳使用时机和方式，在试验示范的基础上，推广对农作物安全、防治病虫效果好的种衣剂。在统一包衣时，要严格控制种子的含水量、种衣剂用量和包衣质量，尽量缩短包衣种子的存放时间，并且需要选择合适的药种比，既要有效防治病虫害，又要避免对作物产生药害；农民自行拌种时，需根据说明书的要求使用，不要盲目增加用量，拌种后要尽快播种，播种不宜过深，以免出现副作用。播种前 2 周进行种子包衣，并与安全剂配合使用，且被包衣的种子应为精选后的良种，种子水分含量不高于 13%。悬浮种衣剂应直接包衣种子，严禁兑水田间喷雾，严禁加水，不能与其他肥料、农药混配使用。使用前应充分摇匀，然后按照药种比 1∶40 进行种子包衣；催芽播种时，先催芽，后拌药剂。

10.3.2 加强棉花专用型种衣剂的应用

现阶段，我国种衣剂多在大田作物上使用，应扩大使用范围，应用适合于棉花的种衣剂。同时我国的种衣剂多为通用型，具有针对性、特异性的种类较少，易产生药害，因此应根据不同区域土壤、气候、病虫害情况及土壤中有害病菌的类别、作物栽培模式开展专用型种衣剂配方的研发。如开发蓄水抗旱与病虫兼治的种衣剂，不仅可以解决田间种子发芽率低、出苗不齐等问题，而且能有效地防治病虫害，达到抗旱保苗、防病治虫及增产增收的功效。

10.3.3 选用具有特殊功能的种衣剂或助剂产品，增强种衣剂产品的针对性

如盐碱地种衣剂可以与腐殖酸、黄腐酸等偏酸性有机肥料配合使用；在鸟类活动频繁的地区可以在种衣剂中加入驱避剂，保护鸟类、传粉昆虫和其他有益生物，这是一种有效降低其对生态环境破坏的手段，如加入氧化铁、麝香草酚、聚丁烯和蒽醌等达到驱鸟和驱赶昆虫的效果，以及减少种衣剂副作用发生和有效防治害虫。

10.3.4 选用高效率助剂，尤其是成膜剂与黏着剂

助剂可明显影响种衣剂的理化性质及药效的发挥。成膜剂可以让种衣剂具有适当的

黏度，从而在种子表面均匀固化形成种衣，常用的成膜剂有淀粉及其衍生物、纤维素及其衍生物、合成高聚物等，当前选用价格低廉且性状良好的多功能成膜剂尤为重要。黏着剂主要应用于种子的丸化处理，以高分子聚合物为主，对成膜后的透气性及种子储藏期和发芽前期的生理活动均有很大影响。天然高分子多糖无毒，可生物降解，具有杀虫、杀菌、调节作物生长、生物相溶性好和易于成膜等特殊功能，用于种子处理可提高种子的发芽率，增强棉花幼苗的抗病能力，促进棉花的生长，提高棉花的产量，而且天然高分子多糖来源充足、价格低廉，对作物无药害，对人畜无毒害，对环境无公害。丸化处理所使用的黏着剂，要求包裹层黏结牢固度适中，且具有一定的透气性。

10.3.5　研究种衣剂副作用应急防控技术措施

根据不同类型种衣剂副作用的田间表现症状，建立棉花种衣剂副作用识别和快速诊断标准，组织开展种衣剂安全使用技术的研究和推广应用，根据副作用严重程度和发生频率，采取不同的应对措施。例如，在西北地区推广的种衣剂要添加聚谷氨酸抗旱剂，在东北地区推广的种衣剂要添加防寒剂，在南方地区推广的种衣剂要考虑湿度过大引起的药害问题。

10.4　展　　望

种衣剂技术在提高种子质量方面具有广阔的应用前景。棉花高产在很大程度上取决于种子的质量，作为影响早期幼苗生长发育的"灵丹妙药"，棉花种衣剂因含有内吸性杀虫剂或杀菌剂，能较好地防治苗期虫害或病害，同时其含有的植物生长调节剂、微量元素等成分能促进棉花生长发育和增强棉花幼苗抗逆性，进而减轻苗期病虫危害，在化学农药减施增效中发挥着重要作用。棉花种衣剂的应用在棉花轻简化生产和病虫害防治方面发挥了重要作用，具有巨大的经济效益和生态效益。尤其是新型种衣剂向无毒、无污染、成本低、肥效高的方向发展，具有很好的经济、社会和环境效益，具有良好的市场前景和推广应用价值。

目前，种子的高成本严重限制了棉花种衣剂的有效利用。先进的种子技术，即种衣剂技术，是实现低成本、高生态效益的关键一步。将来，我们应制定相应的法规，制定种衣剂药剂种类、数量和施用方案，以多学科交叉融合深入研究，减少与棉花种衣剂相关的风险和问题，从而提高种子质量。同时，还需要进一步应用现代生物学原理与技术研究来探索种衣剂诱导种子质量改善的机理。"攥紧中国种子，端稳中国饭碗"，实现种子产业繁荣。

（赵　特　赵晨晨）

第11章 大豆种衣剂及其安全使用技术

大豆是我国重要的经济作物之一。大豆生产过程中，苗期根茎部病虫害、根系发育不良和苗弱是影响其产量的重要因素（张秋英等，2003）。播种时，选择适当种衣剂对大豆种子进行包衣可有效防治大豆苗期病虫害，促进作物生长、根系强大、抗逆性强，实现经济效益和生态效益的显著双增（吴建明等，2005）。

大豆种衣剂一般是用黏合剂将杀虫剂、杀菌剂、微量元素及植物生长调节剂等按一定比例配合在一起，再加上一些助剂经过加工而成的一种悬浮液，用于大豆种子包衣。应用种衣剂可促进大豆生长发育，使大豆增产11.9%以上，地下病虫害综合防治效果达71.2%～81.3%，脂肪和蛋白质总含量增加，品质改善（李宝华，2003；Jarecki and Wietecha，2021）。大豆种衣剂既有单一针对病菌或害虫的单剂种衣剂，如咯菌腈、吡虫啉等，也有综合防控病虫害的复配种衣剂，如苯醚甲环唑·咯菌腈·噻虫嗪、多菌灵·福美双·克百威等。然而，在大豆种衣剂使用过程中，如果药剂种类选用不当或使用方法不科学就会对大豆产生副作用，如抑制种子萌发、影响幼苗生长发育等，进而降低大豆产量和质量。同时，大豆种衣剂的不科学使用也会对大豆田生态环境造成不利影响，如破坏土壤微生物生态平衡、抑制大豆根际固氮菌多样性、降低大豆田间益虫规模等。因此，大豆种衣剂的安全使用对保障大豆安全生产具有重要的指导意义。

11.1 大豆种衣剂的主要种类及应用情况

常用的大豆种衣剂单剂有咯菌腈、吡虫啉、噻虫嗪、精甲霜灵、宁南霉素、丙硫菌唑等，复配种衣剂有精甲霜灵·咯菌腈、种菌唑·甲霜灵、萎锈灵·福美双、福美双·克百威、苯醚甲环唑·咯菌腈·噻虫嗪、多菌灵·福美双·克百威（多福克）、阿维菌素·多菌灵·福美双等，以及生物种衣剂HND1（杜春梅等，2009）、Snea253（陈立杰等，2011）、申嗪霉素、菌线克（周园园等，2014）等。

11.1.1 根腐病防治种衣剂

大豆根腐病是严重影响大豆苗期生长的重要土传病害之一，由于其传播速度快、分布广泛、危害性大、防治困难，已被列为大豆生产中的毁灭性病害（张红骥等，2011）。大豆根腐病是由多种土壤习居菌复合侵染引起的，主要为镰孢菌（*Fusarium* spp.）、大豆疫霉菌（*Phytophthora sojae*）、腐霉菌（*Pythium ultimum*）和立枯丝核菌（*Rhizoctonia solani*）（马汇泉和辛惠普，1998；杜宜新等，2021）。生产实践中，针对大豆根腐病菌筛选出多种大豆种衣剂，这些种衣剂以精甲霜灵混配咯菌腈、多菌灵、福美双为主。拌种施药后，多菌灵·福美双·克百威、多菌灵·福美双·毒死蜱、咯菌腈、多菌灵·福美双·甲氨基阿维菌素、精甲·咯菌腈和萎锈灵·福美双等种衣剂的防治效果为66.08%～75.65%，其中 35%多菌灵·福美双·克百威悬浮种衣剂、38%多菌灵·福美双·毒死蜱悬浮种衣剂、25 g/L 咯菌腈悬浮种衣剂、20.5%多菌灵·福美双·甲氨基阿维菌素苯甲酸盐悬浮种衣剂的防治效果显著优于 62.5 g/L 精甲·咯菌腈悬浮种衣剂的防治效果。拌种施药60 d后，各种衣剂的防治效果低于60%，但都高于50%。35%多菌灵·福美双·克百威悬浮种衣剂、25 g/L 咯菌腈悬浮种衣剂、20.5%多菌灵·福美双·甲氨基阿维菌素苯甲酸盐悬浮种衣剂与38%多菌灵·福美双·毒死蜱悬浮种衣剂、62.5 g/L 精甲霜灵·咯菌腈悬浮种衣剂的防治效果相当，优于 400 g/L 萎锈灵·福美双悬浮剂的防治效果（杜宜新等，2021）。播种前，采用 8%烯效唑·丙环唑·阿维菌素悬浮种衣剂处理大豆种子，能促进大豆出苗，且对大豆根腐病的相对防效达 80.1%以上（谭兆岩等，2020）。该种衣剂选择了具有不同功能的杀菌剂、杀虫剂、植物生长调节剂或者生防菌，通过科学比例复配而成，不但能防治大豆根腐病，还兼具防虫作用，具备综合防治效果，同时能够延缓抗药性的产生。研究表明，烯效唑对大豆根腐病致病菌禾谷镰孢、腐皮镰孢和尖镰孢的抑菌活性均较强，尤其对禾谷镰孢的抑制作用显著，可能与禾谷镰孢对烯效唑更敏感有关，因此烯效唑对大豆兼有调节植物生长和杀菌的作用（王奥霖等，2019）。采用 20%烯效唑·戊唑醇·噁霉灵悬浮种衣剂处理大豆种子对大豆尖镰孢和腐皮镰孢根腐病的相对防效达 83.3%以上，而对大豆发芽和出苗没有显著不利影响（王奥霖等，2019）。该种衣剂的组成成分中，噁霉灵的毒性显著低于其他同质药剂，可以被土壤微生物分解成水和二氧化碳，符合绿色生产的要求被逐渐使用于复配拌种。同时，噁霉灵进入土壤后能被土壤吸收，并与土壤中的无机金属盐如铁、铝离子相互作用，可有效抑制病原菌孢子的萌发和菌丝的生长，起到土壤杀菌、消毒的效果。噁霉灵还可促进植物生长、根分蘖、根毛增长，提高根部活性、增强幼苗的发展势能，达到健苗、壮苗作用（张会春，2006）。此外，苯醚甲环唑·吡唑醚菌酯、氟唑菌苯胺、噻呋酰胺·啶酰菌胺、申嗪霉素、精甲霜灵·咯菌腈·嘧菌酯用于大豆拌种对大豆根腐病总体防效较好，可以在生产上推广应用。其中，苯醚甲环唑·咯菌腈·噻虫嗪、丙硫菌唑前期防效好，后期药效降低，应结合其他药剂使用（赵振邦等，2019）。

11.1.2 孢囊线虫病防治种衣剂

孢囊线虫病是世界公认的大豆首要病害，导致全世界大豆每年减产 11%（吴明才和肖昌珍，1999；许艳丽和温广月，2005）。在中国，大豆孢囊线虫病主要分布在东北及黄淮海大豆主产区，一般可导致大豆减产 10%～30%，严重的可达 70%～90%，甚至绝收（陈立杰等，2011）。早期用于防治孢囊线虫的种衣剂主要为含吡虫啉、多福克等的化学农药，属于高毒或剧毒农药，使用不当时对大豆还有一定的副作用。鉴于此种情况，一些对大豆孢囊线虫防治效果好、具有良好应用前景的生物种衣剂陆续被开发出来，如SN101、HND1 等。

生物种衣剂 SN101 由对线虫有拮抗作用的巨大芽孢杆菌 Sneb482、简单芽孢杆菌Sneb545 和费氏中华根瘤菌 Sneb183 进行多菌株复配而成。该种衣剂对大豆出苗无影响，对大豆孢囊线虫有较强毒性，复配液处理 24 h 和 48 h 后，线虫校正死亡率分别为 91.0% 和 96.8%。田间试验显示，生物种衣剂 SN101 对大豆孢囊线虫病的防效为 46.51%（周园园等，2014）。生物种衣剂 SN101 对大豆孢囊线虫具有一定的防治效果，促进大豆增产的原因是在其组成成分中，巨大芽孢杆菌 Sneb482 对大豆有诱导抗性作用且对大豆孢囊线虫有毒杀作用（孙华等，2009），简单芽孢杆菌 Sneb545 可诱导大豆抗大豆孢囊线虫（项鹏等，2013），而费氏中华根瘤菌 Sneb183 与大豆有共生固氮作用（尹丽娜等，2010）。生物种衣剂 HND1 是采用厚垣轮枝菌 HDQI8 的活性产物制备的生物种衣剂，对大豆的生长和发育安全，对大豆孢囊线虫幼虫有较高毒性（死亡率可达 94.0%），田间防效达到 60.5%，高于 35% 多福克大豆种衣剂（杜春梅等，2009）。生物种衣剂 Snea253 则是以生防放线菌 Snea253 菌株发酵液为主，配合其他微生物菌株制备的生物种衣剂。该种衣剂既可促进大豆的生长发育，又可有效抑制线虫繁殖，对田间大豆根上孢囊的抑制率为 64.24%，对根内线虫的抑制率达到 80.95%，对土壤中孢囊的抑制率也很显著，为 60.3%（陈立杰等，2011）。

防治大豆孢囊线虫的种衣剂也常用于其他虫害的防治。吡虫啉包衣对大豆苗期蛴螬和根潜蝇有 100% 防效（梁岩和华淑梅，2014）；35% 多福克拌种对大豆田蛴螬和根潜蝇有较好的控制效果，分别为 87% 和 95.7%（张荣芳等，2015）；生物种衣剂 SN100 可以显著减少大豆根潜蝇数量，平均防治效果达到 93.27%（张维耀，2018）。

11.1.3　抗干旱和耐低温种衣剂

除病虫害外，干旱、低温等逆境也是造成大豆减产的原因。在一些大豆主产区，播种季节经常出现少雨干旱，在没有灌溉条件的情况下，给大豆适时播种带来困难。大豆籽粒较大，萌发出苗时需要较多水分，土壤含水量低时极易造成出苗率低、死苗、缺苗。此外，在干旱条件下，大豆幼苗的高度下降，全株生物量逐渐降低。水分不仅影响大豆植株的形态变化，还能影响其生理代谢。化控种衣剂（HK）是将最新的生化技术与种子包衣技术有机结合的多功能复合制剂。应用化控种衣剂，不仅具有传统种衣剂预防病虫害的作用，同时也有调节植物生长的作用，增强植株对外界不良因素的抵御能力，使养分更合理地分配与运输到产量器官，发挥出增产效应。在水分胁迫下，化控种衣剂能促使细胞壁硬化，有效地限制植物绿叶面积的扩大，抑制大豆株高的增长，使植株在胁迫下能长时间存活（李建英等，2010）。根系是植物吸收土壤中水分和养料的重要器官，也是植物地上部分赖以生存的基础。大豆种衣剂能促进大豆根系发育，增强大豆苗期健壮度、整齐度，提高活力和抗逆性，为后期生长打下坚实的基础（张树权等，2000）。

在干旱胁迫下，大豆体内代谢常发生紊乱，较高的过氧化物酶（POD）活性可以起到保护细胞质膜的作用。化控种衣剂处理下，大豆叶片内超氧化物歧化酶（SOD）、POD活性明显高于对照，从而减轻干旱胁迫对大豆幼苗的伤害。种衣剂对大豆保护酶活性的这种调节作用，可能是通过促进保护酶的合成或维持保护酶的较高活性来实现的，以便快速清除干旱胁迫下产生的大量活性氧，从而提高大豆抗逆性（李建英等，2010）。

在北方高寒地区，低温常常成为大豆出苗的主要限制因子，春播大豆常因早春低温而延迟出苗，降低出苗率，增加感病的机会，降低幼苗的生活力，导致群体出苗不齐。化控种衣剂可提高低温逆境下大豆叶片 POD 和 SOD 活性，降低膜脂过氧化产物丙二醛的含量，减轻膜脂过氧化作用对细胞的伤害。同时，化控种衣剂也可以提高大豆根系、子叶和真叶中的可溶性糖含量，为大豆植株在低温时提供更多的能量物质，细胞的渗透势得到调节，降低结冰点，提高细胞的抗寒能力。此外，化控种衣剂亦可增加大豆植株各种促进型内源激素与抑制型内源激素含量的比值，提高大豆幼苗在低温胁迫下的适应能力，有利于大豆幼苗的生长。总体上，化控种衣剂通过促进植物保护酶活性，降低膜脂过氧化程度，增加渗透调节物质含量及促进型内源激素的相对比例，增强大豆幼苗对低温的抵抗能力，这些理化指标的变化是化控种衣剂提高大豆幼苗抗寒性的内在机理（冯乃杰等，2003）。

11.2 大豆种衣剂应用中的主要问题或副作用

11.2.1 种衣剂对大豆种子萌发和出苗的影响

在大豆种子萌发的过程中，过量使用吡虫啉种衣剂（如推荐剂量 2 倍浓度）会抑制大豆种子的萌发，萌发率和发芽势均显著低于对照。精甲霜灵·咯菌腈（亮盾）种衣剂的不同剂量处理也都导致大豆发芽率、发芽势和发芽指数的降低。高浓度的多福克种衣剂处理同样显著降低大豆的发芽指数。

11.2.2 种衣剂对大豆植株生长发育的影响

（1）吡虫啉种衣剂对大豆植株生长的影响

经过吡虫啉种衣剂处理的大豆，从其萌发的第 2 天开始，便表现出种衣剂对大豆主根生长的抑制作用，且自萌发后第 4 天开始呈现出显著的抑制效果。例如，大豆萌发后第 3 天，3 个剂量（推荐剂量、推荐剂量 2 倍、推荐剂量 4 倍，以下相同）吡虫啉种衣剂处理的平均主根长均低于对照；随着处理时间的延长，这种差值持续增大，如大豆萌发后第 6 天，各剂量吡虫啉种衣剂处理的平均主根长均显著低于对照，随着吡虫啉有效剂量的增加，大豆主根的平均根长以及生长速率也均呈下降趋势。此外，大豆种子经吡虫啉包衣处理后，3 个剂量包衣处理的大豆幼苗产生侧根的比例均显著低于对照组。对于大豆侧根而言，其平均根数分别为对照的 68%、47% 和 27%，差异显著。当吡虫啉种衣剂的有效剂量为推荐剂量及其 2 倍时，大豆幼苗株高均略高于对照组，说明吡虫啉种衣剂包衣处理可以在一定程度上促进大豆幼苗的生长。但当吡虫啉种衣剂的有效剂量增加至推荐剂量的 4 倍时，大豆幼苗平均株高则低于对照，说明此剂量的吡虫啉种衣剂包衣处理对大豆苗期株高的生长呈现出一定程度的抑制作用。

（2）精甲霜灵·咯菌腈种衣剂对大豆植株生长的影响

精甲霜灵·咯菌腈种衣剂对大豆的主根生长呈现出不同程度的抑制作用。经过精甲霜灵·咯菌腈种衣剂包衣处理的大豆，从大豆萌发开始，主根的生长被抑制，随着种衣剂处理后的时间延长和有效剂量的增加,抑制效果更趋显著.同时,高浓度精甲霜灵·咯菌腈处理对大豆生长速率有明显的抑制作用.

11.2.3　种衣剂处理对大豆生理生化的影响

研究表明,吡虫啉使用剂量为推荐剂量时,大豆叶片 SOD 的活性与对照相当.当吡虫啉的使用剂量增加至推荐剂量的 2 倍和 4 倍时,SOD 活性显著低于未使用种衣剂的对照组,分别为对照的 10% 和 24%.吡虫啉有效剂量为推荐剂量时,大豆幼苗 MDA 含量低于对照处理.当吡虫啉有效剂量增加至推荐剂量的 2 倍时,大豆幼苗 MDA 含量略高于对照,差异不显著;但当吡虫啉有效剂量达到推荐剂量的 4 倍时,MDA 的含量显著高于对照,即此时大豆抗逆能力显著减弱.

推荐剂量吡虫啉种衣剂可提高大豆叶片的叶绿素含量,但过剂量使用却显著降低叶片叶绿素含量.精甲霜灵·咯菌腈和多菌灵·福美双·克百威种衣剂的使用则都降低大豆叶片叶绿素含量,即使是其推荐剂量的使用也使得叶片叶绿素含量大幅度降低.

11.2.4　大豆种衣剂对土壤根际微生物多样性的影响

研究表明,宁南霉素、精甲霜灵、多福克和咯菌腈等种衣剂对大豆根际固氮菌均产生了不同程度的抑制作用,抑制作用由强到弱依次是咯菌腈、甲霜灵、多福克和宁南霉素.精甲霜灵、多福克和咯菌腈对大豆根际固氮菌的抑制作用比宁南霉素强,可能是由于前 3 者均为化控种衣剂,而宁南霉素是生物种衣剂,与环境的兼容性更好(韩雪等,2010).固氮菌是土壤生态系统中十分重要的功能菌群之一,在土壤氮素循环中发挥着不可替代的作用.固氮菌数量和种群结构的变化,直接影响着土壤固氮效率的高低和土壤氮素循环的正常运转,高效率固氮对农业生产有着重大的意义.所以,人们在使用种衣剂防治病害的过程中应该考虑其是否会对土壤中的功能菌群产生影响.宁南霉素、咯菌腈、甲霜灵和多福克种衣剂对大豆根际其他细菌的多样性亦有一定的影响.种衣剂使用前期,除低浓度甲霜灵外其他种衣剂均对大豆根际细菌产生较强的抑制作用,高浓度和常规浓度甲霜灵的抑制作用相对较小.如宁南霉素、咯菌腈、甲霜灵和多福克均可抑制生防菌 *Pseudomonas* spp.的生长,但是对生防菌 *Bacillus* spp. 的影响不大,只有甲霜灵种衣剂在试验前期对后者生防菌具有促进作用.种衣剂使用中期,不同种衣剂对大豆根际细菌多样性的影响程度不同,多福克对根际细菌多样性的影响较小,宁南霉素、咯菌腈和甲霜灵种衣剂中至少有 2 种浓度对根际细菌种群结构在遗传上的影响一致.但是,至生长后期,宁南霉素处理组最先恢复到对照水平,然后依次是多福克、甲霜灵、咯菌腈(黄珊珊,2008).用吡虫啉、精甲霜灵·咯菌腈和多福克种衣剂处理时,随着处理浓度的提高,大豆的根瘤数显著减少.多福克对大豆根瘤数目的影响最为显著,使用推荐剂量就能导致根瘤数目减少到对照的一半;当加大使用剂量时,根瘤数目则更少,差异极为显著.精甲霜灵·咯菌腈种衣剂的使用也降低了大豆根瘤数目,过剂量使用同样使得根瘤数目不足对照的一半.比较而言,吡虫啉对根瘤数目的影响较小,这种差异可能是由于多福克和精甲霜灵·咯菌腈均含有杀菌剂.

11.2.5 种衣剂对大豆产量的影响

推荐剂量的吡虫啉种衣剂能提高大豆种子的发芽率和发芽势,增加植株高度和叶绿素含量,增加 SOD 活性,降低 MDA 含量,进而提高大豆产量。但当吡虫啉浓度增大到推荐使用剂量的 2 倍和 4 倍时,大豆产量显著低于对照,助剂的使用也不能使大豆产量恢复到对照水平。精甲霜灵·咯菌腈和多福克的使用降低了大豆产量,随着其浓度的提高,大豆的产量也随之降低。

11.2.6 助剂对大豆种衣剂副作用的缓解效应

(1)助剂对大豆萌发的影响

随着种衣剂处理浓度的提高,大豆种子的发芽势呈现出降低的趋势,而助剂的同时使用则可提高大豆的发芽势。在吡虫啉推荐剂量和 2 倍推荐剂量时,助剂可将发芽势提高到显著水平,由原来的 42.23%和36.67%分别提高到 51.10%和 52.23%。

(2)助剂对大豆幼苗生长的影响

助剂的使用也可缓解吡虫啉种衣剂处理对大豆幼苗生长的不利影响。不同剂量的吡虫啉种衣剂都表现出对幼苗高度的抑制作用。与对照相比,3 种处理(推荐剂量、推荐剂量 2 倍、推荐剂量 4 倍)的抑制率分别为 62%、74%和 74%。助剂的使用则降低了抑制率,尤其是推荐剂量吡虫啉处理下,助剂显著降低了吡虫啉对大豆幼苗高度的抑制效应。

(3)助剂对大豆酶活性的影响

吡虫啉种衣剂包衣会降低大豆 SOD 活性,使用助剂则能缓解这种抑制作用。在推荐剂量吡虫啉种衣剂处理下,添加助剂后,SOD 活性显著提高。然而,在 2 倍和 4 倍吡虫啉浓度处理时,使用助剂对 SOD 活性的影响不大。吡虫啉种衣剂和助剂结合使用对 CAT 活性产生了类似的影响。种衣剂处理引起了相关抗氧化酶活性的降低,使得膜脂过氧化产物 MDA 含量升高,其中吡虫啉处理导致的 MDA 含量增加可以通过使用助剂得到缓解。

(4)干旱胁迫下助剂对大豆种衣剂副作用的缓解

干旱胁迫下,与对照相比,吡虫啉种衣剂处理显著降低了大豆 CAT、POD 和 SOD 的活性,但是在吡虫啉种衣剂包衣时同时使用助剂则能提高这些酶的活性。

11.3 大豆种衣剂的安全使用技术

11.3.1 种子选择

为了确保苗齐、苗壮,应提高大豆发芽率和发芽势。在大豆选种时,应保证种子的完整性,可采用人工或机械方式进行选种,去除杂质、伤瘪粒、虫食粒,保留品相一致、大小均匀的种子。晒种 2~3 d,提高种子的出苗率。所用种子发芽率高于 95%,净度和纯度均高于 98%,含水量不高于 13%。

11.3.2 种衣剂选择

选用的大豆种衣剂应该在中国农药信息网农药登记数据库有登记，包括可应用于大豆作物的单一型杀菌种衣剂、杀虫种衣剂、肥料种衣剂、除草种衣剂，或者含有两种或两种以上作用的复合型种衣剂。大豆种衣剂尤其是含有杀死细菌类药剂的种衣剂使用时要慎重，因为该药剂可能会抑制或杀死根瘤菌，对大豆生长发育产生显著影响。为了促进大豆种衣剂药效的发挥，降低由于不利环境（干旱、低温等）可能出现的种衣剂副作用，建议使用大豆种衣剂时应添加专用助剂。

生产中使用的种衣剂应有完整的标签。标签内容应包括农药登记证号、农药生产许可证（或生产批准文件）号、产品标准号、有效成分含量、剂型、使用技术和使用方法、产品性能与用途、注意事项、中毒急救、储存运输条件、生产日期和有效期等产品信息。

11.3.3 种子包衣

药剂用量：严格按照生产厂家的推荐用量，不得减少或加大用量，以保证药效和避免出现药害。

种子包衣时间：播种前 3～20 d。

（1）手工包衣

根据种子量确定种衣剂和助剂的用量，采用以下方法对大豆种子进行人工包衣。圆底大锅包衣法：固定大锅，加入适量种子，再按比例称取种衣剂和助剂加入锅内，充分搅拌使种子均匀粘上种衣剂。塑料袋包衣法：将适量的种子和种衣剂按比例加入到不漏水、比较结实的塑料袋中，扎紧袋口，上下摇动，均匀为止。待种子均匀着药后，摊开通风，于阴凉处晾干。

（2）机械包衣

使用专用种子包衣机对大豆种子进行包衣。按推荐制剂用量加适量溶剂，混合均匀；选用适宜的包衣机械，如山西省水力机械有限公司生产的 5BY-LX 型种子包衣机，黑龙江省农副产品加工机械化研究所生产的 5BY-5 型种子包衣机和江苏省南京农牧机械厂生产的 5BY-500 型种子包衣机等；根据要求调整药种比，进行包衣处理。

种子包衣后一般要在室温阴凉处存放 3～5 d，让药膜充分固化后再使用，以免因药膜尚未完全固化而脱离从而影响药效。

11.3.4 种衣剂包衣大豆播种和播种后管理

播种季节土壤比较干旱时，种衣剂的使用可能会影响大豆出苗，出现出苗不整齐、出苗延迟或出苗率降低等副作用，因此干旱时播种后应及时浇水。

种衣剂包衣的大豆种子播种后要及时观察出苗情况，如遇种衣剂不利影响，如出苗不整齐、出苗率低时要及时补种。在幼苗期出现苗高、叶片叶绿素含量和根瘤菌数量降低或减少时要及时喷施叶面肥（如磷酸二氢钾等），加速幼苗营养生长，缓解种衣剂副作用。

11.3.5 生产安全注意事项

11.3.5.1 安全防护

1）种子包衣和播种时应穿保护性作业服，戴口罩、乳胶手套等，避免徒手接触种衣剂，严禁吸烟和饮食，避免直接接触药液，防止药液由口鼻吸入。施药后应及时清洗手、脸及身体被污染部分和衣服。

2）种子包衣和播种等用药过程中不得饮食，用药后应用大量清水和肥皂清洗手、脸及其他可能接触到药剂的身体部位。

3）种子应集中包衣，包衣车间要通风良好或者在室外露天进行。

11.3.5.2 种子安全

种衣剂包衣后的种子严禁人畜食用。包衣种子在晾干过程中必须有专人看管，特别要远离儿童，以防止儿童误食中毒。播种后应立即覆土，以免鸟类和畜禽误食。

11.3.5.3 避免环境污染

1）使用种衣剂和清洗药具时应注意避免污染水源、蜂场及蚕室。

2）用过的空包装经清洗后压烂或划破并深埋处理，严禁重复使用或改作其他用途。

3）装盛包衣种子的用具如袋子、盆、篮等必须用清水洗净后再做他用，且不宜装盛食物、饲料等物品。清洗后的水严禁倒入河流、水塘、水池、井边，可以倒在田间、树根旁，以防污染饮用水源，造成人畜中毒。

4）鸟类保护区附近禁用种衣剂包衣种子。

5）种衣剂包衣的种子播种出苗后，禁止利用间下来的苗喂牧畜、家禽，在田间发现死虫、死鸟等时，应集中深埋，防止家禽、家畜误食而发生二次中毒。

11.3.5.4 中毒急救

1）避免药剂与皮肤、眼睛直接接触，一旦接触，应用大量清水冲洗 10 min 以上。

2）如因疏忽或误用而发生中毒现象时，立即携药剂标签就医，对症治疗。

11.3.5.5 储存和运输

1）种衣剂应以原包装放在牢固密闭的容器内，贴上标签，有专人保管，放置于阴凉、干燥、通风处及儿童和无关人员触及不到的地方。

2）储存过程中避免阳光直接照射，远离火源、热源，勿与食品、饮料、饲料、肥料等其他商品同贮同运。

3）药剂搬运及运输过程中，要轻拿轻放。运输中应注意防雨、防潮，远离火源、热源。

11.4　展　　望

目前，我国大豆种衣剂的研究起步较晚但发展较快。目前我国研制的大豆种衣剂大多是悬浮型，由于配方和加工技术的原因，多出现分层、沉淀和包衣不牢固等现象，因此储存和使用不便甚至出现药害。同时，因技术水平不高、加工助剂不先进，使产品质量合格率不高，杂质多。种衣剂由于质量问题而抑制出苗的事件时有发生。根据不同区域土壤、气候、病虫害情况及土壤中有害病菌类别、作物栽培模式，应开展专用型种衣剂配方的研发。如研制开发蓄水抗旱与病虫兼治的种衣剂，不仅可以解决田间种子发芽率低、出苗不齐等问题，而且能有效地防治种传和土传病虫为害，达到抗旱保苗、防病治虫及增产增收的目的。

随着人们环保意识的增强以及对食品安全性要求的提高，高效、低毒、低残留种衣剂的开发、研制、筛选和使用，已成为农业生产发展的必然趋势和新的研究领域。目前，以天然高分子多糖为代表的种衣剂正在崛起，以含天然高分子多糖等的海洋生物资源和野生植物资源为突破点，研究开发新型环保型大豆种衣剂有广阔的应用前景，其将成为未来大豆种衣剂的发展趋势。

（王红卫）

第 12 章 花生种衣剂及其安全使用技术

花生（*Arachis hypogaea*）或落花生是一年生豆科植物。花生是重要的油料作物，富含生物活性成分，包括酚类、黄酮类、多酚和白藜芦醇。此外，花生种子富含多种维生素、碳水化合物、蛋白质、必需脂肪酸、矿物质和具有多种医学重要性的生物活性化合物（Davis et al.，2016）。我国花生产区相对集中，很多地方已经形成传统的优势花生种植产业，花生主产区常年连作、秸秆还田等因素导致花生茎腐病、果腐病、白绢病等土传病害及金针虫、蛴螬等地下虫害发生加重，致使花生产量降低、品质变差。我国受土地资源、气候条件等因素制约，防治花生土传病害、虫害是花生生产上的长期难题。农药在防治病虫害造成的作物损失方面发挥着非常重要的作用，种子包衣剂、微肥、激素、缓慢释放剂、载合剂等可用于处理种子或整株作物（Zeng et al.，2010），提高花生种子发芽率，促进幼苗生长，提高产量和质量。近年来随着拌种剂、种衣剂生产技术的不断进步，新型助剂、成膜剂的使用，花生种衣剂在花生生产上的推广应用越来越普遍，并逐渐产业化。种衣剂用量对花生土传病虫害、产量和品质及其构成因素有显著影响。适当的种衣剂拌种和合适的前茬能够有效控制花生土传病虫害的发生，但是用量、方法等不当，将会引起种衣剂的副作用。

12.1 花生种衣剂的主要种类及应用情况

我国使用种子处理剂的历史悠久，从 20 世纪 50 年代开始推广浸种、拌种等技术来保护种子的正常发育，但是由于花生是双子叶植物，很容易产生药害，花生种衣剂及其种子处理技术相对于小麦、玉米等禾本科作物，发展相对落后。

20 世纪 70～80 年代，美国等发达国家在种衣剂方面进行了大量研究，种衣剂在花生、蔬菜及花卉、苗木与牧草等农作物上得到广泛应用。世界各大农化公司研发出了许多新型高效的拌种剂、种衣剂产品，如吡虫啉悬浮种衣剂及咯菌腈、苯醚甲环唑等。我国花生种衣剂于 20 世纪 80 年代进入田间试验示范，到 90 年代逐步推广应用。王荣芬（1987）连续两年对花生等作物种子进行了包衣试验，证实了种衣剂的化学保护效果。于善立等（1988）进行化学药剂浸种防治试验，证实了种衣剂对蚜虫的防治效果，同时，种衣剂拌种还能兼治地下害虫、蓟马以及花生线虫病害。李子臣和李仁华（1987）研究表明，花生种衣剂对防治蚜虫有特效，并且增产显著。1989 年 4 月，北京农业大学与天津市农林局合作，在天津西郊建设天津市北方种衣剂中试厂（张兆芬，1989），该厂生产的可用于花生的种衣剂有种衣剂 3 号和种衣剂 4 号-2。虽然我国花生种衣剂发展迅速，但与国外发达国家如欧洲国家及美国相比，花生种衣剂应用规模较小。目前，国内花生种植规模稳定增长，花生种衣剂的研发和市场前景广阔。

12.1.1　花生种衣剂的主要种类

我国花生的种植区域以长江为界，可分为北方花生产区和南方花生产区。由于花生性喜温暖不耐低温，发芽出苗的有效积温比较高，尤其在北方花生产区普遍面临着低温干旱问题，而在南方产区容易发生涝灾，易出现生产的花生黄曲霉素含量高等不利情况。为此，相继开发出活力增强剂、无机环境防护剂及抗旱、抗涝、防寒等多功能花生种衣剂。周国驰（2018）通过研究渗透调节物质、无机盐和植物生长调节剂 3 类外源物质浸种，筛选出最适外源物质种类和浓度，并复配制成花生专用抗寒剂，应用于大田生产。有些花生品种出苗期不耐低温和高湿，种衣剂可显著地提高这些花生品种在低温高湿条件下的出苗株数和出苗指数（王传堂等，2021）。特殊材料的种衣剂能够在"倒春寒"易发的东北早熟花生产区和北方大花生产区推广应用。庄伟建等（2003）研究不同种衣剂对花生种子活力的影响，筛选出适合我国南方花生产区应用的种衣剂。

花生种衣剂可以分为杀菌种衣剂（11%精甲·咯·嘧菌悬浮种衣剂）、杀虫种衣剂（600g/L 吡虫啉悬浮种衣剂）和杀虫/杀菌种衣（24%苯醚·咯·噻虫悬浮种衣剂）。随着花生生产的需求，多功能的花生种衣剂逐渐成为花生种衣剂的研发重点。如谢文娟等（2015）在环保型花生种衣剂中加入不同浓度组合的助剂，根据花生发芽率和幼苗病虫害防治效果筛选出最佳种衣剂配方。

12.1.2　花生种衣剂的应用情况

（1）种衣剂对花生种子萌发和出苗率的影响

种衣剂的使用对促使良种标准化、丸粒化和商品化，提高种子质量，保证苗齐、全、壮，节省种子，综合防治病虫草鼠害及缺素症，促进生根发芽，刺激植株生长，提高产量等均有积极作用。渠成等（2017）研究了 60%吡虫啉悬浮种衣剂、70%噻虫嗪种子处理可分散粉剂、20%噻虫胺悬浮剂、30%辛硫磷微囊悬浮剂、30%毒死蜱微囊悬浮剂 5 种药剂对花生拌种受土壤温湿度影响的安全性。结果表明，在 25℃和 30℃下，吡虫啉、噻虫胺、噻虫嗪、毒死蜱使用田间推荐剂量拌种在 60%和 80%土壤相对湿度下对花生的安全性均较高，出苗率均在 85%以上，并且新烟碱类药剂吡虫啉、噻虫胺、噻虫嗪对花生地下根茎生长有明显的促进作用，而辛硫磷田间推荐剂量拌种对花生出苗有轻微的抑制作用。当 5 种药剂使用加倍推荐剂量拌种时，在 25℃和 30℃条件下，除吡虫啉和噻虫胺外，其余 3 种药剂在 60%土壤相对湿度下均不同程度地抑制花生出苗和生长，其中噻虫嗪的抑制作用最明显；在 80%土壤相对湿度下，5 种药剂均显著抑制了花生出苗及幼苗生长。

（2）微量元素在花生种衣剂中的作用效果

花生在不同生长阶段对微量元素有不同的需求，且不同地区的土壤状况也并不相同，因此，在配制种衣剂时，根据花生的属性以及地区土壤的特性，添加不同的微量元素，促进花生的发芽与生长。在农业生产中，施用微量元素的方法一般是叶面喷施和地下根部直接施用。两种方法各有其局限性。慕康国等（1996）通过特殊工艺与有关种衣剂配套助剂配合，在花生种衣剂中加入离子态锌、铁微量元素，利用种衣剂的缓释功能，从而找到一种利用种衣剂简便、经济有效地施用微量元素的方法。采用室内培养试验，选用不同浓度壳聚糖和不同种类的微量元素（铁、锌、铜、锰），对花生种子进行包衣处理，研究不同浓度壳聚糖和微量元素种类对花生种子发芽势、发芽率、幼苗生物量、根与子叶种衣剂残留物质量的影响。结果表明，壳聚糖浓度对花生种子的发芽势和发芽率有影响，其浓度过高或过低均降低种子发芽率和发芽势。微量元素对花生种子的发芽率、发芽势和幼苗生物量积累均有促进作用，且效果明显。近些年花生大规模连续种植的区域增大，土壤微量元素缺乏日益严重。地下直接施用时，离子态微量元素化合物（如硫酸锌、硫酸亚铁等）易被土壤中的阳离子交换吸附，从而降低其有效性。李金玉（1996）通过特殊工艺与有关种衣剂配套助剂配合，在花生种衣剂中加入螯合态及离子态两种形态的微量元素，利用种衣剂的缓释功能，通过田间试验发现，螯合态与离子态微量元素在花生种衣剂中的作用效果差异不显著，离子态微量元素略优于螯合态微量元素，种衣剂中加入1%的离子态锌或加入1%的离子态锌及1%的离子态铁均能够增产增收。

由于花生自身的特点，作为花生种衣剂的农药种类不是很多。依据中国农药信息网（China Pesticide Information Network）的不完全统计，花生种衣剂登记产品有 92 种，主要成分有吡虫啉、噻虫嗪、精甲霜灵、咯菌腈、嘧菌酯、克百威、吡唑醚菌酯、硫双威、呋虫胺、福美双、萎锈灵等。

噻氟酰胺又叫噻氟菌胺，属于噻唑酰胺类杀菌剂，具有强内吸传导性和长持效性。噻氟酰胺对丝核菌属、柄锈菌属、黑粉菌属、腥黑粉菌属、伏革菌属、核腔菌属等致病真菌均有活性，尤其对纹枯病、立枯病等有特效。其主要作用机理是抑制病菌三羧酸循环中的琥珀酸脱氢酶，导致菌体死亡（杨阳，2020）。宋敏等（2021）评价了 21%噻氟酰胺·咯菌腈·嘧菌酯悬浮种衣剂对花生白绢病的田间防治效果，结果显示 21%噻氟酰胺·咯菌腈·嘧菌酯悬浮种衣剂 40 g a.i./100 kg 种子、48 g a.i./100 kg 种子 2 个处理的防效分别为 74.97%～80.80%和 77.81%～83.71%。

噻虫胺是新烟碱类中的一种杀虫剂，是一类高效安全、选择性高的新型杀虫剂，其作用与烟碱乙酰胆碱受体类似，具有触杀、胃毒和内吸活性。其是主要用于水稻、蔬菜、果树及其他作物上防治蚜虫、叶蝉、蓟马、飞虱等半翅目、鞘翅目、双翅目和某些鳞翅目类害虫的杀虫剂，具有高效、广谱、用量少、毒性低、持效期长、对作物无药害、使用安全、与常规农药无交互抗性等优点，有很强的内吸和渗透作用，是替代高毒有机磷农药的种衣剂品种。其结构新颖、特殊，性能与传统烟碱类杀虫剂相比更优异，有可能成为世界性的大型杀虫剂品种（李明，2015）。曹海潮等（2019）评价了 30%噻虫胺·吡唑醚菌酯·苯醚甲环唑悬浮种衣剂对花生生长的安全性及防治花生土传病害和害虫的应用潜力。结果显示，种衣剂对花生冠腐病的防治效果分别为 95.16%、97.98%、98.79%，对花生根腐病的防治效果分别为 90.97%、92.26%、92.90%，对花生蚜（*Aphis medicaginis*）的防治效果分别为 79.74%、92.48%、94.13%，对地老虎与花生茎腐病的防治效果分别为 93.33%与 87.29%，且防治效果表现为随药剂剂量的增加而提高。许传波（2020）选用适乐时悬浮种衣剂、土壤调理剂进行花生果腐病防治试验，用适乐时悬浮种衣剂

900 mL/hm² 或土壤调理剂 750 kg/hm² 改良土壤，都能有效防治花生果腐病，防治效果分别达 21.4%、27.6%，双重处理的防治效果更好。

丙硫菌唑（prothioconazole）是三唑硫酮类杀菌剂，为甾醇脱甲基化（麦角甾醇生物合成）抑制剂，具有很好的内吸作用，具优异的保护、治疗和铲除活性，持效期长，对作物安全。用 12%种衣剂（丙硫菌唑+吡唑醚菌酯）120 mL 包衣 12 kg 花生种子，对花生病害的控制作用明显，对花生根腐病、白绢病的防效均在 80%以上，花生叶斑病病叶率降低，且对花生生长安全。黄均伟（2008）用 6%辛硫磷·多菌灵悬浮种衣剂防治花生病虫害，可有效地防治花生地下害虫和茎腐病，对叶斑病无效。蛴螬是我国花生生产中最主要的害虫，主要有暗黑金龟甲、大黑金龟甲、铜绿金龟甲 3 种，以暗黑金龟甲的危害最重。为高效防治花生蛴螬，谢吉先等（2012）用 3%辛硫磷颗粒剂、600 g/L 吡虫啉悬浮种衣剂、30%毒死蜱微胶囊悬浮剂、5%氯虫苯甲酰胺悬浮剂、40%毒死蜱乳油和 40%辛硫磷乳油来筛选防治蛴螬的最佳方法。结果表明，不同种衣剂拌种对花生蛴螬均有一定的防治效果，其中用 600 g/L 吡虫啉悬浮种衣剂 450 mL/hm² + 5%氯虫苯甲酰胺悬浮剂 675 mL/hm² + 水 7500 g/hm² 摇匀后混合拌种 225 kg，防治效果最好。

（3）花生种衣剂对产量构成因素的影响

影响花生产量的因素主要是气象生态因素、农田土壤条件及相关病害。甄志高等（2004）研究表明，种衣剂能降低花生植株的株高，但地上部分的重量仍保持较高水平，因此提高了植株的健壮度，有利于壮苗的形成，提高了花生产量。我国有些花生产区有红壤旱地，土壤瘠薄、酸度大，春夏湿害和秋季旱害多发，所以采用地膜覆盖的方式来种植花生。李林等（2003）开展了花生种衣剂拌种与地膜覆盖试验，种衣剂拌种和出苗期盖膜均能明显提高花生成苗率、百果重和荚果产量等，二者具有一定的正向互作效应。在酸性红壤条件下，出苗期盖膜与全生育期盖膜处理比较，单株饱果数、百果重、百仁重等性状值均较高，花生增产 15.8%。张成玲等（2013）为了探明咯菌腈等多种杀菌剂对花生根茎部病害的防治效果和对花生产量的影响，利用咯菌腈等 8 种药剂进行拌种处理和用敌磺钠等 3 种药剂进行喷雾处理，采用大田小区试验法测定各药剂的防病和增产效果。结果表明，60 g/L 戊唑醇悬浮种衣剂和 25 g/L 咯菌腈（适乐时）悬浮种衣剂处理的花生小区产量最高，25 g/L 咯菌腈（适乐时）悬浮种衣剂和 60%百泰（吡唑醚菌酯）水分散粒剂处理的花生出苗率最高。

（4）生物花生种衣剂的作用

王亚军等（2015）将解淀粉芽孢杆菌 BI2 发酵产生的抑菌物质作为新型种衣剂的有效成分，与研制的复合型成膜剂溶液混合，制成可抑制黄曲霉孢子萌发的花生种子包衣。选用 4%聚乙烯醇（PVA）与 1.5%羧甲基纤维素钠（CMC-Na）以体积比 5:1 混合作为种子包衣最佳成膜剂配方，经过包衣后对花生种子的发芽势和发芽率没有显著影响。含有抑菌物质的发酵液冻干粉的酸碱稳定性和热稳定性均较好，其抑制黄曲霉孢子萌发的最小质量浓度为 1.92 mg/mL。在与花生种子混合时，发酵液冻干粉在成膜剂中的含量达到 4 mg/mL 时，黄曲霉孢子萌发完全被抑制。

哈茨木霉作为一种生防菌，可以用来防治花生土传病害，如镰孢菌引起的果腐病、根腐病和茎腐病及齐整小核菌引起的花生白绢病。肖密等（2015）研究表明，哈茨木霉和丁硫克百威混合拌种，可以提高花生分枝数，保护并促进荚果形成，减少虫害、坏芽、烂果，进而提高饱果数和百果重，增加花生产量。花生种子发芽吸胀期是影响发芽势的关键，而吸胀期又是种子发芽的敏感时期，诸葛龙等（2003）设计和研制了菌肥复合型20%花生种衣剂（20%绿野花生种衣剂），试验结果表明，20%绿野花生种衣剂包衣处理的花生种子发芽势虽有所降低，但发芽率明显提高，发芽指数、活力指数均有显著提高，尤其是包衣种子具有防止种子霉变、提高成芽率的显著功能。

12.2　花生种衣剂应用中的主要问题或副作用

花生种衣剂是以种苗为保护对象和以种苗病虫为防治靶标以及以壮苗为目标的包衣技术。不同的花生种衣剂目标不同，如防菌杀虫种衣剂、防治线虫种衣剂和微生物制剂及微肥种衣剂等。近年来，为了提高花生的种植产量和产值，生产上大量使用了花生种子包衣技术，它是一项低成本、高效益的实用技术。然而，如果花生种衣剂选择和使用不当，往往会造成田间播种缺苗现象，甚至达到大面积烂苗、毁种程度，使农业生产遭受严重损失。目前，种衣剂应用在花生生产上存在的主要问题包括以下几个方面。

12.2.1　花生种子和种衣剂选用不当

花生是双子叶作物，种衣比较薄，容易受到损伤，所以应选择饱满完整、抗逆性强、发芽势强、拱土能力强的种子。目前的种衣剂不能包治所有种传、土传病害，在生产上表现为盲目使用，不能针对不同作物的病虫害选择剂型，是防效较差的主要原因。

12.2.2　不能严格控制使用剂量

花生种子处理剂在正常情况下使用是安全的，但如果随意添加其他成分、剂型选择不合理、有效成分超量使用等都会带来副作用风险。包衣花生种子贮藏性能受含水量和药剂比例的影响较大，含水量高及用药量过大都可能导致包衣种子发芽率下降。另外，土壤湿度过大或过小、低洼盐碱地或黏重土壤、覆土过深或过浅、气温过低等，都可能造成种衣剂副作用，影响包衣种子的正常生长。

12.2.3　种衣剂产品技术落后，产品结构不合理

目前，我国种衣剂产品与发达国家相比，在产品理化性状、悬浮性、稳定性等方面有较大差距，影响有效成分的发挥及商品性。同时，国内种衣剂企业的产品技术基本处于同一水平，企业规模小而分散，种衣剂生产、销售较为混乱，且非法销售比例很大，严重影响了种衣剂市场的健康发展。

12.3　花生种衣剂的安全使用技术

花生种子包衣是花生栽培的重要手段之一，是实现种子标准化、产业化的主要途径。

种衣剂具有明显的杀灭地下害虫、防治种子带菌和苗期病害、促进种苗生长发育、改善作物品质、提高种子发芽率、减少种子使用量、提高产量等作用。在使用花生种衣剂时应注意以下问题。

12.3.1　针对作物苗期病虫害选择有针对性的种衣剂

我国现在应用的各作物种衣剂基本上是广谱、通用性种衣剂,这些种衣剂缺乏针对性。前茬栽培作物、病虫害发生和种子带菌情况等不同,使用种衣剂所要达到的目标也不同,花生种衣剂应选择以防治地下害虫为主的杀虫剂种衣剂。若盲目选择种衣剂,不仅达不到使用种衣剂的目的,还会造成浪费和环境污染。

12.3.2　应选用有信誉企业生产的种衣剂

种衣剂种类繁多,产品质量参差不齐,市场不规范,配方多种多样,甚至成分、含量有多有少,常给农业生产造成损失。因种衣剂使用以后不能很快看出效果,有的企业为降低成本,在配方上做文章,采用低成本的配方,甚至只是简单混合某种杀虫剂和染料,这类种衣剂实际上是含有染料的杀虫拌种剂,根本无法起到病虫兼治、促进壮苗的作用。因此,要选用合格的种衣剂产品。购买时要仔细辨别产品标签,仔细检查产品的农药登记证号、农药生产许可证号、产品标准号,避开"三证"不全的劣质产品。还要查看产品成膜好坏,好的成膜剂成膜快、膜质均匀、不脱落、透水、透气,而劣质种衣剂无成膜剂或成膜性差(用手一搓就掉),易闷种、烂种、烧种,还容易发生药害,影响出苗。

12.3.3　种衣剂不可随意混用、多用、少用和滥用

花生是双子叶作物,更容易受到种衣剂的药害,所以应特别严格按照花生种衣剂的使用说明操作,防止出现药害。尤其超量使用种衣剂使种子受药害较重,影响种子透气、透水和正常吸水、吸胀以及生根发芽,甚至导致不能正常出苗。有些种衣剂成分复杂,对花生敏感的成分较多,使用不当就会使种子发芽受到影响,长时间不能拱土,即使拱土幼苗也生长成小老苗,严重影响花生产量。种衣剂来自化学合成,有些化合物本身是花生外源激素,若过量使用往往会抑制花生的生长发育,造成种芽肿胀、变形、扭曲,甚至发生药害;若减量使用则防病治虫效果差,难以达到预期目的。一般是浓度越高影响越大,这可能是因为具生物活性的化学药物造成花生种子吸胀损伤。使用前要将药剂摇匀,严格按照产品说明使用,用量要准确,不得随意更改用量。种衣剂剂型固定,是直接用于花生种子包衣处理的,不可加水、化肥或农药等物质,以免造成种衣剂药效丧失及毒性变化。

12.4　展　望

目前,我国花生种衣剂的研究起步较晚,但发展较快。但是花生种衣剂要求高,现

有花生种衣剂仍存在诸多缺陷，主要表现在包衣率低、种衣易脱落、衣膜易溶于水、活性成分易淋失；包衣种子发芽慢、发芽率低；缺乏针对性、药效低、成本高；包衣种子难以安全贮存。与传统种子带壳贮藏相比，花生种子脱壳包衣后种仁的环境发生了较大变化，一方面失去了果壳的保护作用，另一方面，种衣剂长时间与种仁接触，有可能引起种仁活力的改变，导致生活力下降，甚至丧失生命力。因此，应研究使花生包衣种子保持活力的环境条件、活力衰减规律等，建立包衣种子保活贮藏技术。

目前，应加强花生环保种衣剂剂型的研发，发展缓释剂型，延长持效期，解决种衣剂有效成分含量低、含水量高、黏度大、容易结块成团等问题，减少有机溶剂的使用，提高花生种子处理剂的安全性。随着国际有机农产品市场的不断发展以及人们对绿色和健康观念的不断深入，农药市场整体朝无害化发展，全球对无化肥副作用的农产品以及无污染的生物制品的市场需求日益增长，花生生物种衣剂的生产和发展前景十分广阔。

（高　飞）

第 13 章　中药材种衣剂及其安全使用技术

随着人们健康意识的增强，人们对中药材及其衍生产品的需求越来越大，作为原料供应保障基础的中药材产业得到了快速发展。2017 年 12 月第四次全国中药资源普查数据表明，人工种植的中药材约 746 种，其中，甘草、金银花、黄芪等常用大宗中药材品种的人工栽培已成规模，且建立了完善的生产加工技术体系。截至 2020 年底，全国中药材种植面积约 8939 万亩。人工种植已经成为中药材供应的主要方式，为我国提供了大量的优质道地药材。

中药材种植需要大量的种质资源，中药材种质资源是指具有实用或潜在实用价值的任何含有遗传功能的材料，可用于中药材保存与利用的一切遗传资源。其表现形态主要包括活体材料（种子、种苗等繁殖材料）、离体材料（悬浮细胞、原生质体、愈伤组织、分生组织、芽、花粉、胚、器官等）、药材、植物标本、基因及基因组信息等（赵小惠等，2019；张俊等，2011）。其中，种子和种苗等活体繁殖材料是中药材种质资源的主要表现形态，中药材产业的快速发展离不开中药材种子、苗木的"后勤保障"（杨波，2017）。在中药材种植过程中，除种质资源外，生产上面临的最现实的问题是病虫害防控问题，尤其是种传病害和连作及土传病害。通过在种衣剂和丸粒化材料中添加杀虫剂、杀菌剂与除草剂对种子进行包衣处理，其可在种子表面固化成膜成为种衣，种衣在土壤中遇水只能吸胀而几乎不会溶解，从而使药剂等物质逐步释放，可以有效地防治中药材的病虫草害。种子包衣技术既可以实现种子带肥、带药下田，起到保苗壮苗、调节植物生长的目的，也为大部分种子实现机械化精量播种创造了条件，可达到"两减一增"的目的（王海鸥等，2006）。

13.1　中药材种衣剂的主要种类及应用情况

13.1.1　中药材种衣剂的主要种类

中药材种衣剂按照用途可分为专用种衣剂（如黄芪专用型种衣剂、半夏微囊缓释悬浮种衣剂、茅苍术种衣剂、红花种衣剂、桔梗种衣剂、甘草种衣剂等）和多功能种衣剂（如以一定质量分数的杀虫剂、杀菌剂、营养成分和生长调节剂为有效成分的种衣剂）；按使用时间可分为现包型种衣剂（如防治人参立枯病的人参种衣剂、防治甘草立枯病的甘草种衣剂）和预包型种衣剂（如红花种衣剂）；按剂型可分为悬浮型种衣剂、悬乳剂、水乳剂、水剂、干悬浮剂、微粉剂等，如咯菌腈悬浮种衣剂和 0.6%多菌灵可湿性粉剂等；按种衣剂处理后种子形状是否改变可分为薄膜种衣剂（如黄芪、红花、紫苏、人参等种衣剂）和丸化种衣剂（如丸粒化甘草、矮牵牛、防风、党参、桔梗种子）（陈红刚等，2017；黄华等，2017；姚东伟和李明，2010；范文艳等，2010）。

13.1.2 中药材种衣剂的应用情况

依据中国农药信息网（China Pesticide Information Network）的不完全统计，截至 2018 年 12 月 31 日，仅有 1 种中药材（人参）进行了种衣剂农药产品登记，登记产品有 2 种，即噻虫·咯·霜灵（PD20150729）和咯菌腈（PD20050196），噻虫·咯·霜灵是悬浮型杀虫剂/杀菌剂，可防治金针虫、疫病、锈腐病、立枯病等；咯菌腈是杀菌剂，主要防治立枯病。生产企业为瑞士先正达作物保护有限公司。目前，中药材种植以种子为繁殖材料的品种较多，中药材种衣剂的研发具有很大的市场前景。

（1）促进种子萌发，提高出苗率

中药材种子包衣处理不仅可以促进种子的萌发，还可以提高种子的平均发芽率和发芽势，如黄芪种子包衣处理后平均发芽率和平均发芽势分别比未包衣处理的高 46.54% 和 20.66%（王宝秋，2010）；经黄芪专用型种衣剂处理后，种子的发芽率和出苗率分别高于对照 2.67% 和 8.83%（马伟等，2009）。依德萍等（2013）研究证明，噻虫嗪、丁戊·福美双种衣剂能够明显提高桔梗种子的发芽率；俞旭平等（2001）研究发现，桔梗种子经种衣剂处理后田间出苗率增加，出苗比较整齐，壮苗比例提高，平均出苗率高于对照 9.5% 以上。红花种衣剂能显著提高红花的出苗率，平均高于对照 18.1%（陈君等，2003）。沈奇等（2018）研究发现，用低浓度 28.08% 噻虫嗪、0.66% 咯菌腈、0.26% 精甲霜灵三元复配种衣剂处理紫苏种子，每千克种子添加 16 mL 种衣剂，可提高紫苏种子的发芽率和萌发活力，也可提高种苗活力，增加幼苗生长速度，提高大田成苗率。曾颖苹（2012）研究发现，由蔗糖 3.0%、ABA 1 mg/L、活性炭 0.5%、多菌灵 3.0%、海藻酸钠 3.0% 组合制作的种衣剂，对以铁皮石斛未萌发原球茎、萌发原球茎为繁殖体的人工种子进行包衣处理，其萌发率和成活率均显著提高。范文艳等（2010）研究表明，复合型丸粒剂可有效改善防风种子的萌发，防风种子经复合型丸粒剂处理后，发芽率为裸种子的 1.39 倍。丹参种衣剂能够促进丹参种子的萌发和幼苗生长，还可以增强幼苗的抗旱性（黄文静等，2018a）。种子包衣处理能够显著提高新疆紫草的出苗率、保苗率及当年的生长量，并使其较快地进入真叶盛期（庞克坚等，2005）。麻黄种子经药剂包衣处理育苗能显著提高麻黄的成苗率，促进幼苗生长，从而提高麻黄育苗产量和质量（李和平和刘珊，2000）。

（2）中药材病虫害的防治作用

研究发现，黄芪种衣剂可有效降低根腐病的病情指数，防治效果可达 50.38%，同时，对小地老虎和蚜虫都有明显的防治效果（孔祥军等，2014b；王宝秋，2010；马伟等，2009）；红花种子包衣对红花苗期蚜虫、病毒病和锈病都有一定的防治作用（陈君等，2003）；用 28.08% 噻虫嗪、0.66% 咯菌腈、0.26% 精甲霜灵三元复配种衣剂 16 kg/mL 处理紫苏种子奇苏 2 号和奇苏 3 号，与对照组相比，其锈病、白粉病及根腐病的发病率都显著降低（沈奇等，2018）；35% 吡多福悬浮种衣剂按药种比（包衣剂质量∶种子质量＝1∶100）包衣紫苏种子，可显著提高紫苏生物产量和抗病虫性（黄文静等，2018b）；使用剂量为有效成分 100～340 g/100 kg 噻虫·咯·霜灵的 25% 悬浮种衣剂对人参种子进行处理，对人参苗期疫病有很好的防治效果，为 66.13%～77.02%，且对人参植株安全无药害（杨丽娜等，2015）。

（3）对中药材的促生作用

张浩等（2014）研究了甘草种衣剂对一年生甘草根长、根干重的影响，结果表明，经过甘草种衣剂处理后可促进甘草的根部生长，增加甘草的根干重，还可以增强甘草的根系活力，提高甘草根系吸收水分和矿质营养的能力，增强呼吸作用，进而为甘草根系的发育和地上部分的生长发育提供充足的物质与能量。甘草种衣剂包衣处理后，甘草的株高、茎粗、根粗、根长、根干重、根体积、茎干重、叶干重、叶面积和壮苗指数均显著提高，说明甘草种衣剂的使用可以提高甘草的品质与产量（杨慧洁等，2014）。

黄芪种衣剂在黄芪生长的第二年仍然可以增加黄芪的根粗与主根体积，提高中药材黄芪的产量（刘秀波等，2010）。马伟等（2009）研究发现，黄芪种衣剂包衣处理后，可明显增加黄芪的根粗及主根体积，显著提高黄芪主根和茎的干物质量，改善黄芪的质量和品质。黄芪种衣剂可以增加黄芪的根粗和主根体积，在一定程度上还可提高黄芪药材有效成分——黄芪甲苷的含量（姜波，2009）。

红花种子使用主要成分为吡虫啉、三唑醇、多菌灵、代森锰锌、病毒 A、植物生长调节剂等的种衣剂，以 1∶20 的药种比进行包衣，红花的苗期生长量、鲜重和株高都有明显提高（陈君等，2003）。沈奇等（2018）使用 28.08% 噻虫嗪、0.66% 咯菌腈、0.26% 精甲霜灵三元复配种衣剂处理紫苏种子，结果表明，种衣剂处理后紫苏种子的大田产量显著提高，且在单株生物量及主要产量构成性状上均有提高。俞旭平等（2001）研究发现用由邻硝基苯酚钠、对硝基苯酚钠和 5-硝基邻甲氧基苯酚钠组成的 8% 水剂以及 15% 多效唑可湿性粉剂对白术种子进行包衣处理后，可显著增加幼苗的鲜重和干重。

（4）对中药材品质的影响

张浩等（2014）研究了甘草种衣剂对一年生甘草中甘草酸含量的影响，结果表明，甘草种衣剂可以提高甘草中的甘草酸含量，同时也可以提高甘草的叶绿素含量、硝态氮含量、蛋白质含量和可溶性糖含量。刘秀波等（2010）研究了黄芪种衣剂对二年生黄芪品质的影响，结果表明，两种黄芪种衣剂可以显著改善黄芪药材品质，各处理均可提高黄芪甲苷、总黄酮和总皂苷含量。

13.2　中药材种衣剂应用中的主要问题或副作用

种衣剂包衣后可有效防治多种中药材病虫害，促进种子发芽和出苗，提高中药材品质。但种衣剂中的农药成分和成膜剂也可能对种子和幼苗产生副作用，尤其是高浓度过量使用或者不当使用，不仅会对中药材造成药害，而且影响产品质量、环境和生态安全。

13.2.1　抑制中药材种子发芽率和发芽势

种衣剂成膜剂如果选择不当，尤其是包衣膜太厚时，包衣处理会影响种子的吸水萌动。种衣剂的过量使用，如浓度过高或者用量过大，都会对种子发芽产生抑制作用。佟莉蓉等（2020）研究发现，单粒种子种衣剂含量过高可对达乌里胡枝子种子萌发产生抑制作用；沈奇等（2018）研究结果表明，用 25 g/L 咯菌腈、10 g/L 精甲霜灵种衣剂，当剂量达到 64 mL/kg 时，紫苏种子发芽率呈现下降的趋势，说明过量使用种衣剂对紫苏种子萌发有抑制作用。陈君等（2003）试验结果显示，不同种衣剂、不同药种比的包衣红花种子发芽势、发芽率均等于或低于对照，说明种衣剂对红花种子的发芽有一定的抑制作用；当药种比大于 1：50 时，种子发芽率、发芽势和活力指数均低于对照，说明高剂量的种衣剂对紫苏种子萌发有抑制作用（黄文静等，2018b）。

13.2.2　延缓中药材出苗历期，抑制幼苗生长

种子萌发除自身条件外，还需要温度、充足的氧气和水分。研究发现，含有三唑类杀菌剂的种衣剂包衣时使用量大或包衣不均匀，会造成种子缺水、缺氧，以致出苗迟缓、苗弱、长势差。尤其是播种后，遇到低温、干旱、土壤湿度过大等不良环境条件时，包衣种子出苗历期明显延长，种衣剂副作用加重，种子不发芽或出苗率明显下降，严重影响幼苗生长。种衣剂剂量过大降低了紫苏幼苗的活力指数，抑制了幼苗的生长（黄文静等，2018c）。

13.2.3　对中药材品质的影响

沈奇等（2018）对 2 个紫苏品系的种子进行含油量及脂肪酸成分分析，发现经种衣剂处理后的种子含油量略低于未经种衣剂处理的种子，但差异尚没达到显著水平。

13.2.4　对中药材产生药害的症状

高剂量的种衣剂抑制了紫苏幼苗叶片叶绿素的合成，降低了幼苗的生长速率并产生药害；极高剂量（药种比 1：25）包衣剂会对紫苏种子产生药害，药剂浓度超出种子耐受限度，导致紫苏幼苗抗氧化酶系统紊乱并失去作用，植株生长缓慢（黄文静等，2018b）。

13.3　中药材种衣剂的安全使用技术

13.3.1　人参种衣剂的安全使用

人参（*Panax ginseng*）是五加科人参属多年生草本植物，野生人参主要分布在黑龙江、吉林、辽宁和河北北部，在吉林、辽宁栽培甚多，河北、山西有引种。人参以肉质根和根茎入药，具有大补元气、补脾益肺、生津养血、安神益智的功效。人参生产上的病虫害发生十分严重。最常见的病害有人参立枯病、人参斑点病、人参疫病和人参菌核病等，其中苗期病害主要是猝倒病、立枯病和锈腐病；常见的地下害虫主要有蛴螬、蝼蛄、金针虫和地老虎等。

（1）种子的选择及预处理

人参主要的繁殖方式为种子繁殖。种子宽椭圆形，略扁，表面黄白色，粗糙，背侧呈弓状隆起，两侧面较平，有纵沟，腹侧平直或稍内凹，基部有一小尖突，上具一小点状吸水孔。种子千粒重约 27 g，较大者可达 40 g 以上。选种时，一般选择植株较为粗壮、结籽较多、抗逆性强、无病虫害、长势良好的 5 年生人参植株的种子。人参种子选择标准为大小均匀、无病无伤、开口率在 90%以上。

（2）种衣剂的选择

人参种衣剂是以种子为载体，借助成膜剂将杀菌剂、杀虫剂、营养元素、植物生长调节剂和着色剂等包裹在种子外面，使种子基本保持原有形状的一种包衣方法。人参种植时防治金针虫，立枯病，疫病、锈腐病选用悬浮型种衣剂噻·咯·霜灵；防治立枯病，选用悬浮种衣剂咯菌腈。种子包衣后，能够打破种子休眠，促进根系生长，诱导人参植株产生抗性，防治病害，增加营养元素供给，促进生长和提高产量。

（3）种衣剂安全使用操作规程

以制备 100 kg 人参种衣剂为例。①原料准备：在混合器中，用 6.0 kg 1.5%的乙酸（50℃）溶解 2.0 kg 壳聚糖，再加入浓度为 0.1%的单甘脂水溶液 30 kg，接着称取氯化胆碱 4.0 kg，咯菌腈、复合氨基酸各 3.0 kg，噻虫嗪、磷酸二氢钾、赤霉素各 2.0 kg，酸性大红 1.0 kg，硫酸锰 0.3 kg，硫酸亚铁、硼酸、硫酸锌各 0.2 kg，硫酸铜、钼酸铵各 0.1 kg，复硝酚钠 0.05 kg，乙醇 5.0 kg 倒入混合器中，用 NaOH 饱和水溶液调节 pH 至 7.0，然后加水定量，搅拌均匀。②研磨混合：将上述混合液投入胶体磨研磨 10 min 以上，要求种衣剂细度标准为：≤2 μm 的粒子达到 92%以上，≤4 μm 的粒子达到 95%以上。③包衣：包衣方式分机械包衣和人工包衣 2 种。机械包衣可选用不同型号的种子包衣机进行包衣，按设备要求的操作规程执行；人工包衣时将人参种子倒入已经装有包衣剂的塑料袋内，药种比为 1∶50，握紧袋口，并使袋内充满空气，然后充分摇动，直到种子包衣均匀，再闷 2 h，取出阴干至不粘手（赵英等，2012）。

13.3.2　甘草种衣剂的安全使用

药材甘草植物来源为豆科植物甘草属甘草（*Glycyrrhiza uralensis*）、胀果甘草（*Glycyrrhiza inflata*）或光果甘草（*Glycyrrhiza glabra*），以根及根茎入药，具有清热解毒、补脾益气、祛痰止咳、调和诸药等作用。

甘草种子具硬实性，在自然条件下萌发率很低（5%～15%）。自然状态下需要 3～5 年才能发芽出土，在很大程度上制约了甘草种植业的发展。为了提高甘草种子的发芽率，通常在播种前都需要采用一些物理、化学和机械的种子处理方法促进其种子发芽，也可以使用种衣剂包衣技术提高发芽率。种子包衣还可以有效防控甘草根腐病、锈病、立枯病等病害，以及甘草豆象、甘草萤叶甲、甘草黑蚜等虫害。

（1）种子的选择及预处理

将甘草种子先采用电动磨米机碾磨。碾磨时以划破种皮（划破深度以接近子叶为宜）、但又不损伤子叶为宜。将碾磨后的种子放在 30℃下恒温浸泡 24 h，然后用吸水纸吸至表面无水，于室温下风干 30 min 左右。

（2）种衣剂的选择

甘草种衣剂是针对甘草的生长特性而研制的新型悬浮种衣剂，主要成分为 6%多菌灵、9%福美双、10%吡虫啉等。使用甘草种衣剂包衣甘草种子不仅可以提高甘草种子的发芽率，还可以大量节约甘草种子。其在防治甘草病虫害的同时，能够提供甘草种子萌发及幼苗生长初期所需的养分，提高甘草苗期生长的抗逆性。在实际生产过程中，其能给广大药农带来良好的经济效益（张浩，2014）。

（3）种衣剂安全使用操作规程

①原料准备：润湿分散剂选择 2-萘磺酸甲醛聚合物钠盐（NNO）、木质素磺酸钠、农乳 1601 和膨润土；增稠剂为 0.3%的黄原胶；成膜剂为 0.2%的羧甲基纤维素钠；防冻剂为 5%乙二醇；有效成分为 6%多菌灵、9%福美双、10%吡虫啉；染色剂为 1%酸性大红。②种衣剂制备：将上述原药、助剂及水调和成均匀的浆液，先用乳化机进行预分散（3500 r/min 剪切 30 min），再将料浆投入至砂磨机中，接通冷却水，开启砂磨机，每间隔一定的时间用粒度分布仪取样、监测粒径，当物料粒径分布达到技术标准和要求时，关闭砂磨机，再进行过滤，即得到甘草种衣剂。③包衣：甘草种衣剂以 1∶45 药种比进行机械包衣。

13.3.3　黄芪种衣剂的安全使用

黄芪以根入药。其植物来源为豆科蒙古黄芪（*Astragalus membranaceus* var. *mongholicus*）或膜荚黄芪（*Astragalus membranaceus*）。黄芪具有健脾补中、补气升阳、固表止汗、利水消肿、生津养血、行滞通痹、托毒生肌的作用。

黄芪种子外皮坚实而厚，种子小，硬实度较大，不易萌发，出芽率低，在正常温、湿度条件下约有 80%的种子不能萌发，且人工栽培的黄芪易产生病虫害，病害主要有黄芪白粉病和根腐病，虫害主要有小地老虎、芫菁及蚜虫等。

（1）种子的选择及预处理

膜荚黄芪种子宽卵肾形，略扁，长 2.4～3.4 mm，宽 2.0～3.4 mm，暗棕色至灰褐色，平滑，稍有光泽。蒙古黄芪种子比膜荚黄芪种子略小，黄褐色、绿褐色至褐色，光滑略有光泽。种子扁，两侧微凹，呈肾形、长肾形或宽肾形。种脐在腹面中部或近中部，向内凹陷；种脊不明显，背部平滑隆起。黄芪种子小，外皮紧厚，并有胶质层，导致其透性不良、发芽率低。选择籽粒饱满，大小、形状、色泽一致且无病虫害的千粒重 25～30 g 的种子，41℃恒温浸泡 4 h，然后在 25℃条件下保湿闷种 8 h，用吸水纸吸干表面水分，室温烘干。

（2）种衣剂的选择

防治黄芪根腐病选用黄芪专用种衣剂。其由多菌灵、福美双、吡虫啉、微量元素、助剂、次甲基蓝或酸性大红和水组成（马伟和马玲，2009）。

（3）种衣剂安全使用操作规程

①原料准备：黄芪专用种衣剂中选择多菌灵、福美双为抑菌剂，杀虫剂选择吡虫啉，

微量元素为铝、硼和锰，植物生长调节剂为己酸二乙氨基乙醇酯和缩节胺（1∶1），胶黏剂为聚乙烯醇，表面活性剂为十二烷基苯磺酸钠和吐温 80（1∶1），渗透剂为聚乙二醇，染料选次甲基蓝或酸性大红。②研磨混合：先将胶黏剂、表面活性剂和渗透剂按质量比（1∶1∶1）混合，然后将多菌灵、福美双、吡虫啉、微量元素、助剂、染料和水按一定的质量比（质量分数分别为15%、12%、8%、3%、15%、2%和45%）混合后，乳化、砂磨制成悬浮种衣剂。③包衣：在经过预处理的黄芪种子中加入黄芪种衣剂，种衣剂用量为黄芪种子干重的3%（黄芪种衣剂预先与水按15∶80的质量比混合），拌匀、平摊、风干（马伟和马玲，2009）。

13.3.4　半夏种衣剂的安全使用

半夏以块茎入药，植物来源为多年生草本天南星科半夏属半夏（*Pinellia ternata*），具有镇咳、燥湿化痰、降逆止呕等作用，在抗炎、抗肿瘤、降血脂方面也有良好的功效。我国半夏种植产区主要分布在甘肃、湖北、贵州、山东、四川等地。

半夏的繁殖材料有种子、珠芽和块茎。块茎是由珠芽或种子生长发育而来的，其生命力强，无休眠期，出苗后植株生长旺盛，播种后当年即可收获，是栽培半夏的主要繁殖材料。半夏的主要病害有块茎腐烂病、病毒病和猝倒病，虫害主要有蚜虫、蓟马、红天蛾等。

（1）种子的选择及预处理

以半夏块茎（也称为种茎）作为繁殖材料。8～10月半夏采挖后，选择直径0.5～1.5 cm的块茎留作种用，注意大小分档和区别易混淆品，如水半夏、天南星等。半夏种茎多带有泥土，含水量较高，贮藏前应挑除体积过大、皱缩积水、破损、霉变的种茎，把健康的种茎晾干后堆放在室内阴凉通风处，厚度不高于10 cm，每隔5～7 d翻动1次，冬季可覆盖透气保温膜，预防低温冻害。半夏也可采用室内沙藏法进行贮藏，其间不定期检查有无腐烂、发霉等情况，并及时挑出染病种茎（杨洋，2021）。

（2）种衣剂的选择

块茎腐烂病是半夏最主要的病害，选用半夏微囊缓释悬浮种衣剂可以有效预防该病，其有效成分主要为咯菌腈、苯醚甲环唑。

（3）种衣剂安全使用操作规程

①原料准备：有效成分为咯菌腈、苯醚甲环唑，微囊壁材为聚羟基丁酸酯、二氯甲烷、聚乙烯醇，分散剂为苯磺酸盐，成膜剂为黄原胶、壳聚糖、苯乙烯-丙烯酸酯乳液，稳定剂为环氧大豆油，防冻剂为乙二醇。②微囊缓释悬浮种衣剂制备：将有效成分咯菌腈0.03 g、苯醚甲环唑0.01 g、聚羟基丁酸酯0.01 g加入100 mL二氯甲烷中配成油相，将聚乙烯醇0.25 g加入100 mL去离子水中配成水相，油相和水相按1∶5在超声乳化剪切条件下充分剪切混合，混合液用磁力搅拌器在55℃、转速2000～3000 r/min条件下搅拌至清澈透明；接着将分散剂、成膜剂、稳定剂和防冻剂制成的浆料以及着色剂一并旋切混合，得到微囊种衣剂。③包衣：在贮藏的种茎中加入质量为半夏种茎干重5%的微囊种衣剂，混合搅拌均匀，然后摊开、风干（朱峰等，2021）。

13.3.5 丹参种衣剂的安全使用

丹参（*Salvia miltiorrhiza*）为唇形科鼠尾草属多年生草本植物，以干燥根及根茎入药，属于大宗药材之一。丹参具有活血祛瘀、通经止痛、清心除烦、凉血消痈等功效，山东、陕西、河北、河南等地均有大面积种植。丹参的繁殖方式多样，既可用种子繁殖，也可用根、茎及根茎繁殖，以种子繁殖和根段繁殖常用。丹参病害主要有根腐病和根结线虫病，虫害主要有蛴螬、金针虫等（蒋传中等，2004）。

（1）种子的选择及预处理

丹参种子为小坚果，三棱状长椭圆形，长 2.24～3.06 mm，宽 1.08～1.80 mm，茶褐色或灰黑色，表面有不规则的圆状突起及灰白色蜡质斑。背面稍平微拱凸，腹面隆起成纵脊，圆钝。果脐近圆形，白色，边缘隆起，位于腹面纵脊下方。千粒重 1.9 g。胚直生，乳白色，子叶 2 枚，具一薄层胚乳（李晓琳等，2016；张玉等，2018）。

选择种子饱满、均匀、黑色，储运时间不超过 1 个月，千粒重不小于 1.6 g，饱满粒不低于 85%，生活力不低于 85%，发芽率不低于 75%，净度不低于 95%，含水量不高于 11%的健康优质种子（蒋传中等，2004）。

（2）种衣剂的选择

防治丹参根腐病选用丹参悬浮种衣剂。其有效成分主要为98%吡虫啉、98%福美双、95%多菌灵、植物生长调节剂（赤霉素 GA3 和水杨酸 SA）等（黄文静等，2018b）。

（3）种衣剂安全使用操作规程

①原料准备：98%吡虫啉、98%福美双、95%多菌灵；N、P、K 水溶性平衡肥；赤霉素 GA3 和水杨酸 SA。润湿分散剂：3%的 2-萘磺酸甲醛聚合物钠盐（NNO）和 1%木质素磺酸钠（CMN）复配；增稠剂：1%海藻酸钠和 1%阿拉伯胶；成膜剂：3%聚乙烯醇（PVA-1788）和 1%羧甲基纤维素钠（CMC）以及有机硅、山梨酸钾、乙二醇和有机色素（胭脂红）等。②种衣剂制备：按照配方要求，将除成膜剂以外的其他原料按如下质量分数：吡虫啉（15%）、福美双（5%）、多菌灵（10%）、平衡肥（5%）、润湿分散剂（4%）、增稠剂（2%）、警戒色（2%）、防冻剂（3%）、防腐剂（0.5%）、消泡剂（0.5%）、生长调节剂（0.01%）和水混合预分散，于高速均质机中按 10 000～14 000 r/min 剪切 30 min，经 325 目筛过滤后加入成膜剂，在砂磨机中研磨 1 h，即得种衣剂成品。③包衣：选取饱满健壮、大小一致的丹参种子，按包衣剂质量（g）：种子质量（g）为 1:50 分别置于封口袋中后混合均匀，晾干后备用（黄文静等，2018b）。

13.3.6 茅苍术种衣剂的安全使用

药材茅苍术为菊科植物茅苍术（*Atractylodes lancea*）的干燥根茎，具有燥湿健脾、祛散风寒、明目的功效。茅苍术的种子和根茎都可作为播种材料。在栽培生产中，常见的是以根茎繁殖。但是根茎繁殖容易导致茅苍术品种退化严重，致使产量和品质下降，在很大程度上制约了茅苍术种植业的发展。为了提高茅苍术种子的发芽率，通常在播种前需要采用一些物理、化学和机械的种子处理方法促进其种子发芽，也可以使用种衣剂包衣技术提高发芽率。茅苍术病害主要有根腐病、黑斑病等，虫害主要有苍术蚜虫等。

（1）种子的选择及预处理

选取 3 年左右生长健壮、无病虫害的茅苍术进行采种，采种后置于室内干燥通风处保存。茅苍术种子在播种前，要甄选出颗粒饱满、色彩明亮的完整种子。用清水冲洗 3次，然后用吸水纸吸至表面无水，室温下风干。

（2）种衣剂的选择

防治茅苍术根腐病，增加根系的发达度等，可以选用含有氯化钙、硝酸钙、赤霉素、尿素的种衣剂。

（3）种衣剂安全使用操作规程

①原料准备：选择聚乙二醇 2000（PEG2000）为增稠剂，乙基纤维素、聚丙烯酰胺、碱性木质素作为成膜剂，山梨醇为防冻剂，加入氯化钙、硝酸钙、赤霉素、尿素、磷酸二氢钾、硫酸铜。②种衣剂制备：先将乙基纤维素、聚丙烯酰胺、碱性木质素加入到水里，经过加热和保温，然后冷却。接着再次加热，加入氯化钙、硝酸钙、赤霉素、尿素、磷酸二氢钾和硫酸铜，再加热后冷却，pH 调整到 6.0～8.0，加入山梨醇和致孔剂，分散。③包衣：茅苍术种衣剂以 1∶1 药种比进行包衣。

茅苍术种衣剂是根据目前茅苍术播种过程中发现的问题，进而研发的新型种衣剂；种衣剂配方简单高效，明显提高茅苍术种子的生活力和幼苗生存率。包衣方法：将茅苍术种子与种衣剂按照一定药种比混合搅匀，然后放置于 40～50℃的二氧化碳中避光密封10～12 h，然后晾干即可。其可有效解决茅苍术种子播种所产生的问题，进而提高种子的发芽率及药材的品质。

13.3.7　桔梗种衣剂的安全使用

药材桔梗是桔梗科植物桔梗（*Platycodon grandiflorus*）的干燥根。其具有开宣肺气、利咽、祛痰、排脓的功效，具有降低血糖、抵抗炎性反应、改善血管微循环和抗溃疡的药理作用。桔梗的种子和根茎都可作为播种材料。在栽培生产中，常见的是以种子进行繁殖，种子品质的优劣决定了药材是否高产，也决定了药材品质。但桔梗种子在萌发期和出芽期容易受到种子本身或者土壤中病原菌的侵害，影响其出苗率和药材品质。为了提高桔梗种子的发芽率，通常在播种前需要采用一些物理、化学和机械的种子处理方法促进其种子发芽，也可以使用种衣剂包衣技术提高发芽率。桔梗病害主要有炭疽病、斑枯病、白粉病等，虫害主要有拟地甲等。

（1）种子的选择及预处理

采集桔梗种子的最佳时期为每年的 10 月左右，在采集时一定要保证桔梗种子完好无损，避免种子受到外界物理损伤。要甄选出颗粒饱满、色泽光鲜、品质优良的种子，用 50℃温水清洗，并用吸水纸吸至表面无水，室温下风干。

（2）种衣剂的选择

防治桔梗斑枯病、白粉病等，可以选用含有 2.78%噻菌灵、0.36%精甲霜灵、0.46%咯菌腈等的悬浮种衣剂。

（3）种衣剂安全使用操作规程

①原料准备：选择农乳 700 作为润湿分散剂，0.2%的黄原胶为增稠剂，0.2%的羧甲基纤维素钠为成膜剂，4%的乙二醇为防冻剂，再加入 2.78%噻菌灵、0.36%精甲霜灵、0.46%咯菌腈、1.5%噻虫嗪。②种衣剂的配制：将原药、助剂及水配制成一种均一的浆料，用高剪切乳化剂搅拌机进行预分散（3500 r/min 剪切 30 min），然后将浆料放入砂磨机中，接通冷却水，打开砂磨机，每隔一段时间采样，然后用粒度分布仪对其进行监控。直到颗粒大小符合相关技术指标及规定后，经过滤，即可获得最终产品。③包衣：桔梗种衣剂以 1∶85 药种比进行包衣。

桔梗种衣剂是根据桔梗的生长特点研制的一种新型悬浮种衣剂，它的价格低廉，适合大规模的工业生产。添加了抗冻剂的种衣剂，使桔梗种子具有一定的抗寒性，能改善其抗逆性；包衣法是将桔梗种衣剂和桔梗种子按一定比例直接拌匀，然后晒干，包衣工艺简单。在桔梗种子育苗中，桔梗种衣剂能有效地消除病原菌、害虫等，使桔梗种子的萌发、发芽、质量得到明显改善。

13.4 展　　望

13.4.1 加强新型高效中药材种衣剂的研发

种衣剂作为化学农药的一种，其产品结构逐步从以克百威、甲拌磷等高毒原药制备的各类产品向毒死蜱、吡虫啉、高效氯氰菊酯、噻嗪、戊唑醇、苯醚甲环唑等一大批低毒化、低残留的杀虫、杀菌剂、杀线虫剂等产品过渡；有效成分逐步由单剂向二元混剂、三元混剂发展，由低含量向高含量方向发展；剂型由悬浮型液体向干粉型、水乳型、油基型、超微粉型等多方向发展，不仅提高了种衣剂的产品活性，降低了毒性，降低了种衣剂在苗期的副作用，同时也为种子的产业化提供了基础和发展源动力（吴学宏，2003a；刘国军，2010）。

由于中药材自身的特殊性，在研发过程中不仅要注重提高中药材的品质和产量，更重要的是要开展种衣剂对中药材有效成分种类及含量的影响和评价，以及种衣剂对中药材抗旱、抗寒等抗逆性的评价。中药材有效成分的含量是决定其质量与药效的关键因素之一，对于一年生草本等种植年限短的中药材，要更加强农药残留对其质量影响的监测与检测，尤其对入药部位的影响程度更要高度重视。

我国中药材病虫害的防治研究相对薄弱，缺乏专业的研究人员和研究队伍，无法满足我国多种类、大面积的中药材病虫害防治需求。所以，必须呼吁加强中药材植保专业人才的培养，普及中药材病虫害防治的相关知识，政府、科研机构、农药企业应共同加快中药材种衣剂研发队伍的建设，从中药材种子入手，提升中药材种衣剂研发的质量和数量，从源头上切实保障中药材的质量与品质（陈君等，2016）。

13.4.2 规范中药材种衣剂的登记

农药登记是中国农药管理的基本制度，也是国际上对农药进行管理的通行且有效的做法（王以燕和张桂婷，2010）。早在《2016 年农药专项整治行动方案》中就提出，要加快特色小宗作物（指特色蔬菜、水果、谷物、食用菌、中药材等种植面积小，但区域特色明显，可用防治药剂不完善的特色小作物）用药登记，以尽快解决部分特色小宗作物病虫防治"无登记农药可用、农民用药混乱"的问题。2017 年 2 月 8 日新修订的《农药管理条例》规定，农药使用者应当严格按照农药的标签标注的使用范围、使用方法和剂量、使用技术要求和注意事项使用农药，不得扩大使用范围、加大用药剂量或者改变使用方法。所以，在中药的生产过程中，任何在登记注册的使用对象、使用方式之外的农药使用均为违规使用（吕朝耕等，2018）。2018 年 12 月 18 日，由农业农村部、国家药品监督管理局、国家中医药管理局联合印发的《全国道地药材生产基地建设规划（2018—2025 年）》中要求，加快道地药材适用农药登记，支持科研教学单位、农药企业开发道地药材适用农药新品种，优化审批程序，加快登记进程，完善道地药材主要农药限量标准，解决道地药材生产无专用药的问题。但是，当前的现状是登记试验时间长、投资回报率低，许多农药企业和科研单位不愿意在种植面积小或农药用量少的作物上进行登记试验，"特色小宗作物（小作物）用药短缺"问题已成为世界各国农药管理工作的难题。

所以，国家应该支持并鼓励农药企业和科研单位积极加入到中药材种衣剂登记的行列中，充分发挥科研教学、产业体系、产业协会、专业化合作组织等多方力量，实地调查、研究、跟踪中药材种植过程中的病虫害及其防控技术手段，加强实际用药情况调研，尤其是种衣剂在中药材种植中发挥的作用及效果，完善中药材种衣剂残留试验群组分类，结合生产区划研究推动中药材种衣剂登记工作。目前，中药材种衣剂获得登记的只有人参的 2 种种衣剂，很多已获得专利或者在生产上使用的种衣剂需要政府大力支持，加快登记进程，使更多的种衣剂在中药材上合法、合理使用（葛继涛等，2016；吕朝耕等，2018）。

13.4.3　优化种衣剂的生产工艺

种衣剂是由杀虫剂、杀菌剂、复合肥料、微量元素、植物生长调节剂、缓释剂、成膜剂、染色剂等经过一定的工艺制成的。其可以直接或经稀释后包裹在种子表面，形成具有一定强度的保护膜农药制剂。种衣剂的生产工艺及质量是保证种子发芽、有效防治病虫害的关键。不同的种衣剂剂型生产工艺不同，以登记量最多的悬浮种衣剂为例，悬浮率是判定种衣剂质量的重要指标，而固体材料粒度是测定悬浮率的间接办法，旋切技术、匀浆技术、砂磨技术都是种衣剂生产工艺中重点关注的技术参数。种衣剂的黏度、成膜性、酸碱性等都是优化种衣剂生产工艺，尤其中药材种衣剂生产工艺的关键因素。

中药材种业作为中药材产业良性发展的质量源头，其产业化进程应当纳入国家种子工程建设体系，推动中药材种业工程建设，着力推进中药材种业的良种包衣工作，加速实现中药材种业良种包衣商品化、产业化进程（李金玉等，1999）。

（白润娥　李连珍）

第14章 瓜果蔬菜种衣剂及其安全使用技术

蔬菜是人们日常饮食中必不可少的食物之一，可提供人体所必需的多种维生素和矿物质等营养物质，以及多种多样的植物化学物质。随着国民经济的发展，人民生活水平的提高，人们对蔬菜的需求越来越大，蔬菜产业是现代农业的重要组成部分。据 2018 年统计，我国蔬菜种植面积约 30 658 万亩，产量 70 346.72 万 t，蔬菜种植面积仅次于水稻、小麦，属于第三大作物。蔬菜的种类和品种多种多样，其中瓜类和茄果类蔬菜是一个大类，瓜类蔬菜包括黄瓜、丝瓜、南瓜、西葫芦、冬瓜、苦瓜等，茄果类蔬菜主要包括茄子、番茄、辣椒等。

蔬菜病虫害种类很多，常见的病害主要有立枯病、霜霉病、白粉病、疫病、枯萎病、炭疽病、病毒病、根结线虫病等，常见的害虫有蓟马、白粉虱、蚜虫、美洲斑潜蝇、菜青虫、棉铃虫等。随着蔬菜栽培面积迅速扩大，蔬菜复种指数增加，瓜类的枯萎病、炭疽病与茄果类的立枯病、疫病等种传及土传病害十分严重，特别是苗期立枯病、猝倒病等日益猖獗，地下害虫和线虫为害也频繁发生。另外，蔬菜栽培中微量元素缺乏现象也比较常见。这些因素严重制约蔬菜品质和产量的提高及生产的可持续发展。在瓜果类蔬菜栽培过程中针对病虫害发生较重的问题，必须根据其栽培特点和气候条件，制订病虫害的防治计划，采取有效的防治措施保证丰产丰收。目前，防治蔬菜病虫害提倡以加强栽培管理等农业防治措施为主，结合施用化学药剂的综合防治措施，如选用抗病品种、选用无病种子和种苗、搞好田间卫生、增强植株抗性、引用生物防治、施用化学药剂等。尤其是在种衣剂中添加杀菌剂和杀虫剂进行种子包衣，培育壮苗，防治苗期病虫害是保证丰产的基础。种衣剂内含有微肥、农药、激素等活性成分，对种子进行包衣，能有效防治种子带菌和苗期病虫害、提高种子发芽率、促进种苗健壮生长、提高植株抗逆性、改进作物品质、提高产量、减少农药使用量、减少环境污染、实现蔬菜的无公害生产。相对于蔬菜传统的种植模式而言，实施种子包衣还能省种、省时、省工，从而降低生产成本，提高经济效益。

14.1 瓜果蔬菜种衣剂的主要种类及应用情况

14.1.1 瓜果蔬菜种衣剂的主要种类

随着我国农作物种衣剂研究的不断深入，蔬菜种衣剂的研制与应用也得到了一定发展，然而，目前我国种衣剂主要应用于玉米、大豆、水稻等大田作物，蔬菜种衣剂的推广应用还很有限，很多学者对蔬菜种衣剂进行了大量研究与探索，但注册上市的蔬菜种衣剂却凤毛麟角，登记在蔬菜上使用的种衣剂种类也很少（杜玉宁等，2018），如咯菌腈悬浮种衣剂（25g/L）、甲霜·百菌清悬浮种衣剂（2.2%）、枯草芽孢杆菌悬浮种衣剂

（200 亿芽孢/mL）等（中国农药信息网，http://www.chinapesticide.org.cn/）。近年来，先后报道了防治西葫芦根腐病的生物种衣剂（申琼等，2019），防治立枯病、枯萎病和苗期害虫的淀粉基复合种衣剂（徐再等，2018），防治土传病害的复合生物种衣剂（徐健等，2016），防治瓜类苗期病害的复方植物源种衣剂（沈彤和刘永刚，2016），防治西瓜多种土传病害的生物种衣剂（高学文等，2015）等。王承芳等（2015）报道，一种木霉真菌种衣剂 1∶20 药种比包衣黄瓜种子能防治苗期根腐病，防治效果达 93%。王洲和卢桂鲜（2014）报道，一种抗病组合物即咯菌腈和真菌生物蛋白组成[（0.3～1）∶（1～3）]的种衣剂，不仅能够提高蔬菜对病害的抵抗力，还能够提高蔬菜作物产量和品质，降低农药的使用量、使用种类和使用次数。

14.1.2　瓜果蔬菜种衣剂的应用情况

种衣剂的推广应用为改革蔬菜传统的栽培模式、提高蔬菜产量和质量、推行无公害栽培作出贡献。据报道，蔬菜种衣剂的应用能够预防根腐病、立枯病、猝倒病等苗期病害（李进等，2017b；余山红和王会福，2014；刘珣等，2014），提高种子发芽率、发芽势和发芽指数，促进幼苗生长，增加产量和质量（李进等，2017a；谭放军等，2020；张梦晗等，2016；孙玉河等，2015；杜玉宁等，2018；李大忠等，2017）。从近年来关于蔬菜种衣剂的研究可以看出，蔬菜种衣剂的发展越来越趋于低毒化、复合化、高效化以及向环境友好化方向发展，且种衣剂的设计越来越具有针对性。蔬菜不同于大田作物，其生长周期较短且更易受到农药的毒害作用，故无公害、多功能、生物型种衣剂是未来蔬菜种衣剂研究和应用的方向（曾德芳和吴珊，2010；张志军等，2010；徐雪莲等，2012；董丽萍等，2013；李乐书等，2015；王亚军等，2015；贺字典等，2017；罗振亚等，2019）。同时，利用环保型种衣剂能够减少给环境和人畜带来的污染与危害（曾德芳和吴珊，2010）。然而，蔬菜种衣剂的研究与应用还是比较少，缺乏蔬菜专用种衣剂，多数是将应用于大田作物的种衣剂在蔬菜上应用，使用不当会引起抑制种子萌发和苗期生长、污染植物根际土壤环境、造成农作物残留等多种副作用（宋顺华等，2010；孙玉河等，2015；陈鹏等，2016；王娟等，2017）。

种衣剂的包衣可提高瓜果蔬菜种子发芽势和发芽指数，促进幼苗生长，提高产量。如番茄种子进行种衣剂包衣能提高番茄种子发芽势、发芽率和发芽指数，增加幼苗株高、根长、茎粗、鲜干重，增加番茄产量（李进等，2017a）；用药种比 1∶25 的咯菌腈悬浮种衣剂进行辣椒种子包衣处理，在一定时间内可以提高辣椒种子发芽率、发芽势及种子活力（谭放军等，2020）；孙玉河等（2015）利用自行研制的种衣剂和卫福进行黄瓜种子包衣后，能够显著提高其出苗率和成苗率，提高株高和单株鲜重，分别比对照增加17.3%和 19.9%；杜玉宁等（2018）研究发现，中国农业大学研制的中国农大 1 号种衣剂和25g/L 咯菌腈悬浮种衣剂使黄瓜发芽势、发芽率、根长等多种指标优于对照；李大忠等（2017）研究表明，禾姆、亮盾和金阿普隆 3 种种衣剂可有效促进苦瓜种子发芽，而对幼苗生长的影响不明显；熊海蓉等（2012）研究表明，湖南农业大学研制的辣椒种衣剂 XFY-2 能促进种子萌发，提高发芽率和成苗率；张志军等（2010）以生物种衣剂与羟基纤维素复配了一种生物保水种衣剂，以 1∶80 和 1∶60 浓度对南瓜、西葫芦与豆角 3 种蔬菜种子分别包衣，显著提高种子发芽率、增强发芽势，提高幼苗株高、根长、鲜重和干重；李进等（2017b）研究表明，采用 2.5%咯·噁霉灵、10%苯醚·嘧菌酯、10%甲霜·锰锌和 17%多·福悬浮种衣剂包衣辣椒种子，均能提高辣椒种子发芽势、发芽率、发芽指数和活力指数，增加幼苗株高、根长、茎粗、叶龄和鲜干重。

瓜果蔬菜种衣剂包衣能够有效防治苗期病害。如番茄种衣剂处理能够防治番茄苗期立枯病和猝倒病，防效分别高达 84.38%和 84.73%（李进等，2017a）；孙玉河等（2015）利用自行研制的种衣剂 2 号和卫福进行黄瓜种子包衣，能够防治苗期病害，对黄瓜根腐病和立枯病的防治效果高的可达到 85.5%；利用 2.5%咯菌腈悬浮种衣剂 1750 mg/kg 拌种，对西兰花根腐病的防治效果达 60.40%（余山红和王会福，2014）；刘珣等（2014）配制的种衣剂 P1、T3 处理能够有效防治甜菜苗期立枯病，促进幼苗生长；贺字典等（2017）研究表明，利用产生 ACC 脱氨酶的嗜麦芽寡养单胞菌和枯草芽孢杆菌复配后形成的种衣剂，对黄瓜细菌性茎软腐病的防治效果达到 73.13%；李进等（2017b）研究表明，采用 2.5%咯·噁霉灵、10%苯醚·嘧菌酯、10%甲霜·锰锌和 17%多·福悬浮种衣剂包衣辣椒种子，在田间对立枯病的防治效果达到 61.97%～86.21%；李乐书等（2015）以芽孢杆菌 TS86 的发酵液为活性成分研制生物种衣剂，以药种比 1∶50 对西瓜和甜瓜种子进行包衣，对西瓜和甜瓜细菌性果斑病的防治效果分别达到 70.63%和 80.59%。

14.2　瓜果蔬菜种衣剂应用中的主要问题或副作用

种衣剂包衣可有效防治多种病虫害，促进瓜果蔬菜种子发芽和出苗，提高产量和品质，但使用不当会对植物造成多种副作用，同时种衣剂的毒性残留会对人畜生命及环境造成威胁。

种衣剂对植物的副作用主要体现在抑制种子萌发和幼苗生长发育，包括抑制种子出苗势和出苗率、抑制幼苗根系发育与植株生长。如宋顺华等（2010）研究结果表明，用药种比为 1∶10 的吡虫啉包衣西瓜种子，其发芽率比对照降低 37%；25 g/L 咯菌腈药种比大于 1∶400 会降低黄瓜种子发芽势（杜玉宁等，2018）；陈鹏等（2016）研究表明，克·醇·福美双种衣剂包衣降低白菜种子出苗势和出苗率，影响幼苗生长；王娟等（2017）研究表明，16%克·醇·福美双悬浮种衣剂以 1∶30 的药种比进行黄瓜种子包衣，对黄瓜出苗率没有影响，但降低出苗势和出苗指数，抑制幼苗生长，影响根系发育和根系活力；王娟等（2018）研究表明，利用 17%多·福悬浮种衣剂和 20%福·克悬浮种衣剂分别以 1∶40 和 1∶30 的药种比进行辣椒种子包衣，对辣椒出苗率和出苗势没有影响，但显著降低根系活力。此外，在生产中随意加大使用浓度，会对种子发芽及幼苗生长产生不利影响。如宋顺华等（2010）研究结果表明，利用 10%吡虫啉种衣剂进行西瓜种子包衣，老化时间达 30 d 时，药种比越高，发芽率降低越明显，对照种子发芽率为 100%，而药种比为 1∶10 的吡虫啉包衣种子发芽率只有 37%；杜玉宁等（2018）研究结果，利用 400 g/L 萎锈灵·福美双悬浮种衣剂包衣黄瓜种子，其药种比为 1∶500 时对黄瓜生长没有显著影响，而药种比为 1：400 时明显抑制根长和根鲜重；张梦晗等（2016）研究结果表明，利用咯菌腈进行西瓜种子包衣时，如果加大使用剂量会影响西瓜种子发芽和幼苗生长，尤其是有籽西瓜对种衣剂更敏感。因此，在生产中不可盲目加大使用剂量。

虽然种衣剂与传统农药相比毒性降低，但并不意味着对生物体就绝对安全，尤其是目前缺乏蔬菜专用种衣剂，大田作物种衣剂应用于蔬菜作物上时，存在毒性残余威胁人畜生命，同时污染农业生态环境，尤其是菜田土壤环境遭到污染。如陈鹏等（2016）研究表明，利用 40%丁硫·克百威水乳种衣剂以 1：250 的药种比进行白菜种子包衣，降低白菜苗期根际土壤脲酶、磷酸酶和蔗糖酶的活性，减少白菜苗期根际土壤细菌和放线菌的数量；王娟等（2017）研究表明，16%克·醇·福美双悬浮种衣剂以 1：30 的药种比进行黄瓜种子包衣，降低黄瓜根际土壤脲酶、磷酸酶和过氧化氢酶的活性，减少根际土壤细菌数量；王娟等（2018）研究表明，利用 17%多·福悬浮种衣剂和 20%福·克悬浮种衣剂分别以 1：40 和 1：30 的药种比进行辣椒种子包衣，降低辣椒苗期根际土壤脲酶、磷酸酶和过氧化氢酶的活性，减少根际土壤细菌数量。

14.3　瓜果蔬菜种衣剂的安全使用技术

14.3.1　瓜类蔬菜种衣剂的安全使用

瓜类蔬菜是指葫芦科植物中以果实供食用的蔬菜，是一年生草本植物。瓜类蔬菜种类很多，常见的有黄瓜、苦瓜、南瓜、西葫芦、甜瓜、丝瓜、冬瓜、蒲瓜等。

目前，国内发现的瓜类蔬菜病虫害有 100 多种。其中病害有 70 多种，主要病害有立枯病、猝倒病、根腐病等苗期病害，枯萎病、疫病、蔓枯病、菌核病、白绢病、根结线虫病等土传病害，还有霜霉病、白粉病、灰霉病、炭疽病、黑星病、黑斑病、靶斑病、细菌性角斑病、病毒病、生理性病害等 20 多种。主要害虫有 10 多种，主要有蚜虫、温室白粉虱、美洲斑潜蝇等。瓜类蔬菜常年因病虫害造成的损失达 30%～70%，在部分地块甚至绝收。

瓜类蔬菜专用种衣剂种类很少，有咯菌腈悬浮种衣剂（25 g/L）、甲霜·百菌清悬浮种衣剂（2.2%）、枯草芽孢杆菌悬浮种衣剂（200 亿芽孢/mL）等，主要防治枯萎病（中国农药信息网，http://www.chinapesticide.org.cn/）。25 g/L 咯菌腈悬浮种衣剂进行西瓜种子包衣的用药量为 400～600 mL/100 kg 种子，甲霜·百菌清悬浮种衣剂（2.2%）的西瓜种子包衣药种比为 1：（10～15），枯草芽孢杆菌悬浮种衣剂进行黄瓜种子包衣的用药量为 5000～10 000 mL/100 kg 种子（中国农药信息网，http://www.chinapesticide.org.cn/）。此外，利用中国农大 1 号种衣剂 1：（20～25）的药种比和 25 g/L 咯菌腈悬浮种衣剂 1：（500～666）的药种比可进行黄瓜种子包衣（杜玉宁等，2018）。另外，可以选用 13%甲霜·多菌灵悬浮种衣剂、6%咪鲜·多菌灵悬浮种衣剂、18%多·咪·福美双悬浮种衣剂、600 g/L 吡虫啉悬浮种衣剂等低毒种衣剂，利用这些种衣剂进行瓜类蔬菜种子包衣时应注意用量，不可盲目加大使用剂量。

14.3.2 茄果类蔬菜种衣剂的安全使用

茄果类蔬菜是茄科蔬菜，是一年生或多年生的草本植物。茄果类蔬菜种类很多，常见的有番茄、茄子、辣椒、甜椒、秋葵等。

目前，尚没有茄果类蔬菜专用种衣剂。一般可以用 25 g/L 咯菌腈悬浮种衣剂以 1∶25 的药种比进行包衣（谭放军等，2020），还可以选用 13%甲霜·多菌灵悬浮种衣剂、6% 咪鲜·多菌灵悬浮种衣剂、18%多·咪·福美双悬浮种衣剂、600 g/L 吡虫啉悬浮种衣剂等低毒种衣剂。另外，利用一种包含壳寡糖的种衣剂进行辣椒种子包衣，能提高种子萌发率，提高作物的抗病虫能力和抗逆能力（张善学等，2015）。利用这些种衣剂进行茄果类蔬菜种子包衣时应注意用量，不可盲目加大使用剂量。

14.4 展 望

目前，我国种衣剂多为通用型，在蔬菜上应用易产生药害、残留等副作用。因此，研发无公害、多功能、生物型种衣剂是蔬菜种衣剂研究和应用的方向。研发新型种衣剂，尤其是复合型种衣剂和生物型种衣剂，可以大大减缓传统种衣剂对土壤和作物造成的毒害作用，加快蔬菜专用种衣剂的应用。以新型、环境友好的生物型制剂代替传统的化学农药作为种衣剂的活性成分，对农作物无药害，对人畜无毒害，对环境无公害；合理地组配活性成分，注重生物制剂及其他新型药剂的添加，减少种衣剂的毒害作用，保证种衣剂的效能，同时研发兼防病虫草害的多功能型种衣剂，一次用药达到多种效能。

目前缺乏蔬菜专用种衣剂，在生产上普遍存在把大田作物种衣剂应用于蔬菜作物而导致多种副作用的现象，因此，应规范种衣剂使用范围、使用浓度，同时明确种衣剂副作用形成的原因，确定种衣剂副作用的具体机理，包括对作物生长发育的影响、对作物生理生化特性的影响、对作物根际土壤结构的影响、对土壤微生态环境的影响及在土壤和农作物中的残留等，针对性地解决种衣剂的问题和副作用。

形成成熟、完整的种衣剂工艺流程，建立规范的种衣剂市场体系，健全种衣剂监督、法律体制，杜绝低劣违法的种衣剂在市场上流通。发展具有针对性的种衣剂行业，尤其是蔬菜种衣剂的生产，应针对蔬菜作物的特点，专门研制某种或某类蔬菜作物所对应的蔬菜种衣剂。不能将大田作物种衣剂与蔬菜作物种衣剂混为一谈。

提高种衣剂科研水平，形成从理论到实践的具体流程，将理论知识扩展到生产运用当中，实现从理论的构建到企业生产的转变，推广种衣剂知识，实现种衣剂合理分类、合理流通、合理使用。

（申顺善）

第15章 种衣剂副作用缓解措施及安全使用轻简化技术

15.1 水稻主要种衣剂的副作用及其缓解措施

15.1.1 技术要点

（1）2.5%咯菌腈悬浮种衣剂的副作用

使用 2.5%咯菌腈悬浮种衣剂与水稻种子（明恢 63，敏感品系）按照 1∶150（1 mL∶150 g）混配，待水稻发芽 15～20 d 后，其对水稻主要害虫褐飞虱非常敏感：雌虫产卵量、卵孵化率及若虫存活率与不施用种衣剂的对照相比均显著提高，最终导致该处理组的褐飞虱种群发生量显著大于不施用种衣剂的对照组；易诱导孟加拉型褐飞虱（既能危害含 *Bph1* 抗虫基因的水稻品种，又能危害含 *bph2* 抗虫基因的水稻品种）的产生，使得感性水稻品系受灾更严重。

（2）水稻种衣剂副作用的缓解措施

①挑选具有不同功效的水稻种衣剂，按照合适比例与 2.5%咯菌腈混配，既可有效避免 2.5%咯菌腈悬浮种衣剂单独使用时对水稻的副作用，又可有效控制水稻苗期恶苗病的发生。如选用 6.25%咯菌腈-精甲霜灵悬浮种衣剂 2 mL 与 2.5%咯菌腈悬浮种衣剂 8 mL 混合，对 1 kg 的水稻种子包衣，按照常规的湿润育秧法即可有效减少 2.5%咯菌腈悬浮种衣剂单独使用时对水稻的副作用；②在种衣剂副作用发生后，可喷施本项目研发的种衣剂安全剂或市场上销售的植物生长调节剂，可以有效缓解种衣剂的副作用，并可在一定程度上增加作物产量；③在使用 2.5%咯菌腈悬浮种衣剂的地区，尽量推广抗性水稻品系的种植，如 IR36、Ptb33 等高抗品系水稻，可有效缓解该种衣剂的副作用。

15.1.2 适宜地区

本技术建议适合华中地区。

15.1.3 注意事项

本技术建议主要依据我们进行的试验结果给出。在水稻上应用其他农药类型或形态的种衣剂，可以参考本技术建议。

15.2　玉米主要种衣剂的副作用及其缓解措施

15.2.1　技术要点

（1）60 g/L 戊唑醇悬浮种衣剂和 60 g/L 吡虫啉悬浮种衣剂的副作用

使用 60 g/L 戊唑醇悬浮种衣剂或 60 g/L 吡虫啉悬浮剂种衣剂处理玉米种子后，播后 2～3 周，玉米苗的根长、株高、单株鲜重与不施用种衣剂的对照相比均显著降低。

（2）玉米种衣剂副作用的缓解措施

1）在播种前，将本项目研发的安全助剂配制成一定质量浓度的溶液，将一定量的种子倒入溶液中，浸种 8 h，然后将种子沥出晾干，再用 60 g/L 戊唑醇悬浮种衣剂或 60 g/L 吡虫啉悬浮种衣剂按照药种比 1∶42（玉米）包衣并晾干。播种后能显著缓解种衣剂的副作用。

2）在种衣剂副作用发生后，喷施本项目研发的种衣剂安全剂或市场上销售的植物生长调节剂，可以有效缓解种衣剂的副作用，并可在一定程度上增加作物产量。

15.2.2　适宜地区

本技术建议适合华中、华北、东北、西北地区。

15.2.3　注意事项

本技术建议主要依据我们进行的试验结果给出。在玉米上应用其他农药类型或形态的种衣剂，可以参考本技术建议。

15.3　小麦主要种衣剂的副作用及其缓解措施

15.3.1　技术要点

（1）25%三唑酮可湿性粉剂

使用 25%三唑酮可湿性粉剂处理小麦种子，药种比为 1∶750 时，播后 2～3 周，小麦叶片有卷曲、畸形；麦苗的株高、单株鲜重与不施用三唑酮的对照相比均显著降低。

（2）小麦种衣剂副作用的缓解措施

在播种前，将本项目研发的安全助剂 2 配制成一定质量浓度的溶液，将一定量的小麦种子倒入溶液中，搅拌均匀，然后将种子沥出晾干，重复操作一次，再用 25%三唑酮可湿性粉剂按照药种比 1∶750 拌种并晾干。播种后能显著缓解三唑酮的副作用。

15.3.2　适宜地区

本技术建议适合华中地区，在华北、华东地区可作为参考。

15.3.3　注意事项

本技术建议主要依据我们进行的试验结果给出。在小麦上应用其他农药类型或形态的种衣剂，可以参考本技术建议。

15.4　花生主要种衣剂的副作用及其缓解措施

15.4.1　技术要点

（1）600 g/L 吡虫啉悬浮种衣剂

人工气候箱条件温度为 15℃/10℃（白天/夜晚，12 h/12 h），使用 600 g/L 吡虫啉悬浮种衣剂处理花生（药种比 1∶75）后，播后 2～3 周，花生的株高、单株鲜重和单株干重与不施用种衣剂的对照相比均显著降低。

（2）花生种衣剂副作用的缓解措施

1）在播种前，将本项目研发的安全助剂 1 配制成一定质量浓度的溶液，将一定量的花生种子倒入溶液中，浸种 8 h，然后将种子沥出、晾干，再用 600 g/L 吡虫啉悬浮种衣剂按照药种比 1∶75 包衣并晾干。播种后能显著缓解种衣剂的副作用。

2）在种衣剂副作用发生后，可喷施本项目研发的种衣剂安全剂或市场上销售的植物生长调节剂，可以有效缓解种衣剂的副作用。

15.4.2　适宜地区

本技术建议适合华中地区，在华北、华东地区可作为参考。

15.4.3　注意事项

本技术建议主要依据我们进行的试验结果给出。在花生上应用其他农药类型或形态的种衣剂，可以参考本技术建议。

15.5　油菜主要种衣剂的副作用及其缓解措施

15.5.1　技术要点

（1）18 g/kg（药种比）吡虫啉悬浮种衣剂的副作用

使用 18 g/kg 种子的浓度，对油菜种子进行吡虫啉悬浮种衣剂包衣，播后 1～2 周，油菜发芽率显著降低；2～3 周，油菜幼苗的生长势显著弱于不包衣或 6 g/kg 的处理。

（2）油菜种衣剂副作用的缓解措施

1）播种后 5～7 d，发芽率若出现显著降低的情况，可用大量的水喷淋垄土，降低种子表面及周围土壤中的药剂浓度；同时，可适当增施硫酸铵。

2）幼苗生长势显著减弱时，可适当增施氮钾肥壮苗，如叶面喷施 0.3%的尿素加 0.2%的磷酸二氢钾混合液，以缓解种衣剂副作用。

15.5.2　适宜地区

本技术建议适合华东地区。

15.5.3　注意事项

本技术建议主要依据我们进行的试验结果给出。

15.6　辣椒和黄瓜种衣剂的副作用及其缓解措施

15.6.1　技术要点

（1）16%克·醇·福美双悬浮剂对辣椒和黄瓜的副作用

使用 16%克·醇·福美双悬浮剂（8%福美双、7%克百威、1%三唑醇）处理辣椒和黄瓜种子后，减少出苗势，降低出苗整齐度，产生个别畸形苗；减少苗期根系活力，影响根系发育；降低根际土壤脲酶和磷酸酶活性，减少速效氮含量；减少果实中维生素 C 和硝态氮含量。

（2）辣椒和黄瓜种衣剂副作用的缓解措施

1）在播种前，先处理本项目筛选的促植物生长根际细菌（PGPR 菌）*Bacillus velezensis* R2-1 和 *Pseudomonas chlororaphis* G28-5。将 R2-1 和 G28-5 制成 10^8 cfu/mL 浓度的菌悬液，将种子倒入菌悬液中，浸种 30～60 min，然后将种子捞出晾干，再用 16%克·醇·福美双悬浮剂按照药种比 1∶30 包衣并晾干。播种后能显著缓解种衣剂的副作用。

2）在种衣剂副作用发生后，可用 PGPR 菌剂进行灌注处理，可以有效缓解种衣剂副作用，并可增加产量和品质。在辣椒上使用 R2-1 和 G28-5（灌注浓度为 10^7～10^8 cfu/mL），在黄瓜上使用 G28-5（灌注浓度为 10^7～10^8 cfu/mL）。根据幼苗生育状况，苗期可以再灌注一次，效果更佳。

15.6.2　适宜地区

本技术建议适合保护地栽培区域。

15.6.3　注意事项

本技术建议主要依据我们进行的两年的试验结果给出。在辣椒和黄瓜上应用其他农药类型或形态的种衣剂，可以参考本技术建议，但要结合种衣剂种类、使用方式和剂量等谨慎使用。

15.7　玉米主要种衣剂轻简化使用技术

15.7.1　技术要点

（1）600g/L 吡虫啉悬浮种衣剂

1）使用时间：玉米播种前 3～20 d。

2）靶标害虫：玉米蚜、灰飞虱、蛴螬、金针虫。

3）使用剂量：不同企业生产的该产品的使用剂量范围有差异也有重叠，综合起来，防治玉米蚜时，最高剂量 600 g/100 kg 种子；防治灰飞虱时，最高剂量 500 g/100 kg 种子。建议：防治这两种刺吸式害虫时，使用最高剂量 500 g/100 kg。防治蛴螬和金针虫时，使用最高剂量 360 g/100 kg 种子。

4）使用方法：①应严格执行产品使用说明书要求的剂量。②使用前，应先用适量水将制剂稀释（加水量至 1 kg 拌 100 kg 种子）。③均匀拌种，使种子表面包衣均匀，晾干后播种。

（2）70%吡虫啉种子处理可分散粉剂

1）使用时间：玉米播种前 3～20 d。

2）靶标害虫：玉米蚜。

3）使用剂量：不同企业生产的该产品的使用剂量范围有差异也有重叠，综合起来，最高剂量 490 g/100 kg 种子。

4）使用方法：①应严格执行产品使用说明书要求的剂量。②使用前，应先用适量水将制剂稀释成糊状（加水量至 1 kg 拌 100 kg 种子）。③均匀拌种，使种子表面均匀黏着剂，晾干后播种。

（3）70%噻虫嗪种子处理可分散粉剂

1）使用时间：玉米播种前 3～20 d。

2）靶标害虫：灰飞虱。

3）使用剂量：不同企业生产的该产品的使用剂量范围有差异也有重叠，一般为 70～210 g/100 kg 种子或者 140～210 g/100 kg 种子，最高剂量 210 g/100 kg 种子。

4）使用方法：同吡虫啉种子处理可分散粉剂。

（4）氟虫腈悬浮种衣剂

1）使用时间：玉米播种前 3～20 d。

2）靶标害虫：蛴螬。

3）使用剂量：产品主要有 5%氟虫腈悬浮种衣剂和 8%氟虫腈悬浮种衣剂两种。推荐使用剂量为 70～210 g/100 kg 种子或者 140～210 g/100 kg 种子，最高剂量 210 g/100 kg 种子。

4）使用方法：同吡虫啉悬浮种衣剂。

5）注意事项：从 2009 年 10 月 1 日起，除卫生用、作为部分旱田种子包衣剂外，在我国境内停止销售和使用用于其他方面的含氟虫腈成分的农药制剂。

15.7.2　适宜地区

本技术建议适合华中和华北地区。

15.7.3　注意事项

1）本技术建议主要依据我们进行的两年两地的这几种种衣剂副作用、农药残留和对目标害虫的控制效果的试验结果给出。在玉米上应用其他农药类型或形态的种衣剂，可以参考本技术建议，但要结合种衣剂种类、使用方式和剂量等谨慎使用。

2）播种土壤比较干旱时，种衣剂包衣种子出苗期有所推迟，因此干旱时播种后应及时浇水。

3）需要同时防治病、虫等多个靶标时，建议使用复合种衣剂。如29%噻虫·咯·霜灵悬浮种衣剂，兼治玉米灰飞虱和茎基腐病，使用剂量为108.5～162.8 g/100 kg 种子。20%吡虫·氟虫腈悬浮种衣剂，兼治灰飞虱、蓟马、蛴螬、金针虫，使用剂量为 200～400 g/100 kg 种子。

4）用种衣剂处理玉米田，应密切注意非靶标病虫害的发生动态，必要时进行喷药防治。

15.8　棉花主要种衣剂轻简化使用技术

15.8.1　技术要点

棉花田噻虫·咯·霜灵、吡·萎·福美双和多·五·克百威悬浮种衣剂防控立枯病合理使用建议如下。

1）25%噻虫·咯·霜灵悬浮种衣剂：防治立枯病、猝倒病和蚜虫最高制剂用量1∶72.5 药种比，最多施药 1 次。

2）63%吡·萎·福美双悬浮种衣剂：防治立枯病和蚜虫最高制剂用量1∶270 药种比，最多施药 1 次。

3）20%多·五·克百威悬浮种衣剂：防治立枯病、炭疽病、蚜虫最高制剂用量1∶20 药种比，最多施药 1 次。

15.8.2　适宜地区

本技术建议适合华中和华北地区。

15.8.3　注意事项

本技术建议主要依据我们进行的两年两地的这几种种衣剂副作用的试验结果给出。在棉花上应用其他农药类型或形态的种衣剂，可以参考本技术建议，但要结合种衣剂种类、使用方式和剂量等谨慎使用。

15.9　花生主要种衣剂轻简化使用技术

15.9.1　技术要点

（1）花生田吡虫·硫双威悬浮种衣剂、25%噻虫·咯·霜灵悬浮种衣剂合理使用建议

1）48%吡虫·硫双威悬浮种衣剂：防治花生田蚜虫和蛴螬，使用剂量为 29 g 有效成分含量拌种 100 kg 种子，最多施药 1 次。

2）25%噻虫·咯·霜灵悬浮种衣剂：防治花生蚜虫和根腐病，使用剂量为 200 g 有效成分含量拌种 100 kg 种子，最多施药 1 次。

（2）两种种衣剂使用注意事项

1）在拌种前，计算好稀释种衣剂的用水量一般为 1∶50（毫升稀释溶液∶克种子）。由于花生种皮较薄，溶液过多容易伤害种胚导致不发芽，溶液过少则拌种不均匀。

2）花生拌种后，一定在阴凉处晾干，不能暴晒。

3）不能在低温、大雨或暴雨前后种植拌种衣剂的花生种子。

15.9.2　适宜地区

本技术建议适合华中和华北地区。

15.9.3　注意事项

本技术建议主要依据我们进行的两年两地的这两种种衣剂副作用和对目标害虫的控制效果的试验结果给出。在花生上应用其他农药类型或形态的种衣剂，可以参考本技术建议，但要结合种衣剂种类、使用方式和剂量等谨慎使用。

15.10　紫苏种衣剂轻简化使用技术

15.10.1　技术要点

（1）种子选择与预处理

紫苏种子为油用紫苏品种奇苏 2 号和奇苏 3 号。选取饱满健壮、大小一致、无病虫害的种子。用 0.1% $HgCl_2$ 消毒 5 min，蒸馏水冲洗 3 次，晾干。

（2）种衣剂选择

28.08%噻虫嗪、0.66%咯菌腈、0.26%精甲霜灵三元复配种衣剂。

（3）种子包衣

称取 1 kg 种子，种衣剂用量按 16 mL/kg，每千克种子加入 200 mL 蒸馏水，充分混匀，使种子表面均匀包裹种衣剂，在 35℃下进行干燥。

（4）播种

种衣剂处理的种子于春季或秋季播种，小区面积 10 m²，按照 40 cm×30 cm 行株距进行播种，一个月后定植，每穴定植 2 株。

在种衣剂副作用发生后，喷施本项目研发的种衣剂安全剂或市场上销售的植物生长调节剂，可以有效缓解种衣剂的副作用，并可在一定程度上增加作物产量。

15.10.2 适宜地区

本技术建议适宜紫苏各栽培区。

15.10.3 注意事项

本技术建议主要依据我们进行的试验结果给出。不同类型的种衣剂和不同品种的紫苏可以参考本技术建议。

15.11 息半夏种衣剂轻简化使用技术

15.11.1 技术要点

（1）种茎选择与预处理

以息半夏块茎（也称为种茎）作为繁殖材料。10～11 月息半夏采挖后，选择直径 0.5～1.5 cm 的块茎留作种用，大小分档，剔除易混淆品以及直径过大、皱缩积水、破损、霉变的种茎，把健康的种茎晾干后堆放在室内阴凉通风处，也可采用室内沙藏法进行贮藏，其间不定期检查有无腐烂、发霉等情况，并及时挑出染病种茎。

（2）种衣剂选择

3.3%的精甲霜灵、1.1%的咯菌精、6.6%的嘧菌酯和 60%的吡虫啉复配。

（3）种茎包衣

称取 75 kg 种茎，种衣剂用量为 100 g，每千克种茎加入 200 mL 纯净水，充分混匀，使种茎表面均匀包裹种衣剂，平铺自然晾干。

（4）播种

种衣剂处理的种茎于春季（3 月 1～5 日）播种，小区面积 10 m²，按照 20 cm×10 cm 行株距进行播种，每穴定植 2 株。

本技术可以有效防治苗期病虫害，并可在一定程度上增加半夏产量。

15.11.2 适宜地区

本技术建议适宜河南信阳各栽培区。

15.11.3 注意事项

本技术建议主要依据我们进行的试验结果给出。不同类型的种衣剂和不同品种的半夏可以参考本技术建议。

15.12　白术种衣剂轻简化使用技术

15.12.1　技术要点

（1）种子选择与预处理

白术新种子偏红、有绒毛，表面具光泽，断面清晰，中间芽胚有一粉色线。选择新鲜饱满、净度 95%、发芽率 80%、千粒重 28 g、含水量 13% 的成熟度一致的无病虫白术种子，放入 25～30℃温水浸 24 h（黄力刚，2005）。

（2）种衣剂选择

甲基托布津（70%可湿性粉剂）、多效唑（15%可湿性粉剂）、多菌灵（50%可湿性粉剂），以 10∶8∶5 复配（俞旭平等，2002）。

（3）种子包衣

称取 1 kg 白术种子，种衣剂用量为 20 mL，充分混匀，使种子表面均匀包裹种衣剂，晾干。

（4）播种

种衣剂处理的种子于春季（3 月至 4 月初）播种，一般采用点播法，株行距 15～20 cm，每穴播种 10 粒左右。

15.12.2　适宜地区

本技术建议适宜浙江杭州、建德等各栽培区。

15.12.3　注意事项

本技术建议主要依据我们进行的试验结果给出。不同类型的种衣剂和不同品种的白术可以参考本技术建议。

15.13　红花种衣剂轻简化使用技术

15.13.1　技术要点

（1）种子选择与预处理

红花种子为倒卵形，乳白色或污白色，有 4 棱，棱在果顶伸出，侧生着生面。种子长 3.08～10.19 mm，种子宽 2.66～7.96 mm（常晖等，2019）。

（2）种衣剂选择

种衣剂主要活性组分为吡虫啉、三唑醇、多菌灵、代森锰锌、病毒 A、植物生长调节剂等（陈君等，2003）。

（3）种子包衣

按药种比 1∶20 将红花种子包衣，充分混匀，使种子表面均匀包裹种衣剂，晾干。

（4）播种

每亩施腐熟积肥 1000 kg，深翻 40～50 cm，作长 5 m、宽 2 m 的畦，播种前 5 d 浇 1 次透水，整细耙平。每年早春采用条播方式，每畦种 3 行，在畦面纵向开 5～6 cm 的沟，种子均匀撒入沟内，覆土，稍加镇压。

15.13.2 适宜地区

本技术建议适宜华北地区各栽培区。

15.13.3 注意事项

本技术建议主要依据我们进行的试验结果给出。不同类型的种衣剂和不同品种的红花可以参考本技术建议。

参 考 文 献

阿里普·艾尔西, 孙良斌, 张少民, 等. 2012. 棉花抗低温种衣剂田间筛选及效果分析. 种子, 31(3): 90-92.

安礼. 2013. 2 种药剂拌种防治小麦地下害虫和纹枯病的效果研究. 现代农业科技, (19): 145-146.

蔡万涛, 侯立白, 刘恩才, 等. 2006. 种子包膜处理对延迟玉米种子发芽的作用机理研究. 玉米科学, 14(1): 123-126.

蔡有华. 2005. 油菜种衣剂药效试验示范. 青海农技推广, (4): 62-65.

曹海潮, 刘庆顺, 白海秀, 等. 2019. 30%噻虫胺·吡唑醚菌酯·苯醚甲环唑悬浮种衣剂的研制及其在花生田应用的效果. 中国农业科学, 52(20): 3595-3604.

曹宏, 王玺, 王晓丽, 等. 2011. 低温逆境下氯化胆碱包衣对玉米种子萌发及幼苗生理生化指标的影响. 玉米科学, 19(3): 102-104, 109.

曹慧明, 史作民, 周晓波, 等. 2010. 植物对低温环境的响应及其抗寒性研究综述. 中国农业气象, 31(2): 310-314, 319.

常晖, 曾艾林, 贾志伟, 等. 2019. 新疆红花种子质量分级标准研究. 中药材, 42(3): 27-30.

常晓春, 段俊杰. 2015. 悬浮种衣剂中壳聚糖黄腐酸复配成膜剂应用效果研究. 农学学报, 5(10): 60-63.

常瑛, 魏廷邦, 臧广鹏, 等. 2020. 种子丸粒化技术在小粒种子中的研究与应用. 中国种业, (11): 18-21.

陈炳光. 2007. 诱抗型水稻种衣剂的初步研究与效果. 长沙: 湖南农业大学硕士学位论文.

陈恒伟, 姜绍通, 周建芹, 等. 2004. 高吸水树脂种衣剂对玉米种子生理特性的影响. 合肥工业大学学报(自然科学版), 27(3): 242-246.

陈红刚, 杜弢, 王晶, 等. 2017. 丸粒化处理对党参种子萌发及幼苗生长的影响. 中兽医医药杂志, 36(4): 39-41.

陈景莲, 徐利敏. 2014. 吡虫啉 2 种不同剂型防治小麦蚜虫试验初报. 内蒙古农业大学学报(自然科学版), 35(6): 14-17.

陈君, 程惠珍, 丁万隆, 等. 2003. 红花种子包衣的生物效应研究. 中国中药杂志, 28(8): 714-718.

陈君, 徐常青, 乔海莉, 等. 2016. 我国中药材生产中农药使用现状与建议. 中国现代中药, 18(3): 263-270.

陈立杰, 万传浩, 朱晓峰, 等. 2011. Snea253 生物种衣剂防治大豆胞囊线虫的研究. 大豆科学, 30(3): 459-462.

陈丽华, 何鹏飞, 袁德超, 等. 2018. 一种防治棉花黄萎病的生物复合种衣剂的研制. 棉花学报, 30(3): 282-291.

陈鹏, 王娟, 丁方丽, 等. 2016. 不同种衣剂对白菜生长及其根际土壤微生态的影响. 北方园艺, (3): 169-173.

陈平. 2014. 15%戊唑·克百威悬浮种衣剂的高效液相色谱分析. 现代农药, 13(3): 38-40.

陈庆悟, 沈德隆, 唐霭淑. 2000. 种衣剂的发展简述. 广东化工, 27(3): 49-50.

陈士林, 高山松, 鲍恩付等. 2004. 种衣剂对玉米种子活力及苗期几个生理指标的影响. 中国农学通报, 20(4): 160-161, 238.

陈韬. 2021. 种子包衣剂对小麦种子萌发及幼苗生长的影响. 农业工程, 11(6): 131-136.

陈颖, 张忠敏. 2012. 600g/L 吡虫啉悬浮剂在大豆上拌种效果. 现代化农业, (11): 66-67.

陈源, 陈昂, 蒋桂芳, 等. 2014. 苯醚甲环唑对水生生物急性毒性评价. 农药, 53(12): 900-903.

丑靖宇. 2015. 种衣剂重点产品市场数据分析及未来预测. 农药市场信息, (30): 35-38.

丑靖宇, 谭利, 遇璐, 等. 2014. 10%甲霜灵悬浮种衣剂的配方及其生物活性. 农药, (4): 251-254.

崔文艳, 何鹏飞, 何朋杰, 等. 2016. 微生物复合种衣剂对玉米发芽、苗期生理特性及产量的影响. 云南农业大学学报(自然科学), 31(4): 630-636.

戴思远. 2021. 优质强筋小麦病虫害绿色防控技术. 中国农业文摘-农业工程, (1): 80-83.

丁昊, 李隆, 杨晓宇, 等. 2016. 抗旱拌种剂对玉米幼苗生长及产量和籽粒品质的影响试验研究. 干旱地区农业研究, 34(2): 44-48, 118.

丁丽丽, 马江锋, 赵冰梅. 2016. 新型种衣剂对玉米苗期病虫害及瘤黑粉病的防治效果. 农药科学与管理, 37(11): 60-64.

董丽萍, 浦恩堂, 吴毅歆, 等. 2013. 解淀粉芽孢杆菌 B9601-Y2 复方油菜种衣剂的研制. 云南大学学报(自然科学版), 35(4): 558-564.

杜春梅, 李海燕, 李晓明, 等. 2009. HND1 生物种衣剂防治大豆胞囊线虫药效研究. 大豆科学, 28(6): 1126-1129.

杜光玲. 2002. 种衣剂合成成膜剂的优选研究. 保定: 河北农业大学硕士学位论文.

杜宜新, 石妞妞, 阮宏椿, 等. 2021. 银川大豆根腐病病原鉴定及种衣剂对其防治效果. 中国农学通报, 37(8): 103-109.

杜玉宁, 邢敏, 陈杭, 等. 2018. 不同种衣剂对黄瓜种子萌发及幼苗生长的影响. 种子, 37(10): 75-78.

段强, 赵国玲, 姜兴印, 等. 2012. 吡虫啉拌种对玉米种子活力及其幼苗生长的影响. 玉米科学, 20(6): 63-69.

段瑞萍, 杨建武, 刘忠元, 等. 1999. 不同棉花种衣剂对棉花生长发育影响效果初报. 石河子科技, (5): 8-10.

段永红, 李小湘, 彭正明. 2005. 水稻种子贮藏过程中包衣处理对种子活力的影响. 湖南农业科学, (6): 67-69.

范文艳, 马建, 陈瑾, 等. 2010. 复合型丸粒剂对防风种子萌发的影响. 黑龙江八一农垦大学学报, 22(4): 1-3, 7.

房锋, 纪春涛, 聂乐兴, 等. 2008. 3 种种衣剂对玉米种子保护作用及产量影响. 农药科学与管理, (11): 38-42.

房锋, 姜兴印, 纪春涛, 等. 2009. 种衣剂对山农饲玉 7 号玉米幼苗生长和相关酶活性的影响. 农药学学报, 11(1): 98-103.

冯滨. 1992. 羟乙基纤维素的性能. 日用化学工业, 22(5): 47-48.

冯乃杰, 周学公, 郑殿峰, 等. 2003. 不同种衣剂对大豆幼苗抗低温胁迫能力的影响. 黑龙江八一农垦大学学报, 15(2): 28-30.

冯世龙, 张发亮, 刘东彦, 等. 2006. 氨基酸作为营养型种衣剂成膜剂的研究. 河南农业科学, 35(10): 49-51.

冯兆忠, 王静, 冯宗炜. 2003. 三唑酮对黄瓜幼苗生长及抗寒性的影响. 应用生态学报, 14(10): 1637-1640.

付佑胜, 赵桂东, 刘伟中. 2012. 70%噻虫嗪 WS 对水稻壮苗及稻飞虱的防治效果. 南方农业学报, 43(4): 454-457.

甘林, 张扬, 邹成佳, 等. 2021. 9 种种衣剂对鲜食玉米草地贪夜蛾、顶(茎)腐病的防效及其安全性评价. 福建农业学报, 36(5): 564-571.

高福山. 2016. 水稻主要病虫害发生动态及防控措施. 中国农业信息, (1): 49, 51.

高仁君, 邓春艳, 吴学宏, 等. 2000. 戊唑醇和三唑醇种衣剂对小麦幼苗生长发育的影响. 植物保护学报, 27(4): 359-363.

高学文, 伍辉军, 沈波, 等. 2015. 西瓜生物种衣剂及其制备和应用: 中国, CN103004884B.

高云英, 谭成侠, 胡冬松, 等. 2012. 种衣剂及其发展概况. 现代农药, 11(3): 7-10.

葛继涛, 廿德芳, 孟淑春. 2016. 种子包衣的研究现状及实施良好农业规范的必要性. 种子, 35(2):

45-49.

龚辉. 2003. 不同种衣剂对棉花生长发育的效应研究. 长沙: 湖南农业大学硕士学位论文.

龚双军, 李国英, 杨德松, 等. 2005. 不同棉花品种苗期抗寒性及其生理指标测定. 中国棉花, 32(3): 16-17.

顾双平, 蔡立旺, 姚立生. 2014. 一起水稻种衣剂药害的司法鉴定案例分析. 江西农业学报, 26(6): 120-123.

官开江, 王志敏, 汤青林, 等. 2011. 种衣剂中 NAA、GA3 对莴笋种子的影响. 南方农业, 5(2): 1-3.

郭建国, 刘永刚, 吕和平, 等. 2007. 几种药剂拌种后对玉米种子萌发和生长效应的初步研究. 种子, 26(10): 24-26.

郭宁, 边强, 石洁, 等. 2019. 不同种衣剂对玉米线虫矮化病的防治效果. 农药, 58(4): 293-295.

郭宁, 石洁. 2010. 不同种衣剂对玉米茎腐病的防治效果. 河北农业科学, 14(8): 117-118, 123.

韩冰, 王宏栋, 韩双, 等. 2020. 4 种药剂防治马铃薯地下害虫田间药效试验. 河北农业科学, 24(4): 40-42, 66.

韩松, 王娟, 吉庆勋, 等. 2013. 种衣剂在棉花上的应用和研究. 种子, 32(12): 46-50.

韩雪, 孙龙, 仕相林, 等. 2010. 种衣剂对大豆根际固氮菌多样性的影响. 中国油料作物学报, 32(1): 132-135.

郝仲萍, 侯树敏, 黄芳, 等. 2019. 吡虫啉包衣对油菜发育和蚜虫抗性发展的不利影响. 中国农技推广, 35(S1): 141-143.

何发林, 曹莹莹, 李冠群, 等. 2019. 氯虫苯甲酰胺拌种对玉米种子活力及幼苗生长的影响. 中国农学通报, 35(15): 151-158.

何可佳, 王国平, 柏连阳, 等. 1997. 诱抗剂对水稻秧苗抗寒效果的研究. 湖南农业大学学报, 23(1): 41-46.

何永华, 史贵双, 罗志华, 等. 1995. 应用水稻种衣剂育秧效果试验. 现代农业, (7): 2-3.

何忠全, 何明, 彭化贤, 等. 1999. 药肥复合型棉花种衣剂防病增产效果测定. 西南农业学报, 12(2): 97-102.

贺字典, 闫立英, 石延霞, 等. 2017. 产生 ACC 脱氨酶的 PGPR 种衣剂对黄瓜细菌性茎软腐病的防治效果. 中国生物防治学报, 33(6): 817-825.

侯勇. 2010. 浅析水稻种衣剂使用特点. 农技服务, 27(3): 339-340.

胡冬松, 许勇华, 侯建宇, 等. 2015. 聚乙烯吡咯烷酮成膜剂在种衣剂中的研究与应用. 现代农药, 14(2): 8-9, 13.

胡凯军, 赵桂琴, 刘永刚, 等. 2010. 不同种衣剂对燕麦苗期生长及根系活力的影响. 草地学报, 18(4): 560-567.

胡梅, 刘永刚, 张海英, 等. 2012. HPLC 检测分析噻虫嗪种衣剂在马铃薯中的残留动态变化. 中国农学通报, 28(15): 189-193.

胡前毅, 黄育忠. 1997. 水稻良种包衣技术应用研究. 种子, 16(3): 79-80.

胡子材, 张洪熙, 王广志, 等. 1998. 烟草丸化包衣高吸水种衣剂及其制备工艺: 中国, CN1181181A.

黄昌华, 杨天武, 肖凤平, 等. 2005. 蛇床子素对植物病原菌抑制效果的测定. 华中农业大学学报, 24(3): 258-260.

黄芳, 李冬富, 吴红平, 等. 2017b. 不同浓度吡虫啉包衣处理在油菜上的应用Ⅱ. 对油菜生长的影响. 浙江农业学报, 29(4): 528-533.

黄芳, 吴红平, 李冬富, 等. 2017a. 不同浓度吡虫啉包衣处理在油菜上的应用Ⅰ. 对蚜虫种群发展的影响. 浙江农业学报, 29(3): 428-432.

黄凤莲, 戴良英, 罗宽. 2000. 药剂诱导水稻幼苗抗寒机制研究. 作物学报, 26(1): 92-97.

黄光辉. 2017. 克度镇 60%吡虫啉种衣剂在水稻上的应用技术和成效. 农技服务, 34(13): 66-67.

黄华, 具红光, 金江山, 等. 2017. 不同丸化填充剂对桔梗种子活力及苗素质的影响. 种子, 36(2):

105-107.

黄华康, 郑旋, 陈双龙. 2002. 水稻种子包衣的生物学效应研究初报. 福建农业学报, 17(3): 159-162.

黄均伟. 2008. 16%辛硫磷·多菌灵悬浮种衣剂防治花生病虫害药效试验. 辽宁农业科学, (3): 75-76.

黄力刚. 2005. 白术栽培技术. 安徽农学通报, 11(3): 75.

黄年生, 戴正元, 李育红, 等. 2007. 水稻高吸水种衣剂"旱育保姆"的研制与应用. 安徽农学通报, 13(17): 96-97.

黄珊珊. 2008. 不同种衣剂对大豆根际细菌多样性及根腐病菌拮抗菌的影响. 哈尔滨: 东北农业大学硕士学位论文.

黄世文, 王玲, 黄雯雯, 等. 2009. 水稻主要病虫害"傻瓜"式防控技术理论与实践(1). 中国稻米, 15(4): 13-16.

黄穗华, 罗昊文, 黄兴革, 等. 2018. 药剂拌种对直播稻秧苗生长和生理特性的影响. 作物杂志, (2): 171-176.

黄文静, 李铂, 王楠, 等. 2018a. 种衣剂对丹参种子萌发及幼苗抗旱性的影响. 种子, 37(7): 19-23.

黄文静, 张严磊, 孙晓春, 等. 2018c. 多功能悬浮型药用植物种衣剂的研制及其生物活性. 中国现代中药, 20(5): 586-592.

黄文静, 赵宏光, 孙晓春, 等. 2018b. 种衣剂包衣对紫苏生长发育和抗病虫害的影响. 种子, 37(6): 43-48.

吉庆勋, 韩松, 王娟, 等. 2013. 小麦、玉米种衣剂副作用研究进展. 农药, 52(12): 865-867, 870.

季守民, 程传英, 袁传卫, 等. 2015. 7 种新烟碱类杀虫剂对意大利蜜蜂的急性毒性及风险评价. 农药, 54(4): 282-285.

季书勤, 王绍中, 刘媛媛, 等. 2000. 河南省小麦种衣剂应用中的问题与改进. 河南农业科学, 29(8): 15-16.

姜波. 2009. 种子包衣后黄芪生长性状与药材品质的研究. 哈尔滨: 黑龙江中医药大学硕士学位论文.

蒋传中, 卫新荣, 梁宗锁, 等. 2004. 丹参标准化生产技术规程(SOP). 中药研究与信息, 6(5): 16-24.

蒋美明, 兰月相. 1997. 生物型系列种衣剂的特性和应用效应. 种子科技, 15(1): 35-36.

蒋小姝, 莫海涛, 苏海佳, 等. 2013. 甲壳素及壳聚糖在农业领域方面的应用. 中国农学通报, 29(6): 170-174.

蒋植宝, 刘坚宏, 叶长林, 等. 1999. 油菜种衣剂防病防虫增产效果. 上海农业科技, (4): 49-50.

金洪英, 刘振元. 2001. 不同贮藏温度及时间对包衣种子发芽率的影响. 天津农学院学报, 8(1): 34-36.

金善根, 孙水民, 葛常青. 1996. 谈生物型种衣剂应用效果及其优越性. 种子世界, (2): 39.

晋齐鸣, 沙洪林, 李红, 等. 2004. 安全高效防治玉米丝黑穗病种衣剂的研制. 玉米科学, 12(2): 94-96.

柯勇. 2014. 悬浮接枝共聚改性聚乙烯醇纤维的制备及应用. 西安: 陕西科技大学硕士学位论文.

孔德龙. 2018. 探析: 种衣剂登记现状及发展趋势. 营销界(农资与市场), (15): 71-75.

孔祥军, 佟春香. 2014a. 植物源种衣剂研究进展. 科技创新与应用, (17): 13-15.

孔祥军, 佟春香. 2014b. 黄芪中药种衣剂对黄芪的包衣效果研究. 黑龙江科技信息, (12): 91-92.

雷斌, 常晓春, 张波, 等. 2011. 18.6%拌·福·乙酰甲悬浮种衣剂对环境生物的毒性与安全性评价. 农药, 50(12): 903-905.

雷斌, 胡爱芝, 王东. 等. 2010. 18.6%拌福乙种衣剂防治棉花蓟马的效果研究. 新疆农业科学, 47(12): 2530-2533.

雷斌, 黄乐平, 谢应华, 等. 2002. 棉花种衣剂在阿克苏、库尔勒地区的应用研究初报. 新疆农业科学, 39(6): 362-364.

雷斌, 黄乐平, 张云生, 等. 2005. 棉花种衣剂田间筛选研究初报. 新疆农业科学, 42(6): 392-394.

雷斌, 张云生, 黄乐平, 等. 2004. 新疆种衣剂使用现状及发展对策. 种子, 23(9): 79-81.

雷斌, 张云生, 王永冬. 2007. 新疆种衣剂推广实证研究. 中国农学通报, 23(2): 367-380.

雷燕. 2020. 中药材小粒种子丸粒化加工技术研究进展. 农业技术与装备, (3): 44-45.

雷玉明. 2005. 种衣剂应用中存在的问题及控制措施. 种子, 24(9): 101-102.

李宝华. 2003. 种衣剂对大豆产量及品质的影响. 大豆科学, (3): 234-235.

李大忠, 张前荣, 刘建汀, 等. 2017. 种衣剂对苦瓜种子发芽及苗期的影响. 中国种业, (12): 47-48.

李方远, 翟兴礼. 2002. 高效唑浸种对水稻幼苗抗低温能力的影响. 河南农业科学, (10): 4-6.

李防洲, 辛慧慧, 周广威, 等. 2015. 水杨酸包衣剂包衣棉种对棉花幼苗抗寒性的影响. 棉花学报, 27(6): 589-594.

李冠楠, 苗昌见, 李为争, 等. 2017. 吡虫啉悬浮种衣剂对玉米田节肢动物群落及主要非靶标害虫的影响. 中国农业科学, 50(24): 4735-4746.

李和平, 刘珊. 2000. 麻黄种子包衣育苗技术研究. 中草药, 31(5): 384-385.

李纪白, 王翠玲, 董普辉, 等. 2014. 不同种衣剂浓度对玉米萌发及生理的影响. 广东农业科学, 41(17): 4-8.

李建英, 田中艳, 周长军, 等. 2010. 干旱胁迫下化控种衣剂对大豆幼苗生长发育及保护酶活性的影响. 大豆科学, 29(4): 611-614, 622.

李健强, 李金玉, 刘桂英, 等. 1994. 种衣剂 21 号防治湖北棉花苗期病害. 农药, 33(3): 43-45.

李健强, 刘西莉, 宋秀荣. 1999. 三唑酮种衣剂包衣处理对小麦幼苗内酸性磷酸酶分布的影响. 植物病理学报, 29(3): 221-226.

李金玉, 李庆基, 江涌, 等. 1983. 呋喃丹与多菌灵复配种衣剂综合防治棉花病虫害. 植物保护, 9(3): 15.

李金玉, 刘桂英. 1990. 良种包衣新产品: 药肥复合型种衣剂. 种子, 9(6): 53-56.

李金玉, 慕康国, 曾宪竟, 等. 1996. 螯合态与离子态微量元素在花生种衣剂中的作用初步研究. 植物营养与肥料学报, 2(3): 238-242.

李金玉, 沈其益, 刘桂英, 等. 1999. 中国种衣剂技术进展与展望. 农药, 38(4): 1-5.

李锦江, 熊远福, 熊海蓉, 等. 2006. 丸化型水稻种衣剂对直播稻秧苗生长及酶活性的影响. 湖南农业大学学报(自然科学版), 32(2): 120-123.

李进, 段俊杰, 努尔买买提·努尔合加, 等. 2015. 种衣剂对棉花幼苗生长及抗寒能力的影响. 新疆农业科学, 52(11): 1997-2003.

李进, 李杰, 丁媛, 等. 2017b. 不同种衣剂对辣椒幼苗生长及立枯病防效的影响. 北方园艺, (16): 55-60.

李进, 李杰, 段俊杰, 等. 2017a. 不同种衣剂对番茄苗期两种病害的防效及其产量的影响. 北方园艺, (9): 111-115.

李进, 郗江, 张军高, 等. 2020. 29%噻虫·咯·精甲种衣剂对棉种低温萌发特性及安全性研究. 种子, 39(4): 80-84.

李进, 张军高, 刘鹏飞, 等. 2021. 4 种种衣剂防治棉花苗期主要病虫害效果及经济效益比较. 植物保护, 47(1): 241-247, 252.

李乐书, 葛艺欣, 田艳丽, 等. 2015. 防治瓜类细菌性果斑病(BFB)生物种衣剂的研制. 农业生物技术学报, 23(12): 1649-1659.

李林, 孙玉桃, 张武汉, 等. 2003. 种衣剂拌种和地膜覆盖对花生成苗与产量的影响. 中国油料作物学报, 25(2): 36-38.

李萌茵, 姜晓君, 李琳, 等. 2015. 25g/L咯菌腈悬浮种衣剂不同浓度拌种对小麦发芽率及根长影响的试验. 农业科技通讯, (11): 70-71.

李明. 2015. 噻虫胺抗体制备及免疫分析方法研究. 南京: 南京农业大学博士学位论文.

李铭东, 李惠霞, 赵桂琴, 等. 2014. 三唑酮种衣剂对小麦生长的影响及防病增产效应. 中国农学通报, 30(1): 316-320.

李娜, 杨涛. 2009. 国家扶持政策对我国油菜籽产业发展的影响. 粮油加工, 4(1): 22-25.

李庆, 袁会珠, 闫晓静, 等. 2017. 低温胁迫下氟唑环菌胺和戊唑醇包衣对玉米种子出苗和幼苗的影响. 农药科学与管理, 38(11): 52-56.

李绍坤, 李超. 2016. 北农水稻种衣剂试验报告. 农业与技术, 36(8): 1.

李伟堂, 李洋, 牛海龙, 等. 2019. 单粒播种模式下不同种衣剂对玉米种子出苗率的影响. 作物杂志, (1): 191-196.

李文, 刘杰, 张玉荣. 2011. 吡虫啉拌种防治北方玉米蚜虫效果评价. 农药科学与管理, 32(11): 46-47.

李小林, 罗军, 胡强, 等. 2003. 15%克·福·菱悬浮种衣剂在玉米上的应用效果研究. 玉米科学, 11(4): 82-85.

李小林, 罗军, 胡强, 等. 2004. 15%克多福悬浮种衣剂在水稻上的应用效果研究. 中国农学通报, 20(1): 201-203, 206.

李晓琳, 展晓日, 李颖, 等. 2016. 丹参种子的生物学特性. 中国实验方剂学杂志, 22(18): 27-30.

李晓明, 李超. 2016. 北农 1%咪·噁水稻种衣剂试验总结. 农技服务, 33(1): 101, 114.

李欣, 王玺, 兰星. 2008. EM 菌与 $ZnSO_4$ 包衣处理对玉米幼苗形态及生理指标的影响. 玉米科学, 16(3): 90-91, 98.

李亚萍, 李祥瑞, 张云慧, 等. 2019. 吡虫啉悬浮种衣剂对麦无网长管蚜实验种群的影响. 植物保护, 45(1): 25-29, 36.

李永红, 时书玲. 1998. 油菜种子包衣剂的筛选及应用研究. 干旱地区农业研究, 16(2): 26-31.

李跃明, 霍志军, 潘晓琳. 2011. 种子包衣存在的问题及展望. 现代化农业, (2): 44-45.

李子臣, 李仁华. 1987. 种衣剂 4 号防治花生病虫害试验初报. 花生科技, 16(4): 11-14.

励立庆, 胡晋, 朱志玉, 等. 2004. 抗寒剂包膜对超甜玉米低温逆境下生理生化变化的影响. 浙江大学学报(农业与生命科学版), 30(3): 311-317.

梁岩, 华淑梅. 2014. 大豆应用高巧包衣防虫增产效果. 现代化农业, (3): 8-9.

梁颖. 2003. DA-6 对水稻幼苗抗冷性的影响. 山地农业生物学报, 22(2): 95-98.

梁颖, 李邦秀, 王三根. 2002. 复合型小麦种衣剂对小麦幼苗生长及某些生理特性的影响. 种子, 21(2): 16-17.

刘爱芝, 韩松, 梁九进. 2009. 新烟碱类杀虫剂拌种防治介体昆虫控制玉米粗缩病研究. 华北农学报, 24(6): 219-222.

刘爱芝, 李素娟, 韩松. 2005. 吡虫啉拌种对小麦蚜虫的控制效果及增产作用研究初报. 河南农业科学, 34(11): 63-64.

刘爱芝, 杨艳春. 2009. 吡虫啉拌种对小麦种子萌发和生长效应的影响. 河南农业科学, 38(11): 84-86.

刘变娥, 遇璐, 丑靖宇. 2021. 壳寡糖浸种对玉米戊唑醇种衣剂低温药害的缓解效果. 农药, 60(1): 23-27.

刘成, 冯中朝, 肖唐华, 等. 2019. 我国油菜产业发展现状、潜力及对策. 中国油料作物学报, 41(4): 485-489.

刘成扩, 李布青, 何方, 等. 2009. 新型抗旱多功能种衣剂在棉花上的应用效果试验. 中国农学通报, 25(8): 142-145.

刘登望, 周山, 刘升锐, 等. 2011. 不同类型拌种剂对花生及其根际微生物的影响. 生态学报, 31(22): 6777-6787.

刘国军. 2010. 我国种衣剂的类型及应用研究. 种子世界, (7): 33-34.

刘惠静, 王武台, 张烈, 等. 2005. 小粒蔬菜种子丸粒化研究及其应用前景. 天津农林科技, 4: 20-21.

刘杰, 曾娟, 姜玉英, 等. 2019. 2018 年我国玉米重大病虫害发生特点和原因分析. 中国植保导刊, 39(2): 43-49.

刘景坤, 刘润峰, 宋建华, 等. 2015. 50%噻虫嗪悬浮种衣剂的研制及其对棉花蚜虫的防治效果. 农药学学报, 17(1): 60-67.

刘亮, 李布青, 郭肖颖, 等. 2009. 种衣剂用 AMPS/VAc/BA 三元共聚成膜剂的合成. 中国胶粘剂, 18(2): 49-52.

刘孟娟, 丁红, 慈敦伟, 等. 2013. 种衣剂类型对花生种子萌发和幼苗生长的影响. 花生学报, 42(4): 47-51.

刘鹏飞, 刘西莉, 张文华, 等. 2004. 壳聚糖作为种衣剂成膜剂应用效果研究. 农药, 43(7): 312-314, 315.

刘同金, 李瑞娟, 门兴元, 等. 2019. 烟嘧·辛酰溴油悬浮剂在玉米和土壤中的残留及安全使用评价. 山东农业科学, 51(6): 144-149.

刘同金, 李瑞娟, 于建垒, 等. 2014. 8%氟虫腈悬浮种衣剂在玉米和土壤中的残留研究及安全评价. 中国农学通报, 30(22): 251-257.

刘同业, 韩盛, 杨渡, 等. 2014. 四种种衣剂对籽瓜种子的安全性评价. 北方园艺, (22): 117-120.

刘维娣, 张博, 王相晶, 等. 2012. 新颖杀线虫种衣剂: Poncho/Votiv0. 世界农药, 34(1): 56-57.

刘西莉, 李健强, 刘鹏飞, 等. 2000a. 水稻浸种催芽专用种衣剂抗药剂溶解淋失效果研究. 中国农业科学, 33(5): 55-59.

刘西莉, 李健强, 刘鹏飞, 等. 2000b. 浸种专用型水稻种衣剂对水稻秧苗生长及抗病性相关酶活性的影响. 农药学学报, 2(2): 41-46.

刘晓光, 李长乐, 林青. 2015. 70%吡虫啉可湿性粉剂"福蝶"对小麦、水稻、玉米出芽的影响. 农村经济与科技, 26(10): 50-51, 146.

刘秀波, 马玲, 贾艳姝. 2010. 黄芪种衣剂对 2 年生黄芪根部的影响. 东北林业大学学报, 38(10): 34-35.

刘珣, 王维成, 王荣华, 等. 2014. 不同配方种衣剂对甜菜生长及立枯病防效的影响. 中国糖料, 1: 27-29.

刘志伟, 方奎, 许鹏, 等. 2009. 锐胜种衣剂的安全性及其对玉米生长发育的影响. 河南农业科学, 38(12): 41-43.

娄维, 袁华. 2009. 熔融缩聚合成聚乳酸-聚乙二醇共聚物及其性能研究. 材料导报, 23(S1): 449-451.

卢俊春, 吴汉荣, 陈莉, 等. 2000 水稻种子包衣技术应用效果初探. 种子科技, 18(4): 228-229.

卢宗志, 刘洪涛. 2002. 四种种衣剂防治玉米丝黑穗病药效试验. 玉米科学, 10(2): 97-98.

陆引罡, 钱晓钢, 彭义, 等. 2003. 壳寡糖油菜种衣剂剂型应用效果研究. 种子, 22(4): 38-39, 92.

陆长婴, 吴文娟. 2003. 油菜种子包衣处理效果的初步研究. 江苏农业科学, 31(4): 21-22.

罗举, 胡阳, 胡国文, 等. 2013. 新型植物生长调节剂赤霉素·吲哚乙酸·芸苔素(碧护)在水稻上的应用. 农化市场十日讯, (14): 40-41.

罗兰, 韩萌, 孙骊珠, 等. 2015. 52%吡虫啉·咯菌腈·苯醚甲环唑悬浮种衣剂对麦蚜和纹枯病的防治效果. 农药, 54(6): 453-455.

罗振亚, 徐淑, 林开春. 2019. 枯草芽孢杆菌 Yz 菌株丸化种衣剂配方筛选试验. 广东农业科学, 46(7): 100-106.

吕朝耕, 王升, 何霞红, 等. 2018. 中药材农药使用登记现状、问题及建议. 中国中药杂志, 43(19): 3984-3988.

马汇泉, 辛惠普. 1998. 大豆根腐病病原菌种类鉴定及其生态学研究. 黑龙江八一农垦大学学报, (2): 115-121.

马建仓, 李文明, 杨鹏, 等. 2010. 种衣剂对玉米种子出苗率的影响及对苗枯病和顶腐病的防治效果. 甘肃农业大学学报, 45(5): 51-55.

马伟, 梁喜龙, 马玲. 2009. 黄芪种衣剂对黄芪生物性状与产量的影响. 东北农业大学学报, 40(5): 22-25.

马伟, 梁喜龙, 马玲, 等. 2008. 黄芪种衣剂的性状测定与生理效应. 东北林业大学学报, 36(3): 53-54, 59.

马伟, 马玲. 2009. 黄芪种衣剂的研制. 中国农业大学学报, 14(3): 103-106.

马伟, 郑殿峰, 梁喜龙, 等. 2010. 一种黄芪种衣剂及其包衣方法: 中国, CN101218920B.

毛晶, 张浩. 2010. 70%吡虫啉湿拌种剂在玉米上的残留分析方法. 吉林农业科学, 35(3): 45-46, 50.

孟雪娇, 邱昆, 丁国华. 2010. 水杨酸在植物体内的生理作用研究进展. 中国农学通报, 26(15): 207-214.

闵红, 李好海, 赵利民. 2019. 河南省种子处理技术的发展及展望. 中国植保导刊, 39(2): 92-94.

慕康国, 李金玉, 陶益寿. 1996. 微量元素锌、铁在花生种衣剂中的作用效果. 花生科技, 25(2): 1-4.

慕康国, 刘西莉, 白建军, 等. 1988. 种衣剂及其生物学效应. 种子, 17(6): 50-52.

倪青, 王国荣, 黄福旦, 等. 2020. 2 种化学产品对直播水稻田除草剂药害的解除效果. 浙江农业科学,

61(3): 421-422, 425.

聂泽民, 李红, 吴国光, 等. 2005. 水稻抗寒种衣剂在直播早稻上的应用效果. 作物研究, 19(1): 11-12.

潘立刚, 刘惕若, 陶岭梅, 等. 2005b. 种衣剂及其关键技术评述. 农药, 44(10): 437-440.

潘立刚, 周一万, 叶海洋, 等. 2005a. 聚乙烯醇共混改性膜作为农药种衣剂成膜剂的性能研究. 农药学学报, 7(2): 160-164.

庞克坚, 王玉春, 王晓东. 2005. 新疆紫草种子包衣育苗技术研究. 中草药, 36(11): 1713-1715.

齐麟, 王昱翔, 王宁, 等. 2017. 水稻种衣剂成膜助剂的研究进展. 种子, 36(6): 54-60.

齐兆生, 洪锡武, 徐映明, 等. 1995. 化学农药必将继续发展进步. 农药科学与管理, 16(2): 33-34.

钱小平, 唐元庆, 康翠萍, 等. 2006. 种衣剂处理稻种对水稻病虫的控制效果. 现代农业科技, (1): 49-50.

乔贵宾, 满晓萍, 崔志明. 2005. 锦华种衣剂在棉花生产上的应用. 农村科技, (6): 10-11.

秦宝军, 朱秀森, 姜付俊, 等. 2017. 玉米耐除草剂药害新利器: 先正达益佩威™ 种衣剂. 中国种业, (8): 59-62.

邱德文. 2014. 植物免疫诱抗剂的研究进展与应用前景. 中国农业科技导报, 16(1): 39-45.

邱军. 2003. 烯效唑、油菜素内酯和植物提取物在油菜种衣剂中的应用效应. 杭州: 浙江大学硕士学位论文.

渠成, 赵海朋, 张文丹, 等. 2017. 5 种药剂拌种在不同土壤温湿度下对花生安全性评价. 花生学报, 46(4): 42-47.

瞿唯钢, 杨淞霖, 王会利, 等. 2016. 3 种农药及其复配剂对意大利工蜂的急性经口毒性. 生态毒理学报, 11(4): 287-290.

瞿唯钢, 杨淞霖, 王会利, 等. 2017. 3 种杀菌剂及其复配剂对斑马鱼的急性毒性. 生态毒理学报, 12(2): 233-237.

沙洪林, 沙洪珍, 方淑琴, 等. 2004. 甲柳酮戊唑玉米种衣剂防治玉米地下害虫、丝黑穗病田间药效试验. 吉林农业大学学报, 26(4): 438-440, 444.

尚兴朴, 朱勇, 邓庭伟, 等. 2021. 我国中药材种子丸粒化研究进展. 中国现代中药, 23(7): 1299-1303.

申琼, 武峻新, 梁宏, 等. 2019. 一种用于防治西葫芦根腐病的生物种衣剂及其制备方法: 中国, CN106719844B.

沈奇, 杨森, 徐静, 等. 2018. 种衣剂对紫苏发芽率及产量品质性状的影响. 中国农学通报, 34(28): 21-25.

沈彤, 刘永刚. 2016. 一种复方植物源种衣剂及其制备方法: 中国, CN102976846B.

石凤梅. 2014. 105g/L 精甲霜灵·苯醚甲环唑悬浮种衣剂对玉米茎腐病防治的研究. 中国科技信息, (15): 151.

石秀清, 王富荣, 赵晓军, 等. 2007. 2%戊唑醇湿拌种剂防治玉米丝黑穗病的效果. 山西农业科学, 35(6): 94-95.

史为斌, 王新磊. 2014. 试论对种衣剂的认识与展望. 北京农业, (27): 239-240.

史文琦, 向礼波, 龚双军, 等. 2017. 25%噻虫嗪·咯菌腈·精甲霜灵悬浮种衣剂对棉花立枯病和猝倒病防效评价. 湖北农业科学, 56(23): 4523-4526.

史应. 1991. 植物保护: 化学与生物的结合. 农药译丛, 13(5): 1-4.

束华平, 陈宏州, 周晨, 等. 2022. 24.1%肟菌·异噻胺种子处理悬浮剂对稻瘟病和恶苗病的田间防效研究. 现代农业科技, (21): 113-117.

司乃国, 刘君丽, 李志念. 2001. 腈菌唑乳油种衣剂的安全性及药效评价. 农药, 40(1): 26-28.

宋德安, 孙荣俊, 邵仁学, 等. 2000. 生物型种衣剂在油菜种子上的应用效果. 湖北农业科学, 39(6): 33.

宋敏, 陈晓枫, 吴翠霞, 等. 2021. 21%噻呋酰胺·咯菌腈·嘧菌酯悬浮种衣剂对花生白绢病的田间防效. 农药, 60(9): 691-693, 702.

宋顺华, 郑晓鹰. 2008. 我国种衣剂的发展概况及其在种子上的应用. 蔬菜, (6): 6-7.

宋顺华, 郑晓鹰, 李秀清. 2010. 吡虫啉种衣剂对蔬菜种子质量的影响. 北方园艺, (12): 37-39.

宋雪慧, 姜兴印, 邢则森, 等. 2018. 噻虫啉拌种对玉米幼苗生理生化指标的影响. 中国农学通报, 34(4): 118-122.

苏前富, 李红, 张伟, 等. 2011. 种衣剂中不同浓度杀虫剂成分对玉米苗期生长的安全性评价. 植物保护, 37(1): 161-163.

苏前富, 张伟, 王巍巍, 等. 2013. 种衣剂添加芸苔素内酯预防玉米冷害药害试验分析. 玉米科学, 21(1): 137-140.

苏绍元. 1999. 水稻种衣剂禾盛 3 号应用效果初探. 绵阳经济技术高等专科学校学报, 16(1): 41-43.

孙斌, 张志刚, 王素平, 等. 2019. 14 种悬浮种衣剂对玉米地下害虫、蚜虫和茎基腐病的防效 评价. 中国农学通报, 35(24): 128-132.

孙华, 段玉玺, 焦石, 等. 2009. 抗大豆胞囊线虫的根际促生菌的筛选及其鉴定. 大豆科学, 28(3): 507-510.

孙君灵, 宋晓轩, 朱荷琴, 等. 2000. 杀菌剂对棉花种子活力的影响. 种子, 19(1): 23-25.

孙玉河, 管炜, 王全, 等. 2015. 不同种衣剂对黄瓜种子出苗、抗病及产量的影响. 中国瓜菜, 28(2): 11-13.

谭放军, 吴声海, 李细高, 等. 2020. 咯菌腈悬浮种衣剂在辣椒种子上的应用效果. 辣椒杂志, 18(3): 10-13.

谭兆岩, 康泽, 黄浩南, 等. 2020. 8%烯·丙·阿悬浮种衣剂研制及对大豆镰孢菌根腐病的防效. 核农学报, 34(5): 954-962.

汤海军, 周建斌, 侯晨. 2005. 不同生长调节物质浸种对玉米种子萌发生长及水分利用效率的影响. 玉米科学, 13(4): 77-80, 88.

唐振华, 陶黎明, 李忠. 2006. 新烟碱类杀虫剂选择作用的分子机理. 农药学学报, 8(4): 291-298.

陶静, 赵志伟. 2021. 44%速拿妥悬浮种衣剂防治玉米金针虫效果研究. 现代农业科技, (4): 87-88.

滕振勇, 郑旋, 罗维禄, 等. 2002. 早稻种子包衣效应研究及种衣剂筛选. 种子, 21(4): 49-51.

田体伟. 2015. 种衣剂对玉米的安全性及其对田间主要病虫害的影响评价. 郑州: 河南农业大学硕士学位论文.

田体伟, 雷彩燕, 王怡, 等. 2014a. 种衣剂的副作用研究进展. 种子, 33(11): 51-55.

田体伟, 王丽莎, 王燕, 等. 2015. 3 种新烟碱类种子处理剂对玉米及其主要害虫的影响. 河南农业科学, 44(11): 73-78.

田体伟, 张梦晗, 吴海洋, 等. 2014b. 戊唑醇种衣剂对小麦种子萌发及幼苗生长的影响. 种子, 33(12): 66-69.

田廷. 2017. 不同水稻种衣剂试验总结. 现代化农业, (2): 9-10.

田维志, 陈齐信. 1991. "大扶农"可以替代"呋喃丹": "大扶农"防治棉蚜药效试验分析. 江西棉花, 13(2): 24-25.

田文杰. 2018. 乙烯利浸种对玉米种子萌发的影响. 现代农业科技, (15): 1-2.

佟莉蓉, 王娟, 张亚妮, 等. 2020. 不同种衣剂配方对达乌里胡枝子幼苗生长和生理特性的影响. 草地学报, 28(3): 844-851.

涂亮. 2016. 基于 Baillus subtilis SL-13 的微胶囊悬浮种衣剂的制备及性能研究. 石河子: 石河子大学硕士学位论文.

王奥霖, 谭兆岩, 王对平 等. 2019. 20%烯·戊·恶种衣剂研制及对大豆镰孢根腐病的防效. 植物保护, 45(3): 230-236, 244.

王宝秋. 2010. 黄芪中药种衣剂及包衣技术研究. 哈尔滨: 黑龙江中医药大学硕士学位论文.

王冰嵩, 栾素荣, 刘源, 等. 2020. 不同浓度金阿普隆种衣剂对承德主栽谷子品种发芽率的影响. 农业科技通讯, (2): 154-156.

王承芳, 张钰, 旷文丰, 等. 2015. 一种木霉真菌种衣剂及其制备方法: 中国, CN103039439B.

王传堂, 王志伟, 宋国生, 等. 2021. 品种和包衣处理对播种出苗期低温高湿条件下花生出苗的影响.

山东农业科学, 53(1): 46-51.

王翠玲, 李纪白, 董普辉, 等. 2014. 克百威、吡虫啉、福美双复配处理对玉米根际土壤酶活性的影响. 核农学报, 28(11): 2093-2101.

王道龙, 钟秀丽, 赵鹏, 等. 2006. 抗逆增产剂 10 号对低温干旱胁迫下玉米幼苗生长与代谢的影响. 中国农学通报, 22(9): 404-407.

王海鸥, 胡志超, 田立佳, 等. 2006. 种子丸化技术及其研究与应用概况. 现代农业装备, (10): 48-50.

王汉芳, 季书勤, 李向东, 等. 2009. 9%毒死蜱·烯唑醇悬浮种衣剂防治玉米地下害虫、丝黑穗病的田间药效试验. 农药, 48(10): 762-764.

王汉芳, 季书勤, 李向东, 等. 2011. 烯唑醇种衣剂对小麦出苗和幼苗生长发育安全性的影响. 西北农业学报, 20(10): 38-42.

王慧, 张明伟, 雷晓伟, 等. 2016. 植物生长调节剂拌种对扬麦 13 茎秆生长及籽粒产量的影响. 麦类作物学报, 36(2): 206-214.

王娟, 陈鹏, 丁方丽, 等. 2017. 不同种衣剂处理对黄瓜生长及其根际微生态的影响. 河南农业大学学报, 51(6): 792-796.

王娟, 陈鹏, 李嫚, 等. 2018. 两种种衣剂在辣椒上的应用安全性试验. 北方园艺, (5): 20-26.

王娟, 吉庆勋, 韩松, 等. 2014. 种衣剂副作用的研究进展. 中国农学通报, 30(15): 7-10.

王兰英, 侯勇, 曾显斌, 等. 2003. LY-2 号种衣剂在油菜上的应用效果试验. 中国种业, (11): 37.

王宁堂. 2011. 种子包衣技术研究现状、问题及对策. 陕西农业科学, 57(5): 131-133.

王荣芬. 1987. 种子包衣技术与效果. 种子通讯, 5(3): 14-15.

王锁牢, 郝彦俊, 李广阔, 等. 2005. 吡虫啉、氟虫腈对地老虎的室内毒力及田间防效. 植物保护, 31(4): 86-88.

王险峰. 2015. 寒地水稻病害控制新途径. 现代化农业, (12): 1-4.

王险峰. 2016. 如何预防和解救种衣剂药害. 中国农药, (4): 71-72.

王险峰. 2019. 寒温带作物适期播种与高产、优质、病害控制. 现代化农业, (10): 5-6.

王险峰, 刘延, 谢丽华. 2016. 种衣剂药害原因分析. 现代化农业, (11): 8-10.

王雪, 卢宝慧, 杨丽娜, 等. 2021. 我国玉米种衣剂应用现状与发展趋势. 玉米科学, 29(3): 63-69, 75.

王雅玲. 2009. 低温胁迫下两种种衣剂对玉米幼苗生长影响及原因初探. 哈尔滨: 东北农业大学硕士学位论文.

王雅玲, 杨代斌, 袁会珠. 2009. 低温胁迫下戊唑醇和苯醚甲环唑种子包衣对玉米种子出苗和幼苗的影响. 农药学学报, 11(1): 59-64.

王亚军, 李昆, 王德培. 2015. 解淀粉芽孢杆菌 BI$_2$ 产抑菌物质的新型种衣剂的研制. 天津科技大学学报, 30(4): 30-34.

王彦杰, 洪秀杰, 张凤伟. 2012. 不同水稻种衣剂和浸种剂对苗期水稻生长的影响. 农业科技通讯, (8): 69-73.

王以燕, 张桂婷. 2010. 中国的农药登记管理制度. 世界农药, 32(3): 13-17, 35.

王义生, 郑建波, 赵莉, 等. 2004. "吉农 4 号"种衣剂对玉米的安全性研究. 吉林农业大学学报, 26(4): 445-446, 451.

王昱, 丁岩, 贺明, 等. 2020. 吡虫啉 600g/L 悬浮种衣剂防治玉米蚜的药效评估. 东北农业科学, 45(5): 50-51, 87.

王钰静, 谢磊, 李志博, 等. 2014. 低温胁迫对北疆棉花种子萌发的影响及其耐冷性差异评价. 种子, 33(5): 74-77.

王云川, 刘福海, 万建兵. 2013. 拌种剂(600g/L 吡虫啉 FSC+60g/L 戊唑醇 FS)对小麦病虫害和生长的影响. 现代农药, 12(6): 50-52.

王运兵, 石明旺, 郭志刚, 等. 1999. 种衣剂对玉米田昆虫群落的调节作用. 河南职技师院学报, 27(3): 38-41.

王振营, 王晓鸣. 2019. 我国玉米病虫害发生现状、趋势与防控对策. 植物保护, 45(1): 1-11.

王洲, 卢桂鲜. 2014. 一种抗病组合物及其应用和悬浮种衣剂: 中国, CN102972448B.

卫秀英, 鲁玉贞, 单长卷. 2006. 不同棉花品种的抗低温性研究. 安徽农业科学, 34(12): 2786-2787.

魏晨, 谢宏, 赵新华, 等. 2013. 玉米种衣剂吡虫啉安全用量的研究. 种子, 32(6): 67-69.

魏建华, 郭正强, 雷勇刚. 2003. 利用"卫福"200FF 种衣剂防治棉花苗期病害及枯、黄萎病. 新疆农业科技, (1): 33-34.

温自成. 2014. 聚乳酸的共聚改性及在农膜上的应用研究. 石河子: 石河子大学硕士学位论文.

毋玲玲, 宋万合. 2005. 油菜丸衣种研制初报. 甘肃科技, 21(1): 165-167.

吴建明, 梁和, 陈怀珠, 等. 2005. 种衣剂在大豆上应用的研究进展. 作物杂志, (4): 29-32.

吴凌云, 李明, 姚东伟. 2007. 化学农药型种衣剂的应用与发展. 农药, 46(9): 577-579, 590.

吴明才, 肖昌珍. 1999. 世界大豆线虫病研究概述. 湖北农业科学, 38(1): 38-40.

吴鹏冲, 路运才. 2020. 种子包衣技术及其应用. 种子科技, 38(12): 78-80.

吴学宏, 刘西莉, 刘鹏飞, 等. 2003b. 15%噁·霜·福种衣剂对西瓜幼苗生长及其抗病性相关酶活性的影响. 中国农业大学学报, 8(3): 61-64.

吴学宏, 刘西莉, 王红梅, 等. 2003c. 我国种衣剂的研究进展. 农药, 42(5): 1-5.

吴学宏, 张文华, 刘鹏飞. 2003a. 中国种衣剂的研究应用及其发展趋势. 植保技术与推广, 23(10): 36-38.

武怀恒, 万鹏, 黄民松, 等. 2014. 200g/L 吡虫啉·氟虫腈悬浮种衣剂对玉米灰飞虱和玉米蓟马的防治效果. 华中昆虫研究, (1): 57-60.

武亚敬, 张金香, 高广瑞, 等. 2007. 我国种衣技术的研究进展. 作物杂志, (4): 62-66.

务玲玲, 李青阳, 彭旭丹, 等. 2016. 不同微量元素浸种对玉米戊唑醇种衣剂药害的缓解效果及作用机理. 农药, 55(6): 445-449.

夏静, 朱永和. 2002. 农药的药害研究初报(4): 水稻上的药害症状图鉴. 安徽农业科学, 30(1): 71-72.

项鹏, 陈立杰, 朱晓峰, 等. 2013. 种子处理诱导大豆抗胞囊线虫病的生防细菌筛选与鉴定. 中国生物防治学报, 29(4): 661-666.

肖国超, 徐庆国, 张海清. 2006. 种衣剂及其在水稻上的应用效果综述. 作物研究, 20(3): 272-275.

肖密, 穆青, 李林, 等. 2015. 不同拌种剂对花生生长发育及产量的影响. 山东农业科学, 47(4): 100-102, 105.

肖琴. 2008. 新型环保型棉花种衣剂的研制与应用研究. 武汉: 武汉理工大学硕士学位论文.

肖晓. 2010. 三种水稻种衣剂在杂交水稻上的应用效果研究. 长沙: 湖南农业大学硕士学位论文.

肖晓, 王权, 张海清. 2008. 水稻种衣剂研究进展. 作物研究, 22(S1): 405-408.

肖勇, 时苏, 包华理, 等. 2021. 两种生物农药防治菜心黄曲条跳甲的研究. 植物保护, 47(4): 288-292, 304.

晓诸. 1984. 呋喃丹深施防治棉蚜. 植物保护, 10(4): 36.

谢吉先, 王书勤, 陈志德, 等. 2012. 几种种衣剂防治花生蛴螬的效果. 江苏农业科学, 40(1): 128-130.

谢文娟, 曾德芳, 范钊, 等. 2015. 环保型花生种衣剂的研制及防病增产试验. 环境科学与技术, 38(4): 84-88, 120.

谢阳姣, 戴罗杰, 吕凤莲, 等. 2010. 种子包衣对微胚乳玉米种子萌发的影响. 玉米科学, 18(4): 89-92.

谢阳姣, 吕凤莲, 戴罗杰, 等. 2009. 种子包衣对微胚乳玉米种子发芽过程中生理生化变化的影响. 玉米科学, 17(6): 53-55, 59.

辛慧慧, 李志强, 李防洲, 等. 2015. 外源调节物质对棉花幼苗耐寒生理特性的效应. 棉花学报, 27(3): 254-259.

熊海蓉. 2007. 丸化型油菜种衣剂生物学效应研究. 长沙: 湖南农业大学硕士学位论文.

熊海蓉, 蒋利华, 黄忠良, 等. 2012. 辣椒种衣剂理化性质及应用效果初探. 中国蔬菜, (12): 78-82.

熊海蓉, 张先文, 林海燕, 等. 2011. 种衣剂对免耕直播油菜幼苗生长的影响. 中国农学通报, 27(28): 274-278.

熊远福. 2001. 浸种型水稻种衣剂的研制、作用机理及生物学效应研究. 长沙: 湖南农业大学博士学位论文.

熊远福, 唐启源, 邹应斌, 等. 2001b. 浸种型水稻种衣剂对秧苗生长及产量的影响. 中国农学通报, 17(2): 11-13.

熊远福, 文祝友, 江巨鳌, 等. 2004a. 农作物种衣剂研究进展. 湖南农业大学学报(自然科学版), 30(2): 187-192.

熊远福, 文祝友, 周美兰. 2004c. 超微粉型棉花种衣剂对棉苗生长及病虫害的影响. 中国农学通报, 20(2): 181-183.

熊远福, 邹应斌, 唐启源, 等. 2001a. 种衣剂及其作用机制. 种子, 20(2): 35-37.

熊远福, 邹应斌, 文祝友, 等. 2004b. 水稻种衣剂对秧苗生长、酶活性及内源激素的影响. 中国农业科学, 37(11): 1611-1615.

徐国华, 胡旭, 鲁斌, 等. 2000. ZSB-RP 种衣剂处理油菜种子的效果. 湖北农业科学, 39(3): 29-30.

徐健, 刘琴, 李传明, 等. 2016. 用于防治蔬菜土传病害的复合生物种衣剂及其制备和使用方法: 中国, CN103975955B.

徐龙宝, 尹园园, 赵敏, 等. 2020. 3 种新烟碱类种子处理剂对小麦主要害虫的影响. 农业科技通讯, (11): 56-58.

徐伟亮, 陈幼芳. 吴国庆. 1999. 种子包衣剂的合成和性能研究. 种子, 18(3): 11-12.

徐雪莲, 林开春, 卢辉, 等. 2012. YZ 生物种衣剂配方研究. 热带农业科学, 32(12): 79-83.

徐再, 徐凯, 赵维达, 等. 2018. 一种淀粉基复合种衣剂: 中国, CN104892258B.

许传波. 2020. 花生果腐病防治方法研究. 现代农业科技, (10): 74, 77.

许海涛, 孟丽, 杨正生. 2013. 种衣剂对玉米种子活力及生长发育的影响. 农学学报, 3(5): 12-14.

许艳丽, 温广月. 2005. 大豆主要病虫害研究概况. I. 大豆线虫病. 大豆通报, 1: 5-7.

亚力昆江·阿布都热扎克, 王红梅, 迪力夏提·阿不力米提, 等. 2002. 70%快胜干种衣剂防治棉花苗期害虫效果试验. 植物保护, 28(4): 49-50.

闫红. 2021. 水稻病虫害综合防治措施分析. 新农业, (12): 75.

闫秋洁, 刘再婕, 杨欣. 2013. 乙烯利浸种对聚乙二醇胁迫下玉米种子萌发的影响. 中国农学通报, 29(3): 53-58.

严兴祥, 朱龙宝. 1998. 种衣剂处理兼治棉花苗病与蚜虫及壮苗新探. 农药, 37(9): 31-32.

严妍. 2016. 知母抗龙胆斑枯病病原菌的有效部位研究. 哈尔滨: 黑龙江中医药大学硕士学位论文.

阎富英, 赵祥和, 贺长征, 等. 2003. 种子包衣技术. 天津农林科技, (3): 32-35.

颜汤帆. 2010. 木霉菌生物型种衣剂及其防病机理的研究. 长沙: 湖南农业大学硕士学位论文.

燕瑞斌, 陈旺, 吴金水, 等. 2019. 高巧种衣剂拌种对油菜苗期蚜虫防效评价. 中国农技推广, 35(S1): 151-153.

杨安中. 1995. 烯效唑浸种对杂交稻秧苗素质及籽粒产量的影响. 安徽农业技术师范学院学报, 9(1): 44-50.

杨安中, 时侠清. 1995. 烯效唑浸种对杂交稻秧苗素质及籽粒产量的影响. 安徽农业科学, 23(3): 211-212.

杨安中, 汪春芳, 程华长. 1996. 多功能种衣剂在水稻上的应用研究. 安徽农业技术师范学院学报, 10(2): 37-41.

杨波. 2017. 中药材种子种苗的发展策略探究. 现代园艺, (20): 21-23.

杨琛. 2012. 水稻种衣剂及其成膜助剂研究. 长沙: 湖南农业大学硕士学位论文.

杨琛, 李晓刚, 刘双清, 等. 2012. 10%嘧菌酯水稻悬浮种衣剂制备. 农药, 51(5): 347-350.

杨国航, 栗雨勤, 王卫红, 等. 2010. 干旱条件下不同种衣剂处理对玉米生长发育的影响. 玉米科学, 18(5): 82-85.

杨慧洁, 张浩, 杨世海. 2014. 甘草种衣剂对甘草形态指标的影响. 人参研究, 26(3): 33-35.

杨丽娜, 王雪, 白庆荣, 等. 2015. 噻虫·咯·霜灵 25%悬浮种衣剂防治人参苗期疫病田间药效试验. 农药科学与管理, 36(5): 59-61.

杨书成, 王燕, 王建军, 等. 2011. 60g/L 戊唑醇悬浮种衣剂对玉米丝黑穗病防治效果试验. 南方农业学报, 42(11): 1350-1352.

杨阳. 2020. 噻呋酰胺及氟酰胺对斑马鱼的毒性机制研究. 北京: 中国农业科学院博士学位论文.

杨洋. 2021. 半夏的生长特点及块茎繁殖技术. 安徽农学通报, 27(10): 24-25, 78.

杨业圣, 侯立白, 张雯, 等. 2005. 不同包衣处理对玉米种子萌发的影响. 耕作与栽培, (2): 7-8.

杨震元. 2009. 金龟子绿僵菌种衣剂的研制. 合肥: 安徽农业大学硕士学位论文.

姚东伟, 李明. 2010. 矮牵牛种子丸粒化包衣研究初报. 上海农业学报, 26(3): 52-55.

姚永祥, 刘晓馨, 白向历, 等. 2019. 3 种种衣剂对玉米田地下害虫及茎腐病的防治效果. 农药, 58(8): 612-615.

姚玉波, 张树权, 赵东升, 等. 2020. 种衣剂包衣对鲜食玉米生长和产量的影响. 农业科技通讯, (9): 72-73, 120.

依德萍, 李贞姬, 赵丽莉, 等. 2013. 不同种衣剂对桔梗种子发芽率及幼苗质量的影响. 北方园艺, (18): 148-150.

尹丽娜, 段玉玺, 王媛媛, 等. 2010. 拮抗大豆胞囊线虫根瘤菌的研究. 大豆科学, 29(2): 276-279.

于凤娟, 郭明岩. 2012. 种衣剂对不同生理状态玉米种子发芽率的影响. 黑龙江科技信息, (22): 192.

于善立, 孙本忠, 周善祥, 等. 1988. 花生花叶病综合防治的研究. 花生科技, 17(1): 4-9.

余山红, 王会福. 2014. 2.5%咯菌腈悬浮种衣剂防治西兰花根腐病药效研究. 农业灾害研究, 4(2): 12-13, 58.

俞泉, 胡一鸿. 2019. 水稻种衣剂应用研究进展. 华中昆虫研究, (1): 58-63.

俞旭平, 盛束军, 王志安, 等. 2001. 种衣剂处理对桔梗种子田间发芽率的影响. 中国中药杂志, 26(7): 495-496.

俞旭平, 王志安, 盛束军, 等. 2002. 种衣剂对白术田间发病率的影响. 中药材, 25(4): 230-231.

遇璐, 单净宇, 谭利, 等. 2013. 45%烯肟菌胺·苯醚甲环唑·噻虫嗪悬浮种衣剂高效液相色谱分析. 农药, 52(12): 880-882.

袁传卫, 姜兴印, 季守民, 等. 2014. 吡唑醚菌酯拌种对玉米种子及幼苗的生理效应. 农药, 53(12): 881-884, 887.

曾德芳, 时亚飞. 2007. 一种新型环保型水稻种衣剂的研制. 华中师范大学学报(自然科学版), 41(4): 587-591.

曾德芳, 汪红. 2009. 一种新型高效环保型小麦种衣剂的研制. 中国种业, (10): 41-44.

曾德芳, 吴娟娟, 唐彬, 等. 2007. 一种新型高效环保型玉米种衣剂的研制. 江苏农业科学, 35(4): 31-34.

曾德芳, 吴珊. 2010. 环保型黄瓜种衣剂的研制及增产机理研究. 山东农业大学学报(自然科学版), 41(4): 586-590, 598.

曾颖苹. 2012. 铁皮石斛人工种子包衣技术研究. 成都: 西南交通大学硕士学位论文.

张炳炎, 陈海贵, 张惠芳, 等. 1997. 烯唑醇防治玉米丝黑穗病试验研究. 农药, 36(3): 43-45.

张灿光, 李北兴, 管磊, 等. 2014. 噻·氟腈·苯醚悬浮种衣剂的高效液相色谱分析. 农药科学与管理, 35(8): 43-46.

张成玲, 孔繁华, 张田田, 等. 2013. 不同杀菌剂对花生根茎部病害防治效果研究. 花生学报, (2): 49-52.

张登峰. 2002. 种衣剂对油菜经济性状及病虫为害程度影响的试验初报. 青海农林科技, (4): 8-10.

张凤玲, 孙锡勇, 孙红日, 等. 2006. 小麦种子包衣时间对发芽率的影响. 中国种业, (12): 34-35.

张国福, 李本杰, 王金花. 2014. 不同剂型苯醚甲环唑和嘧菌酯及其原药对斑马鱼的急性毒性评价. 农业环境科学学报, 33(11): 2125-2130.

张海清, 肖国超, 邹应斌, 等. 2005. 抗寒种衣剂对水稻秧苗抗寒性的影响. 湖南农业大学学报(自然科学版), 31(6): 597-601.

张海英, 吕和平, 李建军, 等. 2019. 低温胁迫下 30%噻虫嗪悬浮种衣剂对春小麦幼苗生长及生理的影响. 甘肃农业科技, (5): 10-16.

张浩. 2014. 甘草种衣剂的研究. 长春: 吉林农业大学硕士学位论文.

张浩, 高友丽, 陈勇, 等. 2015. 水稻种衣剂对秧苗生理生化及叶绿素荧光参数的影响. 西北植物学报, 35(2): 315-321.

张浩, 杨世海. 2014. 甘草种衣剂对甘草生长和甘草酸含量的影响. 人参研究, 26(3): 36-38.

张红骥, Xue A G, 许艳丽, 等. 2011. 尖镰孢菌和禾谷镰孢菌引起的大豆根腐病生物防治研究. 大豆科学, 30(1): 113-118.

张会春. 2006. 无公害农药恶霉灵的应用. 云南农业科技, (1): 45-46.

张进宏, 李芝凤. 1994. 卫福 200FF 棉花拌种效果. 湖北农业科学, 33(2): 15-17.

张静, 胡立勇. 2012. 农作物种子处理方法研究进展. 华中农业大学学报, 31(2): 258-264.

张军, 白志刚, 张立群, 等. 2001. 不同玉米种衣剂对发芽势影响初探. 内蒙古农业科技, 29(3): 21.

张军高, 李进, 王立红, 等. 2019. 复合型棉花种衣剂田间防效评价及减施分析. 新疆农业科学, 56(1): 154-165.

张俊, 蒋华华, 敬小莉, 等. 2011. 我国药用植物种质资源离体保存研究进展. 世界科学技术—中医药现代化, 13(3): 556-560.

张利艳. 2013. 种子处理对油菜种子萌发出苗及生长发育的影响. 武汉: 华中农业大学硕士学位论文.

张良, 李青阳, 肖长坤, 等. 2018. 含戊唑醇种衣剂对小麦的药害及其缓解药剂的研究. 农药, 57(6): 443-447.

张漫漫, 李布青, 刘亮, 等. 2010. AMPS/St/BA 三元共聚水稻种衣剂用成膜剂的合成. 化学与粘合, 32(3): 8-11.

张梦晗, 郭线茹, 闫凤鸣, 等. 2016. 咯菌腈种衣剂对西瓜种子发芽及幼苗生长的影响. 种子, 35(6): 1-3.

张梦晗, 韩卫丽, 雷彩燕, 等. 2018. 吡虫啉种衣剂对小麦幼苗氮代谢的影响及机制研究. 种子, 37(12): 77-80, 84.

张梦晗, 杨换玲, 郭线茹, 等. 2015. 吡虫啉种衣剂对小麦种子萌发和幼苗生长的影响及相关生理机制. 河南农业科学, 44(8): 76-79, 91.

张秋英, 王光华, 金剑, 等. 2003. 不同化控组合对大豆生育及产量的影响. 大豆科学, 22(4): 292-295.

张荣芳, 郑铁军, 李宝英, 等. 2015. 35%多·福·克大豆超微粉种衣剂应用效果研究. 黑龙江农业科学, (12): 50-54.

张芮宁, 袁舟宇, 陈萍. 2020. 禾生素在植物中的应用研究进展. 南方农业, 14(5): 117-120.

张善学, 陆红霞, 张余胜, 等. 2015. 一种包含壳寡糖的种衣剂及其用途和使用方法: 中国, CN102388881B.

张少民, 孙良斌, 阿里甫·艾尔西, 等. 2012. 药剂拌种对棉花种子低温萌发和成苗的影响. 种子, 31(6): 94-96.

张适潮, 俞凤仙, 卢兰珠, 等. 1989. 敌唑酮防治棉花苗期病害. 农药, 28(3): 50-51.

张书中, 王生军, 黄玉波, 等. 2008. 植物生长调节剂及锌在夏玉米上的应用研究. 安徽农业科学, 36(26): 11270-11271.

张淑珍, 王维峰, 西芳, 等. 2001. 大豆抗疫霉根腐病机制的研究进展. 大豆科学, 20(4): 290-294.

张舒, 胡洪涛. 2017. 我国水稻种子处理剂登记现状分析与展望. 农药, 56(10): 708-711.

张树权, 董志国, 常志敏, 等. 2000. 包衣大豆萌发期、苗期生理与形态指标研究. 大豆科学, 19(3): 286-290.

张帅, 闵红, 林彦茹, 等. 2019. 复合型种衣剂应用于小麦病虫害防控的示范效果. 中国植保导刊, 39(10): 57-60.

张帅, 尹姣, 曹雅忠, 等. 2016. 药用植物地下害虫发生现状与无公害综合防治策略. 植物保护, 42(3): 22-29.

张维耀. 2018. 生物种衣剂 SN100 田间防效及对大豆产量的影响. 黑龙江农业科学, (10): 61-62.

张文准, 臧逢春. 1987. 呋喃丹种衣剂防治玉米螟研究简报. 山东农业科学, 19(4): 44-46.

张宪政. 1992. 作物生理研究法. 北京: 农业出版社: 139-143, 205-212.

张晓洁, 隋洁, 王丽华, 等. 2005. 不同种衣剂对棉花种子活力与植株生长的影响. 山东农业科学, 37(3): 42-44.

张晓龙, 王世光. 1989. 小麦种子活力与产量的关系. 四川农业大学学报, 7(1): 11-14.

张颖, 梁颖弢, 张森林, 等. 2004. 水稻种子包衣剂应用效果研究. 种子, 23(7): 28-29.

张颖弢, 史明元, 梁颖, 等. 2004. 20%多福油菜种衣剂应用效果研究. 种子, 23(6): 71-72.

张勇. 2011. 水溶性壳聚糖的制备及性能研究. 大连: 大连理工大学硕士学位论文.

张幼珠, 尹桂波, 徐刚. 2004. 聚乙烯醇/明胶共混膜的结构和性能研究. 塑料工业, 32(5): 34-36.

张玉, 戚莹雪, 王蕾, 等. 2018. 丹参种子种苗质量标准研究进展. 中国种业, (6): 8-12.

张云生, 雷斌, 高文伟, 等. 2008. 抗旱耐盐碱棉花种衣剂田间筛选研究初报. 新疆农业科学, 45(4): 637-641.

张兆芬. 1989. 天津市北方种衣剂中试厂建成投产. 种子世界, (9): 7.

张志军, 李会珍, 乔绍俊, 等. 2010. 生物保水种衣剂对蔬菜种子发芽及幼苗生理特性的影响. 种子, 29(3): 36-38.

招启柏, 黄年生, 徐卯林. 2002. 我国烟草丸粒化包衣技术的研究与发展方向. 中国烟草科学, 23(1): 25-27.

赵建勋. 1996. 杂交稻种子包衣的应用研究. 安徽农业科学, 24(2): 108-110, 121.

赵建勋, 骆先登. 1994. 水稻种子包衣效果初报. 种子世界, (12): 20.

赵曼, 汤金荣, 董少奇, 等. 2020. 种衣剂对玉米田主要害虫发生及产量的影响. 河南农业科学, 49(6): 98-107.

赵明锁, 赵文志, 张剑民, 等. 2006. 生物种衣剂对油菜种子发芽和幼苗生长的影响. 种子科技, 24(2): 47-48.

赵培宝, 任爱芝. 2002. 包衣抗虫棉种田间出苗率低的原因及预防措施. 中国棉花, 29(5): 34-35.

赵小惠, 刘霞, 陈上林, 等. 2019. 药用植物遗传资源保护与应用. 中国现代中药, 21(11): 1456-1463.

赵艳杰, 杨德伟. 2013. 0.8%精甲·戊唑醇水稻种衣剂药效的研究. 种子世界, (9): 28-29.

赵翌帆, 朱利平, 徐又一, 等. 2011. 高分子超/微滤膜的亲水化改性: 从 PEG 化到离子化. 功能材料, 42(2): 193-197.

赵英, 肖丽华, 赵岩. 2012. 人参种衣剂的制备及使用方法: 中国, CN 201210336017.

赵振邦, 王月英, 张培培, 等. 2019. 不同种衣剂对大豆根腐病的防治效果研究. 安徽农学通报, 25(7): 60-62.

甄志高, 赵晓环, 王晓林, 等. 2004. 种衣剂对花生产量和品质的影响. 种子, 23(9): 64-65.

郑洁, 郭宝莲, 侯文婷. 2017. 几种新型种衣剂防治玉米螟田间药效试验. 现代农村科技, (7): 73-74.

郑青松, 刘友良. 2001. DPC 浸种提高棉苗耐盐性的作用和机理. 棉花学报, 13(5): 278-282.

郑庆伟. 2015. 先正达噻虫嗪·溴氰虫酰胺种子处理悬浮剂获药检所首登. 农药快讯, (1): 23.

郑铁军. 2006. 低温胁迫对烯唑醇包衣玉米种子萌发和幼苗生长的影响初探. 中国农学通报, 22(3): 182-184.

郑维, 林修碧. 1992. 新疆棉花生产与气象. 乌鲁木齐: 新疆科技卫生出版社.

钟家有, 王绍华, 陈霞, 等. 2000. 浸种型晚稻专用种衣剂包衣种子贮藏安全性研究. 江西农业学报, 12(4): 17-21.

周超, 张勇, 马冲, 等. 2021. 4 种杀虫剂对玉米 3 种害虫的毒力及种子处理防治效果评价. 植物保护, 47(3): 271-275, 293.

周国驰. 2018. 花生抗寒种衣剂配方优化及对产量、品质的影响. 沈阳: 沈阳农业大学硕士学位论文.

周美兰, 唐启源, 邹应斌, 等. 2006. 种子包衣剂对棉花育苗的影响. 湖南农业大学学报(自然科学版),

32(4): 357-361.

周扬, 吴琼, 刘梦丽, 等. 2017. 南疆棉区棉花立枯病菌和红腐病菌种间及种内菌株间的致病力比较. 新疆农业科学, 54(3): 489-496.

周元明, 高爱红, 李超. 2002. 水稻生物种衣剂应用效果. 现代化农业, (11): 16.

周园园, 王媛媛, 朱晓峰, 等. 2014. 生物种衣剂 SN101 的研制及其对大豆胞囊线虫病的防效. 中国油料作物学报, 36(4): 513-518.

朱峰, 何永福, 陈增龙, 等. 2021. 一种半夏微囊缓释悬浮种衣剂的制备方法、用途及防治半夏块茎腐烂病的方法: 中国, CN113115774A.

朱利平, 王建宇, 朱宝库, 等. 2008. 两亲性共聚物的分子设计与合成及其共混膜性能. 高分子学报, (4): 309-317.

朱为民, 朱龙英, 陆世钧, 等. 2001. 光合特性作为番茄设施专用品种选育指标的效应. 上海农业学报, 17(4): 45-48.

诸葛龙, 李健强, 马众文, 等. 2003. 江西花生、西瓜、甜瓜、辣椒四种作物种衣剂研究 I. 包衣种子发芽特性及其活力变化研究. 江西农业大学学报, 25(1): 35-40.

庄伟建, 官德义, 蔡米龙, 等. 2003. 促进花生种子在低温胁迫下发芽的种衣剂的筛选研究. 花生学报, 32(S1): 346-351.

Afifi M, Lee E, Lukens L, et al. 2015. Thiamethoxam as a seed treatment alters the physiological response of maize (*Zea mays*) seedlings to neighbouring weeds. Pest Management Science, 71(4): 505-514.

Afzal I, Javed T, Amirkhani M, et al. 2020. Modern seed technology: Seed coating delivery systems for enhancing seed and crop performance. Agriculture, 10(11): 526.

Albajes R, López C, Pons X. 2003. Predatory fauna in cornfields and response to imidacloprid seed treatment. Journal of Economic Entomology, 96(6): 1805-1813.

Al-Deeb M A, Wilde G E, Zhu K Y. 2001. Effect of insecticides used in corn, sorghum, and alfalfa on the predator *Orius insidious* (Hemiptera: Anthocoridae). Journal of Economic Entomology, 94(6): 1353-1360.

Chaton P F, Lempérière G, Tissut M, et al. 2008, Biological traits and feeding capacity of *Agriotes larvae*(Coleoptera: Elateridae): A trial of seed coating to control larval populations with the insecticide fipronil. Pesticide Biochemistry and Physiology, 90(2): 97-105.

Cycon M, Piotrowska-Seget Z. 2015. Biochemical and microbial soil functioning after application of the insecticide imidacloprid. Journal of Environmental Sciences, 27(1): 147-158.

Davis J P, Price K, Dean L L, et al. 2016. Peanut oil stability and physical properties across a range of industrially relevant oleic acid/linoleic acid ratios. Peanut Science, PS: 14-17.

Decourtye A, Devillers J, Cluzeau S, et al. 2004. Effects of imidacloprid and deltamethrin on associative learning in honeybees under semi-field and laboratory conditions. Ecotoxicology and Environmental Safety, 57(3): 410-419.

Decourtye A, Lacassie E, Pham-Delègue M. 2003. Learning performances of honeybees (*Apis mellifera* L.) are differentially affected by imidacloprid according to the season. Pest Management Science, 59(3): 269-278.

Deng Q X, Zeng D F. 2015. Physicochemical property testing of a novel maize seed coating agent and its antibacterial mechanism research. Open Journal of Soil Science, 5(2): 45-52.

Diarra A, Smith R J, Talbert R. 1989. Red rice (*Oryza sativa*) control in drill - seeded rice (*O. sativa*). Weed Sciednce, 33(5): 703-707.

Drinkwater T W, Groenewald L H. 1994. Comparison of imidacloprid and furathiocarb seed dressing insecticides for the control of the black maize beetle, *Heteronychus arator* Fabricius (Coleoptera: Scarabaeidae), in maize. Crop Protection, 13(6): 421-424.

Fabio S, Teresa R, Stefano D, et al. 2012. Effects of neonicotinoid dust from maize seed-dressing on honey bees. Bulletin of Insectology, 65(2): 273-280.

Fletcher R A, Hofstra G, Gao J G. 1986. Comparative fungitoxic and plant growth regulating properties of triazole derivatives. Plant and Cell Physiology, 27(2): 367-371.

Gesch R W, Archer D W, Spokas K. 2012. Can using polymer-coated seed reduce the risk of poor soybean emergence in no-tillage soil? Field Crops Research, 125: 109-116.

Girolami V, Marzaro M, Vivan L, et al. 2012. Fatal powdering of bees in flight with particulates of neonicotinoids seed coating and humidity implication. Journal of Applied Entomology, 136(1/2): 17-26.

Girolami V, Mazzon L, Squartini A, et al. 2009. Translocation of neonicotinoid insecticides from coated seeds to seedling guttation drops: A novel way of intoxication for bees. Journal of Economic Entomology, 102(5): 1808-1815.

Han R, Wu Z, Huang Z, et al. 2021. Tracking pesticide exposure to operating workers for risk assessment in seed coating with tebuconazole and carbofuran. Pest Management Science, 77(6): 2820-2825.

Helms T C, Deckard E, Goos R J, et al. 1996. Soybean seedling emergence influenced by days of soil water stress and soil temperature. Agronomy Journal, 88(4): 657-661.

Henry M, Béguin M, Requier F, et al. 2012. A common pesticide decreases foraging success and survival in honey bees. Science, 336(6079): 348-350.

Jarecki W, Wietecha J. 2021. Effect of seed coating on the yield of soybean Glycine max (L.) Merr. Plant Soil and Environment, 67(8): 468-473.

Jeschke P, Lösel P, Hellwege E, et al. 2022. N-Hetaryl-[2(1H)-pyridinyliden]cyanamides: A new class of systemic insecticides. Journal of Agricultural and Food Chemistry, 70(36): 11097-11108.

Jouyban Z, Hasanzade R, Sharafi S. 2013. Chilling stress in plants. International Journal of Agriculture and Crop Sciences, 24(5): 2961-2968.

Kanampiu F, Kabme V, Massawe C. 2003. Multi-site, multi-season field tests demonstrate that herbicide seed coating herbidde-resistance maize controls Striga spp. and increases yields in several African countries. Crop Protection, 22(5): 697-706.

Kaufman G. 1991. Seed coating: A tool for stand establishment and a stimulus to seed quality. Hort Technology, 1(1): 98-102.

Krupke C H, Holland J D, Long E Y, et al. 2017. Planting of neonicotinoid-treated maize poses risks for honey bees and other non-target organisms over a wide area without consistent crop yield benefit. The Journal of Applied Ecology, 54: 1449-1458.

Kuhar T P, Stivers-Young L J, Hoffmann M P, et al. 2002. Control of corn flea beetle and Stewart's wilt in sweet corn with imidacloprid and thiamethoxam seed treatments. Crop Protection, 21(1): 25-31.

Lin C H, Sponsler D B, Richardson R T, et al. 2021. honey bees and neonicotinoid-treated corn seed: contamination, exposure, and effects. Environmental Toxicology and Chemistry, 40(4): 1212-1221.

Lopez-Antia A, Ortiz-Santaliestra M E, Mougeot F, et al. 2015. Imidacloprid-treated seed ingestion has lethal effect on adult partridges and reduces both breeding investment and offspring immunity. Environmental Research, 136: 97-107.

Mano J F. 2007. Structural evolution of the amorphous phase during crystallization of poly(l-lactic acid): A synchrotron wide-angle X-ray scattering study. Journal of Non-Crystalline Solids, 353(26): 2567-2572.

Mommaerts V, Reynders S, Boulet J, et al. 2010. Risk assessment for side-effects of neonicotinoids against bumblebees with and without impairing foraging behavior. Ecotoxicology, 19(1): 207-215.

Moser S E, Obrycki J J. 2009. Non-target effects of neonicotinoid seed treatments; mortality of coccinellid larvae related to zoophytophagy. Biological Control, 51(3): 487-492.

Nault B A, Shelton A M, Gangloff-Kaufmann J L, et al. 2006. Reproductive modes in onion thrips (Thysanoptera: Thripidae) populations from New York onion fields. Environmental Entomology, 35(5): 1264-1271.

Nickell L G. 1982. Plant Growth Regulators-Agricultural Uses. Berlin: Springer-Verlag.

Pearsons K A, Rowen E K, Elkin K R, et al. 2021. Small-grain cover crops have limited effect on neonicotinoid contamination from seed coatings. Environmental Science and Technology, 55(8): 4679-4687.

Pons X, Albajes R. 2002. Control of maize pests with imidacloprid seed dressing treatment in Catalonia (NE Iberian Peninsula) under traditional crop conditions. Crop Protection, 21(10): 943-950.

Prosser P, Hart A. 2005. Assessing potential exposure of birds to pesticide-treated seeds. Ecotoxicology, 14(7):

679-691.

Ransom J, Kanampiu F, Gressel J, et al. 2012. Herbicide applied to imidazolinone resistant-maize seed as a *Striga* control option for small-scale African farmers. Weed Science, 60(2): 283-289.

Raveton M, Aajoud A, Willison J, et al. 2007. Soil distribution of fipronil and its metabolites originating from a seed- coated formulation. Chemosphere, 69(7): 1124-1129.

Roy C L, Coy P L, Chen D, et al. 2019. Multi-scale availability of neonicotinoid-treated seed for wildlife in an agricultural landscape during spring planting. Science of the Total Environment, 682(10): 271-281.

Ruelland E, Vaultier M N, Zachowski A. 2009. Cold signalling and cold acclimation in plants. Advances in Botanical Research, 49: 35-150.

Tanada-Palmu P S, Proena P, Trani P E, et al. 2004. Covering broccoli and parsley seeds with biodegradable films and coatings. Bragantia, 64(2): 291-297.

Tapparo A, Marton D, Giorio C, et al. 2012. Assessment of the environmental exposure of honeybees to particulate matter containing neonicotinoid insecticides coming from corn coated seeds. Environmental Science & Technology, 46(5): 2592-2599.

Taylor A G, Harman G E. 1990. Concepts and technologies of selected seed treatments. Annual Review of Phytopathology, 28: 321-339.

Tu L, He Y, Shan C, et al. 2016. Preparation of microencapsulated *Bacillus subtilis* SL-13 seed coating agents and their effects on the growth of cotton seedlings. BioMed Research International, (2): 1-7.

Wang F, Yao S, Cao D, et al. 2020. Increased triazole-resistance and cyp51A mutations in *Aspergillus fumigatus* after selection with a combination of the triazole fungicides difenoconazole and propiconazole. Journal of Hazardous Materials, 400(1): 123200.

Wang P, Yang X, Wang J, et al. 2012. Multi-residue method for determination of seven neonicotinoid insecticides in grains using dispersive solid-phase extraction and dispersive liquid-liquid micro-extraction by high performance liquid chromatography. Food Chemistry, 134(3): 1691-1698.

Werner S J, Linz G M, Carlson J C, et al. 2011. Anthraquinone-based bird repellent for sunflower crops. Applied Animal Behaviour Science, 129(2-4): 162-169.

Wilde G, Roozeboom K, Ahmad A, et al. 2007. Seed treatment effects on early-season pests of corn and on corn growth and yield in the absence of insect pests. Journal of Agricultural and Urban Entomology, 24(4): 177-193.

Wilde G, Roozeboom K, Claassen M, et al. 2004. Seed treatment effects on early-season pests of corn and its effect on yield in the absence of insect pests. Journal of Agricultural and Urban Entomology, 21(2): 75-85.

Zeng D F, Wang H. 2010. Preparation of a novel highly effective and environmental friendly wheat seed coating agent. Agricultural Sciences in China, 9(7): 937-941.

Zeng D F, Wang F, Wang Z E. 2012. Preparation and study of a novel, environmentally friendly seed-coating agent for wheat. Communications in Soil Science and Plant Analysis, 43(10): 1490-1497.

Zeng G, Chen M, Zeng Z. 2013. Risks of neonicotinoid pesticides. Science, 340(6139): 1403.

附 录

附表 1 种衣剂（单剂）登记信息*

登记证号	农药名称	农药类别	有效成分含量	剂型	施用方法	作物/场所	防治对象
PD20121692	吡虫啉	杀虫剂	600 g/L	悬浮种衣剂	种子包衣	玉米	灰飞虱，蚜虫
PD20142464	吡虫啉	杀虫剂	600 g/L	悬浮种衣剂	种子包衣	小麦，玉米	蚜虫
PD20170036	吡虫啉	杀虫剂	600 g/L	悬浮种衣剂	种子包衣	小麦	蚜虫
PD20171444	吡虫啉	杀虫剂	600 g/L	悬浮种衣剂	种子包衣	小麦	蚜虫
PD20171480	吡虫啉	杀虫剂	600 g/L	悬浮种衣剂	种子包衣	小麦	蚜虫
PD20172096	吡虫啉	杀虫剂	600 g/L	悬浮种衣剂	种子包衣	小麦	蚜虫
PD20173359	吡虫啉	杀虫剂	600 g/L	悬浮种衣剂	种子包衣	小麦	蚜虫
PD20173285	吡虫啉	杀虫剂	600 g/L	悬浮种衣剂	种子包衣	小麦	蚜虫
PD20180826	吡虫啉	杀虫剂	600 g/L	悬浮种衣剂	种子包衣	小麦	蚜虫
PD20183203	吡虫啉	杀虫剂	600 g/L	悬浮种衣剂	种子包衣	小麦	蚜虫
PD20184277	吡虫啉	杀虫剂	600 g/L	悬浮种衣剂	种子包衣	小麦	蚜虫
PD20141100	吡虫啉	杀虫剂	600 g/L	悬浮种衣剂	种子包衣	小麦	蚜虫
PD20141110	吡虫啉	杀虫剂	600 g/L	悬浮种衣剂	种子包衣	小麦	蚜虫
PD20141690	吡虫啉	杀虫剂	600 g/L	悬浮种衣剂	种子包衣	小麦	蚜虫
PD20142043	吡虫啉	杀虫剂	600 g/L	悬浮种衣剂	种子包衣	小麦	蚜虫
PD20142103	吡虫啉	杀虫剂	600 g/L	悬浮种衣剂	种子包衣	小麦	蚜虫
PD20150312	吡虫啉	杀虫剂	600 g/L	悬浮种衣剂	种子包衣	小麦	蚜虫
PD20150655	吡虫啉	杀虫剂	600 g/L	悬浮种衣剂	种子包衣	小麦	蚜虫
PD20151049	吡虫啉	杀虫剂	600 g/L	悬浮种衣剂	种子包衣	小麦	蚜虫
PD20152083	吡虫啉	杀虫剂	600 g/L	悬浮种衣剂	种子包衣	小麦	蚜虫
PD20171989	吡虫啉	杀虫剂	30%	悬浮种衣剂	种子包衣	小麦	蚜虫
PD20182721	吡虫啉	杀虫剂	30%	悬浮种衣剂	种子包衣	小麦	蚜虫
PD20050163	吡虫啉	杀虫剂	1%	悬浮种衣剂	种子包衣	水稻秧田	蓟马
PD20084579	吡虫啉	杀虫剂	600 g/L	悬浮种衣剂	种子包衣	水稻，小麦，玉米	蓟马，蚜虫
PD20160170	吡虫啉	杀虫剂	600 g/L	悬浮种衣剂	种子包衣	水稻	稻飞虱
PD20170575	吡虫啉	杀虫剂	600 g/L	悬浮种衣剂	种子包衣	棉花，小麦	蚜虫
PD20131321	吡虫啉	杀虫剂	600 g/L	悬浮种衣剂	种子包衣	棉花，小麦	蚜虫
PD20131920	吡虫啉	杀虫剂	600 g/L	悬浮种衣剂	种子包衣	棉花，小麦	蚜虫
PD20140827	吡虫啉	杀虫剂	600 g/L	悬浮种衣剂	种子包衣	棉花，小麦	蚜虫
PD20160158	吡虫啉	杀虫剂	600 g/L	悬浮种衣剂	种子包衣	棉花，小麦	蚜虫

登记证号	农药名称	农药类别	有效成分含量	剂型	施用方法	作物/场所	防治对象
PD20170303	吡虫啉	杀虫剂	600 g/L	悬浮种衣剂	种子包衣	棉花	蚜虫
PD20170458	吡虫啉	杀虫剂	600 g/L	悬浮种衣剂	种子包衣	棉花	蚜虫
PD20170768	吡虫啉	杀虫剂	600 g/L	悬浮种衣剂	种子包衣	棉花	蚜虫
PD20171083	吡虫啉	杀虫剂	600 g/L	悬浮种衣剂	种子包衣	棉花	蚜虫
PD20171518	吡虫啉	杀虫剂	600 g/L	悬浮种衣剂	种子包衣	棉花	蚜虫
PD20131502	吡虫啉	杀虫剂	600 g/L	悬浮种衣剂	种子包衣	棉花	蚜虫
PD20131552	吡虫啉	杀虫剂	600 g/L	悬浮种衣剂	种子包衣	棉花	蚜虫
PD20132056	吡虫啉	杀虫剂	600 g/L	悬浮种衣剂	种子包衣	棉花	蚜虫
PD20132323	吡虫啉	杀虫剂	600 g/L	悬浮种衣剂	种子包衣	棉花	蚜虫
PD20141460	吡虫啉	杀虫剂	600 g/L	悬浮种衣剂	种子包衣	棉花	蚜虫
PD20141972	吡虫啉	杀虫剂	600 g/L	悬浮种衣剂	种子包衣	棉花	蚜虫
PD20142042	吡虫啉	杀虫剂	600 g/L	悬浮种衣剂	种子包衣	棉花	蚜虫
PD20097848	吡虫啉	杀虫剂	600 g/L	悬浮种衣剂	种子包衣	棉花	蚜虫
PD20142591	吡虫啉	杀虫剂	600 g/L	悬浮种衣剂	种子包衣	棉花	蚜虫
PD20150260	吡虫啉	杀虫剂	600 g/L	悬浮种衣剂	种子包衣	棉花	蚜虫
PD20150209	吡虫啉	杀虫剂	600 g/L	悬浮种衣剂	种子包衣	棉花	蚜虫
PD20050056	吡虫啉	杀虫剂	600 g/L	悬浮种衣剂	种子包衣	棉花	蚜虫
PD20151078	吡虫啉	杀虫剂	600 g/L	悬浮种衣剂	种子包衣	棉花	蚜虫
PD20151124	吡虫啉	杀虫剂	600 g/L	悬浮种衣剂	种子包衣	棉花	蚜虫
PD20151400	吡虫啉	杀虫剂	600 g/L	悬浮种衣剂	种子包衣	棉花	蚜虫
PD20151568	吡虫啉	杀虫剂	600 g/L	悬浮种衣剂	种子包衣	棉花	蚜虫
PD20151595	吡虫啉	杀虫剂	600 g/L	悬浮种衣剂	种子包衣	棉花	蚜虫
PD20152179	吡虫啉	杀虫剂	600 g/L	悬浮种衣剂	种子包衣	棉花	蚜虫
PD20152535	吡虫啉	杀虫剂	600 g/L	悬浮种衣剂	种子包衣	棉花	蚜虫
PD20152523	吡虫啉	杀虫剂	600 g/L	悬浮种衣剂	种子包衣	棉花	蚜虫
PD20110595	吡虫啉	杀虫剂	600 g/L	悬浮种衣剂	种子包衣	棉花	蚜虫
PD20180888	吡虫啉	杀虫剂	350 g/L	悬浮种衣剂	种子包衣	棉花	蚜虫
PD20140013	吡虫啉	杀虫剂	600 g/L	悬浮种衣剂	种子包衣	花生, 玉米	金针虫
PD20151487	吡虫啉	杀虫剂	600 g/L	悬浮种衣剂	种子包衣	花生, 玉米	蛴螬
PD20183909	吡虫啉	杀虫剂	600 g/L	悬浮种衣剂	种子包衣	花生, 小麦, 玉米	蛴螬, 蚜虫, 金针虫
PD20141465	吡虫啉	杀虫剂	600 g/L	悬浮种衣剂	种子包衣	花生, 小麦, 玉米	蛴螬, 蚜虫
PD20180207	吡虫啉	杀虫剂	600 g/L	悬浮种衣剂	种子包衣	花生, 小麦	蛴螬, 蚜虫
PD20150144	吡虫啉	杀虫剂	600 g/L	悬浮种衣剂	种子包衣	花生, 小麦	蛴螬, 蚜虫
PD20150257	吡虫啉	杀虫剂	600 g/L	悬浮种衣剂	种子包衣	花生, 小麦	蛴螬, 蚜虫

续表

登记证号	农药名称	农药类别	有效成分含量	剂型	施用方法	作物/场所	防治对象
PD20152177	吡虫啉	杀虫剂	600 g/L	悬浮种衣剂	种子包衣	花生，水稻，小麦	蛴螬，稻飞虱，蓟马，蚜虫
PD20171251	吡虫啉	杀虫剂	600 g/L	悬浮种衣剂	种子包衣	花生，棉花，小麦玉米	蛴螬，蚜虫
PD20141284	吡虫啉	杀虫剂	600 g/L	悬浮种衣剂	种子包衣	花生，棉花，小麦	蛴螬，蚜虫
PD20100451	吡虫啉	杀虫剂	600 g/L	悬浮种衣剂	种子包衣	花生，棉花	蛴螬，蚜虫
PD20173040	吡虫啉	杀虫剂	600 g/L	悬浮种衣剂	种子包衣	花生	蛴螬
PD20180525	吡虫啉	杀虫剂	600 g/L	悬浮种衣剂	种子包衣	花生	蛴螬
PD20131762	吡虫啉	杀虫剂	600 g/L	悬浮种衣剂	种子包衣	花生	蛴螬
PD20151813	吡虫啉	杀虫剂	600 g/L	悬浮种衣剂	种子包衣	花生	蛴螬
PD20152234	吡虫啉	杀虫剂	600 g/L	悬浮种衣剂	种子包衣	花生	蛴螬
PD20152359	吡虫啉	杀虫剂	600 g/L	悬浮种衣剂	种子包衣	花生	蛴螬
PD20121692	吡虫啉	杀虫剂	600 g/L	悬浮种衣剂	种子包衣	玉米	灰飞虱，蚜虫
PD20121181	吡虫啉	杀虫剂	600 g/L	悬浮种衣剂	种子包衣，种薯包衣，拌种	花生，马铃薯，棉花，水稻，小麦，玉米	蛴螬，蚜虫，蓟马
PD20150530	氟虫腈	杀虫剂	50 g/L	悬浮种衣剂	种子包衣	玉米	灰飞虱
PD20150023	氟虫腈	杀虫剂	8%	悬浮种衣剂	种子包衣	玉米	灰飞虱
PD20111420	氟虫腈	杀虫剂	8%	悬浮种衣剂	种子包衣	玉米	蛴螬
PD20141881	氟虫腈	杀虫剂	8%	悬浮种衣剂	种子包衣	玉米	蛴螬
PD20141896	氟虫腈	杀虫剂	8%	悬浮种衣剂	种子包衣	玉米	蛴螬
PD20142350	氟虫腈	杀虫剂	8%	悬浮种衣剂	种子包衣	玉米	蛴螬
PD20150607	氟虫腈	杀虫剂	8%	悬浮种衣剂	种子包衣	玉米	蛴螬
PD20150651	氟虫腈	杀虫剂	8%	悬浮种衣剂	种子包衣	玉米	蛴螬
PD20150720	氟虫腈	杀虫剂	8%	悬浮种衣剂	种子包衣	玉米	蛴螬
PD20151454	氟虫腈	杀虫剂	8%	悬浮种衣剂	种子包衣	玉米	蛴螬
PD20140491	氟虫腈	杀虫剂	5%	悬浮种衣剂	种子包衣	玉米	蛴螬
PD20140915	氟虫腈	杀虫剂	5%	悬浮种衣剂	种子包衣	玉米	蛴螬
PD20140936	氟虫腈	杀虫剂	5%	悬浮种衣剂	种子包衣	玉米	蛴螬
PD20141662	氟虫腈	杀虫剂	5%	悬浮种衣剂	种子包衣	玉米	蛴螬
PD20142162	氟虫腈	杀虫剂	5%	悬浮种衣剂	种子包衣	玉米	蛴螬
PD20142627	氟虫腈	杀虫剂	5%	悬浮种衣剂	种子包衣	玉米	蛴螬
PD20150557	氟虫腈	杀虫剂	5%	悬浮种衣剂	种子包衣	玉米	蛴螬
PD20150875	氟虫腈	杀虫剂	5%	悬浮种衣剂	种子包衣	玉米	蛴螬
PD20151071	氟虫腈	杀虫剂	5%	悬浮种衣剂	种子包衣	玉米	蛴螬
PD20151945	氟虫腈	杀虫剂	5%	悬浮种衣剂	种子包衣	玉米	蛴螬

登记证号	农药名称	农药类别	有效成分含量	剂型	施用方法	作物/场所	防治对象
PD20141593	氟虫腈	杀虫剂	5%	悬浮种衣剂	种子包衣	玉米	金针虫，蛴螬
PD20132067	氟虫腈	杀虫剂	5%	悬浮种衣剂	种子包衣	玉米	蚜虫
PD20151416	氟虫腈	杀虫剂	5%	悬浮种衣剂	拌种	玉米	蛴螬
PD20151294	氟虫腈	杀虫剂	5%	悬浮种衣剂	拌种	玉米	蛴螬
PD20120737	氟虫腈	杀虫剂	5%	悬浮种衣剂	拌种	玉米	蛴螬
PD20130215	氟虫腈	杀虫剂	5%	悬浮种衣剂	拌种	玉米	蛴螬
PD20130805	氟虫腈	杀虫剂	5%	悬浮种衣剂	拌种	玉米	蛴螬
PD20161602	噻虫嗪	杀虫剂	35%	悬浮种衣剂	种子包衣	玉米	蚜虫
PD20170134	噻虫嗪	杀虫剂	30%	悬浮种衣剂	种子包衣	小麦	蚜虫
PD20171785	噻虫嗪	杀虫剂	35%	悬浮种衣剂	种子包衣	玉米	蚜虫
PD20171966	噻虫嗪	杀虫剂	35%	悬浮种衣剂	种子包衣	玉米	蚜虫
PD20180323	噻虫嗪	杀虫剂	35%	悬浮种衣剂	种子包衣	玉米	灰飞虱
PD20170969	噻虫嗪	杀虫剂	30%	悬浮种衣剂	种子包衣	玉米	灰飞虱
PD20172137	噻虫嗪	杀虫剂	30%	悬浮种衣剂	种子包衣	玉米	灰飞虱
PD20172942	噻虫嗪	杀虫剂	30%	悬浮种衣剂	种子包衣	玉米	灰飞虱
PD20181201	噻虫嗪	杀虫剂	30%	悬浮种衣剂	种子包衣	玉米	灰飞虱
PD20170845	噻虫嗪	杀虫剂	35%	悬浮种衣剂	种子包衣	小麦，玉米	蚜虫
PD20172575	噻虫嗪	杀虫剂	35%	悬浮种衣剂	种子包衣	小麦，玉米	金针虫，灰飞虱
PD20181497	噻虫嗪	杀虫剂	16%	悬浮种衣剂	种子包衣	小麦	蚜虫
PD20160399	噻虫嗪	杀虫剂	48%	悬浮种衣剂	种子包衣	水稻，玉米	蓟马，灰飞虱
PD20151404	噻虫嗪	杀虫剂	35%	悬浮种衣剂	种子包衣	水稻，玉米	蓟马，蚜虫
PD20152167	噻虫嗪	杀虫剂	35%	悬浮种衣剂	种子包衣	水稻，玉米	蓟马，灰飞虱
PD20161014	噻虫嗪	杀虫剂	35%	悬浮种衣剂	种子包衣	水稻，玉米	蓟马，灰飞虱
PD20170878	噻虫嗪	杀虫剂	30%	悬浮种衣剂	种子包衣	水稻，玉米	蓟马，蚜虫
PD20141934	噻虫嗪	杀虫剂	30%	悬浮种衣剂	种子包衣，拌种	水稻，玉米	稻飞虱，蚜虫
PD20152569	噻虫嗪	杀虫剂	30%	悬浮种衣剂	拌种	水稻，玉米	蓟马，蚜虫
PD20182799	噻虫嗪	杀虫剂	35%	悬浮种衣剂	种子包衣	水稻	蓟马
PD20160717	噻虫嗪	杀虫剂	30%	悬浮种衣剂	种子包衣	水稻	蓟马
PD20183642	噻虫嗪	杀虫剂	40%	悬浮种衣剂	种子包衣	棉花，小麦，玉米	蚜虫，金针虫
PD20151947	噻虫嗪	杀虫剂	30%	悬浮种衣剂	种子包衣	马铃薯，水稻，油菜，小麦，玉米	蚜虫，蓟马，跳甲，金针虫
PD20170229	噻虫嗪	杀虫剂	40%	悬浮种衣剂	种子包衣	马铃薯，棉花，油菜，小麦	蚜虫，黄条跳甲，灰飞虱
PD20171952	噻虫嗪	杀虫剂	30%	悬浮种衣剂	种子包衣	花生，玉米	蛴螬，灰飞虱

登记证号	农药名称	农药类别	有效成分含量	剂型	施用方法	作物/场所	防治对象
PD20183661	噻虫嗪	杀虫剂	16%	悬浮种衣剂	种子包衣	花生，小麦，玉米	蛴螬，蚜虫，灰飞虱
PD78-88	克百威	杀虫剂	350 g/L	悬浮种衣剂	种子处理	棉花，甜菜，玉米	蚜虫，地下害虫
PD20083226	克百威	杀虫剂	10%	悬浮种衣剂	种子包衣	玉米	地下害虫
PD20084937	克百威	杀虫剂	10%	悬浮种衣剂	种子包衣	玉米	地老虎，金针虫，蛴螬，蝼蛄
PD20091480	克百威	杀虫剂	9%	悬浮种衣剂	种子包衣	大豆，玉米	地下害虫
PD20182984	噻虫胺	杀虫剂	30%	悬浮种衣剂	种子包衣	小麦	蚜虫
PD20070198	氯氰菊酯	杀虫剂	300 g/L	悬浮种衣剂	种子包衣	小麦，玉米	金针虫，地下害虫
PD20120130	硫双威	杀虫剂	375 g/L	悬浮种衣剂	拌种法	棉花	小地老虎
PD20183433	呋虫胺	杀虫剂	8%	悬浮种衣剂	种子包衣，种薯包衣	花生，马铃薯，水稻，小麦，玉米	蛴螬，稻飞虱，蚜虫
PD20173155	丁硫克百威	杀虫剂	20%	悬浮种衣剂	种子包衣	玉米	蛴螬
PD20152016	吡蚜酮	杀虫剂	30%	悬浮种衣剂	种子包衣	水稻	稻飞虱
PD20083872	辛硫磷	杀虫剂	3%	水乳种衣剂	种子包衣	玉米	金针虫，小地老虎，蛴螬
PD20152491	苏云金杆菌	杀虫剂/杀菌剂	4000 IU/mg	悬浮种衣剂	种子包衣	大豆	孢囊线虫
PD20142417	苯醚甲环唑	杀菌剂	3%	悬浮种衣剂	种子包衣	棉花，小麦	立枯病，全蚀病
PD20170196	苯醚甲环唑	杀菌剂	3%	悬浮种衣剂	种子包衣	小麦	全蚀病，散黑穗病
PD20170308	苯醚甲环唑	杀菌剂	3%	悬浮种衣剂	种子包衣	小麦	全蚀病，散黑穗病
PD20070054	苯醚甲环唑	杀菌剂	30 g/L	悬浮种衣剂	种子包衣	小麦	全蚀病，散黑穗病，纹枯病
PD20170437	苯醚甲环唑	杀菌剂	30 g/L	悬浮种衣剂	种子包衣	小麦	全蚀病
PD20170978	苯醚甲环唑	杀菌剂	30 g/L	悬浮种衣剂	种子包衣	小麦	散黑穗病
PD20171006	苯醚甲环唑	杀菌剂	30 g/L	悬浮种衣剂	种子包衣	小麦	全蚀病
PD20121055	苯醚甲环唑	杀菌剂	30 g/L	悬浮种衣剂	种子包衣	小麦	散黑穗病，纹枯病
PD20171440	苯醚甲环唑	杀菌剂	30 g/L	悬浮种衣剂	种子包衣	小麦	全蚀病
PD20171853	苯醚甲环唑	杀菌剂	30 g/L	悬浮种衣剂	种子包衣	小麦	全蚀病
PD20172511	苯醚甲环唑	杀菌剂	30 g/L	悬浮种衣剂	种子包衣	小麦	全蚀病
PD20172297	苯醚甲环唑	杀菌剂	30 g/L	悬浮种衣剂	种子包衣	小麦	散黑穗病
PD20173324	苯醚甲环唑	杀菌剂	30 g/L	悬浮种衣剂	种子包衣	小麦	全蚀病
PD20095006	苯醚甲环唑	杀菌剂	30 g/L	悬浮种衣剂	种子包衣	小麦	全蚀病，散黑穗病，纹枯病
PD20141635	苯醚甲环唑	杀菌剂	30 g/L	悬浮种衣剂	种子包衣	小麦	全蚀病

登记证号	农药名称	农药类别	有效成分含量	剂型	施用方法	作物/场所	防治对象
PD20141686	苯醚甲环唑	杀菌剂	30 g/L	悬浮种衣剂	种子包衣	小麦	全蚀病，散黑穗病，纹枯病
PD20150578	苯醚甲环唑	杀菌剂	30 g/L	悬浮种衣剂	种子包衣	小麦	纹枯病
PD20150839	苯醚甲环唑	杀菌剂	30 g/L	悬浮种衣剂	种子包衣	小麦	全蚀病
PD20150895	苯醚甲环唑	杀菌剂	30 g/L	悬浮种衣剂	种子包衣	小麦	全蚀病
PD20151870	苯醚甲环唑	杀菌剂	30 g/L	悬浮种衣剂	种子包衣	小麦	散黑穗病
PD20152058	苯醚甲环唑	杀菌剂	30 g/L	悬浮种衣剂	种子包衣	小麦	散黑穗病
PD20160172	苯醚甲环唑	杀菌剂	30 g/L	悬浮种衣剂	种子包衣	小麦	散黑穗病
PD20160695	苯醚甲环唑	杀菌剂	30 g/L	悬浮种衣剂	种子包衣	小麦	全蚀病，散黑穗病
PD20160742	苯醚甲环唑	杀菌剂	30 g/L	悬浮种衣剂	种子包衣	小麦	全蚀病
PD20160834	苯醚甲环唑	杀菌剂	30 g/L	悬浮种衣剂	种子包衣	小麦	全蚀病
PD20160881	苯醚甲环唑	杀菌剂	30 g/L	悬浮种衣剂	种子包衣	小麦	全蚀病
PD20161065	苯醚甲环唑	杀菌剂	30 g/L	悬浮种衣剂	种子包衣	小麦	散黑穗病
PD20161141	苯醚甲环唑	杀菌剂	30 g/L	悬浮种衣剂	种子包衣	小麦	散黑穗病
PD20161161	苯醚甲环唑	杀菌剂	30 g/L	悬浮种衣剂	种子包衣	小麦	散黑穗病
PD20171064	苯醚甲环唑	杀菌剂	3%	悬浮种衣剂	种子包衣	小麦	散黑穗病
PD20173332	苯醚甲环唑	杀菌剂	3%	悬浮种衣剂	种子包衣	小麦	全蚀病
PD20180094	苯醚甲环唑	杀菌剂	3%	悬浮种衣剂	种子包衣	小麦	全蚀病
PD20180756	苯醚甲环唑	杀菌剂	3%	悬浮种衣剂	种子包衣	小麦	散黑穗病，纹枯病
PD20140243	苯醚甲环唑	杀菌剂	3%	悬浮种衣剂	种子包衣	小麦	全蚀病
PD20142311	苯醚甲环唑	杀菌剂	3%	悬浮种衣剂	种子包衣	小麦	全蚀病
PD20150912	苯醚甲环唑	杀菌剂	3%	悬浮种衣剂	种子包衣	小麦	全蚀病，散黑穗病
PD20151379	苯醚甲环唑	杀菌剂	3%	悬浮种衣剂	种子包衣	小麦	全蚀病
PD20151429	苯醚甲环唑	杀菌剂	3%	悬浮种衣剂	种子包衣	小麦	全蚀病
PD20151234	苯醚甲环唑	杀菌剂	3%	悬浮种衣剂	种子包衣	小麦	纹枯病
PD20151468	苯醚甲环唑	杀菌剂	3%	悬浮种衣剂	喷雾	小麦	全蚀病
PD20151499	苯醚甲环唑	杀菌剂	3%	悬浮种衣剂	种子包衣	小麦	全蚀病
PD20152103	苯醚甲环唑	杀菌剂	3%	悬浮种衣剂	种子包衣	小麦	全蚀病
PD20160600	苯醚甲环唑	杀菌剂	3%	悬浮种衣剂	种子包衣	小麦	散黑穗病
PD20132257	苯醚甲环唑	杀菌剂	30 g/L	悬浮种衣剂	种子包衣	小麦，芝麻	全蚀病，散黑穗病，纹枯病，茎腐病
PD20142064	苯醚甲环唑	杀菌剂	30 g/L	悬浮种衣剂	种子包衣	小麦，芝麻	全蚀病，散黑穗病，纹枯病，茎腐病

登记证号	农药名称	农药类别	有效成分含量	剂型	施用方法	作物/场所	防治对象
PD20110335	苯醚甲环唑	杀菌剂	3%	悬浮种衣剂	种子包衣	小麦，玉米	全蚀病，散黑穗病，丝黑穗病
PD20161368	苯醚甲环唑	杀菌剂	3%	悬浮种衣剂	种子包衣	小麦，玉米	散黑穗病，丝黑穗病
PD20150093	苯醚甲环唑	杀菌剂	30 g/L	悬浮种衣剂	种子包衣	小麦，芝麻	全蚀病，茎腐病
PD20151501	苯醚甲环唑	杀菌剂	30 g/L	悬浮种衣剂	种子包衣	小麦，芝麻	散黑穗病，茎腐病
PD20160841	苯醚甲环唑	杀菌剂	30 g/L	悬浮种衣剂	种子包衣	小麦，芝麻	纹枯病，茎腐病
PD20141892	苯醚甲环唑	杀菌剂	3%	悬浮种衣剂	种子包衣	玉米	丝黑穗病
PD20182700	苯醚甲环唑	杀菌剂	0.30%	悬浮种衣剂	种子包衣	玉米	丝黑穗病
PD20152251	苯醚甲环唑	杀菌剂	3%	悬浮种衣剂	种子包衣	玉米，芝麻	丝黑穗病，茎腐病
PD20130222	戊唑醇	杀菌剂	60 g/L	悬浮种衣剂	种子包衣	玉米	丝黑穗病
PD20131687	戊唑醇	杀菌剂	60 g/L	悬浮种衣剂	种子包衣	玉米	丝黑穗病
PD20141260	戊唑醇	杀菌剂	60 g/L	悬浮种衣剂	种子包衣	玉米	丝黑穗病
PD20101224	戊唑醇	杀菌剂	60 g/L	悬浮种衣剂	种子包衣	玉米	丝黑穗病
PD20160884	戊唑醇	杀菌剂	60 g/L	悬浮种衣剂	种子包衣	玉米	丝黑穗病
PD20161328	戊唑醇	杀菌剂	6%	悬浮种衣剂	种子包衣	玉米	丝黑穗病
PD20161597	戊唑醇	杀菌剂	6%	悬浮种衣剂	种子包衣	玉米	丝黑穗病
PD20170625	戊唑醇	杀菌剂	6%	悬浮种衣剂	种子包衣	玉米	丝黑穗病
PD20171540	戊唑醇	杀菌剂	6%	悬浮种衣剂	种子包衣	玉米	丝黑穗病
PD20131008	戊唑醇	杀菌剂	6%	悬浮种衣剂	种子包衣	玉米	丝黑穗病
PD20183703	戊唑醇	杀菌剂	6%	悬浮种衣剂	种子包衣	玉米	丝黑穗病
PD20131778	戊唑醇	杀菌剂	6%	悬浮种衣剂	种子包衣	玉米	丝黑穗病
PD20142018	戊唑醇	杀菌剂	6%	悬浮种衣剂	种子包衣	玉米	丝黑穗病
PD20142679	戊唑醇	杀菌剂	6%	悬浮种衣剂	种子包衣	玉米	丝黑穗病
PD20161191	戊唑醇	杀菌剂	2%	悬浮种衣剂	种子包衣	玉米	丝黑穗病
PD20092477	戊唑醇	杀菌剂	80 g/L	悬浮种衣剂	种子包衣	小麦，玉米	散黑穗病，丝黑穗病
PD20170331	戊唑醇	杀菌剂	60 g/L	悬浮种衣剂	种子包衣	小麦，玉米	散黑穗病，丝黑穗病
PD20121709	戊唑醇	杀菌剂	60 g/L	悬浮种衣剂	种子包衣	小麦，玉米	全蚀病，丝黑穗病
PD20141811	戊唑醇	杀菌剂	60 g/L	悬浮种衣剂	种子包衣	小麦，玉米	散黑穗病，丝黑穗病
PD20097811	戊唑醇	杀菌剂	60 g/L	悬浮种衣剂	种子包衣	小麦，玉米	散黑穗病，丝黑穗病
PD20100600	戊唑醇	杀菌剂	60 g/L	悬浮种衣剂	种子包衣	小麦，玉米	散黑穗病，丝黑穗病

登记证号	农药名称	农药类别	有效成分含量	剂型	施用方法	作物/场所	防治对象
PD20102051	戊唑醇	杀菌剂	60 g/L	悬浮种农剂	种子包衣	小麦，玉米	黑穗病，丝黑穗病
PD20141182	戊唑醇	杀菌剂	6%	悬浮种农剂	种子包衣	小麦，玉米	散黑穗病，丝黑穗病
PD20096584	戊唑醇	杀菌剂	6%	悬浮种农剂	种子包衣	小麦，玉米	散黑穗病，丝黑穗病
PD20120512	戊唑醇	杀菌剂	2%	悬浮种农剂	种子包衣	小麦，玉米	散黑穗病，丝黑穗病
PD20094782	戊唑醇	杀菌剂	2%	种农剂	种子包衣	小麦，玉米	散黑穗病，丝黑穗病
PD20121207	戊唑醇	杀菌剂	60 g/L	悬浮种农剂	种子包衣	小麦，玉米	散黑穗病，纹枯病，丝黑穗病
PD20170292	戊唑醇	杀菌剂	80 g/L	悬浮种农剂	种子包衣	小麦	散黑穗病
PD20171240	戊唑醇	杀菌剂	60 g/L	悬浮种农剂	种子包衣	小麦	纹枯病
PD20182555	戊唑醇	杀菌剂	60 g/L	悬浮种农剂	拌种	小麦	纹枯病
PD20142659	戊唑醇	杀菌剂	60 g/L	悬浮种农剂	种子包衣	小麦	散黑穗病
PD20098529	戊唑醇	杀菌剂	60 g/L	悬浮种农剂	种子包衣	小麦	散黑穗病
PD20150632	戊唑醇	杀菌剂	60 g/L	悬浮种农剂	种子包衣	小麦	散黑穗病
PD20151829	戊唑醇	杀菌剂	60 g/L	悬浮种农剂	种子包衣	小麦	散黑穗病
PD20180927	戊唑醇	杀菌剂	6%	悬浮种农剂	种子包衣	小麦	散黑穗病
PD20151899	戊唑醇	杀菌剂	6%	悬浮种农剂	种子包衣	小麦	纹枯病
PD20161048	戊唑醇	杀菌剂	6%	悬浮种农剂	种子包衣	小麦	散黑穗病，纹枯病
PD20171211	戊唑醇	杀菌剂	2%	悬浮种农剂	种子包衣	小麦	散黑穗病
PD20094896	戊唑醇	杀菌剂	2%	悬浮种农剂	种子包衣	小麦	散黑穗病
PD20183701	戊唑醇	杀菌剂	0.20%	悬浮种农剂	种子包衣	小麦	散黑穗病
PD20094083	戊唑醇	杀菌剂	0.20%	悬浮种农剂	种子包衣	小麦	纹枯病
PD20141081	戊唑醇	杀菌剂	0.20%	悬浮种农剂	种子包衣	小麦	纹枯病
PD20121049	戊唑醇	杀菌剂	0.25%	悬浮种农剂	种子包衣	水稻，水稻，玉米	恶苗病，立枯病，丝黑穗病
PD20171635	戊唑醇	杀菌剂	0.25%	悬浮种农剂	种子包衣	水稻	恶苗病，立枯病
PD20151364	戊唑醇	杀菌剂	60 g/L	悬浮种农剂	种子包衣	花生，小麦	叶斑病，黑穗病
PD20131905	戊唑醇	杀菌剂	60 g/L	悬浮种农剂	种子包衣	高粱，小麦，玉米	丝黑穗病，散黑穗病，纹枯病
PD20132273	戊唑醇	杀菌剂	60 g/L	悬浮种农剂	种子包衣	高粱，小麦，玉米	丝黑穗病，散黑穗病，纹枯病
PD20132324	戊唑醇	杀菌剂	60 g/L	悬浮种农剂	种子包衣	高粱，小麦，玉米	丝黑穗病，散黑穗病，纹枯病

续表

登记证号	农药名称	农药类别	有效成分含量	剂型	施用方法	作物/场所	防治对象
PD20098358	戊唑醇	杀菌剂	60 g/L	悬浮种衣剂	种子包衣	高粱，小麦，玉米	丝黑穗病，散黑穗病，纹枯病
PD20172512	咯菌腈	杀菌剂	25 g/L	悬浮种衣剂	种子包衣	玉米	茎基腐病
PD20150479	咯菌腈	杀菌剂	25 g/L	悬浮种衣剂	种子包衣	小麦	根腐病
PD20160901	咯菌腈	杀菌剂	25 g/L	悬浮种衣剂	种子包衣	小麦	根腐病
PD20151911	咯菌腈	杀菌剂	25 g/L	悬浮种衣剂	种子包衣	水稻，玉米	恶苗病，茎基腐病
PD20173263	咯菌腈	杀菌剂	25 g/L	悬浮种衣剂	种子包衣	水稻，小麦	恶苗病，根腐病
PD20181981	咯菌腈	杀菌剂	25 g/L	悬浮种衣剂	种子包衣	水稻	恶苗病
PD20182493	咯菌腈	杀菌剂	25 g/L	悬浮种衣剂	种子包衣	水稻	恶苗病
PD20152327	咯菌腈	杀菌剂	25 g/L	悬浮种衣剂	种子包衣，浸种	水稻	恶苗病
PD20160414	咯菌腈	杀菌剂	25 g/L	悬浮种衣剂	种子包衣	水稻	恶苗病
PD20160551	咯菌腈	杀菌剂	25 g/L	悬浮种衣剂	种子包衣	水稻	恶苗病
PD20160905	咯菌腈	杀菌剂	25 g/L	悬浮种衣剂	种子包衣	水稻	恶苗病
PD20181933	咯菌腈	杀菌剂	0.50%	悬浮种衣剂	种子包衣	水稻	恶苗病
PD20151236	咯菌腈	杀菌剂	25 g/L	悬浮种衣剂	种子包衣	棉花，玉米	立枯病，茎基腐病
PD20151685	咯菌腈	杀菌剂	25 g/L	悬浮种衣剂	种子包衣	棉花	立枯病
PD20181232	咯菌腈	杀菌剂	25 g/L	悬浮种衣剂	种子包衣	马铃薯，小麦	黑痣病，根腐病
PD20152673	咯菌腈	杀菌剂	25 g/L	悬浮种衣剂	种子包衣	马铃薯，水稻，向日葵，小麦	黑痣病，恶苗病，菌核病，根腐病
PD20170163	咯菌腈	杀菌剂	25 g/L	悬浮种衣剂	种子包衣	马铃薯，水稻	黑痣病，恶苗病
PD20172387	咯菌腈	杀菌剂	25 g/L	悬浮种衣剂	种子包衣	花生，玉米	根腐病，茎基腐病
PD20131344	咯菌腈	杀菌剂	25 g/L	悬浮种衣剂	种子包衣	花生，棉花，水稻，小麦	根腐病，立枯病，恶苗病，腥黑穗病
PD20170776	咯菌腈	杀菌剂	25 g/L	悬浮种衣剂	种子包衣，种薯包衣	花生，马铃薯，水稻，玉米	根腐病，黑痣病，恶苗病，茎基腐病
PD20183464	咯菌腈	杀菌剂	25 g/L	悬浮种衣剂	种子包衣	花生，马铃薯，水稻，小麦，玉米	根腐病，黑痣病，恶苗病，纹枯病，茎基腐病
PD20151863	咯菌腈	杀菌剂	25 g/L	悬浮种衣剂	种子包衣	花生，马铃薯，水稻	根腐病，黑痣病，恶苗病
PD20170979	咯菌腈	杀菌剂	25 g/L	悬浮种衣剂	种子包衣	花生	根腐病
PD20171220	咯菌腈	杀菌剂	25 g/L	悬浮种衣剂	种子包衣	花生	根腐病
PD20152487	咯菌腈	杀菌剂	25 g/L	悬浮种衣剂	种子包衣	花生	根腐病

登记证号	农药名称	农药类别	有效成分含量	剂型	施用方法	作物/场所	防治对象
PD20150099	咯菌腈	杀菌剂	25 g/L	悬浮种衣剂	种子包衣	大豆，花生，马铃薯，棉花，人参，水稻，西瓜，向日葵，小麦，玉米	根腐病，黑痣病，立枯病，恶苗病，枯萎病，菌核病，腥黑穗病，茎基腐病
PD20050196	咯菌腈	杀菌剂	25 g/L	悬浮种农剂	种子包衣	大豆，花生，马铃薯，棉花，人参，水稻，西瓜，向日葵，小麦，玉米	根腐病，黑痣病，立枯病，恶苗病，枯萎病，菌核病，腥黑穗病，茎基腐病
PD20172637	嘧菌酯	杀菌剂	15%	悬浮种农剂	种子包衣	小麦	全蚀病
PD20131530	嘧菌酯	杀菌剂	10%	悬浮种农剂	种子包衣	玉米	丝黑穗病
PD20170347	嘧菌酯	杀菌剂	10%	悬浮种农剂	种子包衣	棉花	立枯病
PD20151935	嘧菌酯	杀菌剂	10%	悬浮种农剂	种子包衣	棉花	立枯病
PD20182066	灭菌唑	杀菌剂	28%	悬浮种农剂	种子包衣	玉米	丝黑穗病
PD20182863	灭菌唑	杀菌剂	28%	悬浮种农剂	种子包衣	玉米	丝黑穗病
PD20161321	灭菌唑	杀菌剂	28%	悬浮种农剂	种子包衣	小麦	散黑穗病
PD20171664	精甲霜灵	杀菌剂	20%	悬浮种农剂	种子包衣	玉米	茎基腐病
PD20183341	精甲霜灵	杀菌剂	20%	悬浮种农剂	种子包衣	玉米	茎基腐病
PD20180449	精甲霜灵	杀菌剂	35%	悬浮种农剂	种薯包衣	马铃薯	晚疫病
PD20080427	咪鲜胺	杀菌剂	0.50%	悬浮种农剂	种子包衣	水稻	恶苗病
PD20090845	咪鲜胺	杀菌剂	1.50%	水乳种农剂	种子包衣	水稻	恶苗病
PD20181105	硅噻菌胺	杀菌剂	15%	悬浮种农剂	拌种	小麦	全蚀病
PD20182138	硅噻菌胺	杀菌剂	10%	悬浮种农剂	种子包衣	小麦	全蚀病
PD20161053	嘧菌酯	杀菌剂	30%	悬浮种农剂	种子包衣	小麦	纹枯病
PD20180378	枯草芽孢杆菌	杀菌剂	300 亿芽孢/mL	悬浮种农剂	种子包衣	黄瓜	枯萎病
PD20083328	克菌丹	杀菌剂	450 g/L	悬浮种农剂	种子包衣	玉米	苗期茎基腐病
PD20121087	甲霜灵	杀菌剂	25%	悬浮种农剂	拌种薯	马铃薯	晚疫病
PD20150321	氟唑环菌胺	杀菌剂	44%	悬浮种农剂	种子包衣	玉米	黑粉病，丝黑穗病
PD20161626	噁霉灵	杀菌剂	30%	悬浮种农剂	种子包衣	玉米	茎基腐病
PD20183094	吡唑醚菌酯	杀菌剂	18%	悬浮种农剂	种子包衣	玉米	茎基腐病
PD20151777	几丁聚糖	植物生长调节剂	0.50%	悬浮种农剂	种子包衣	春大豆，冬小麦，棉花，玉米	调节生长

*截止到 2023 年 5 月 12 日仍在有效期以内

附表 2　种衣剂（二元混剂）登记信息*

登记证号	农药名称	农药类别	有效成分总含量	剂型	施用方法	作物/场所	防治对象
PD20084836	福·克	杀虫剂/杀菌剂	30%	悬浮种衣剂	种子包衣	大豆	地下害虫，根腐病
PD20095021	福·克	杀虫剂/杀菌剂	21%	悬浮种衣剂	种子包衣	玉米	地下害虫，茎基腐病
PD20083468	福·克	杀菌剂	20%	悬浮种衣剂	种子包衣	玉米	地老虎，蚜虫
PD20084801	福·克	杀菌剂	20%	悬浮种衣剂	种子包衣	玉米	地老虎，金针虫，蛴螬
PD20084811	福·克	杀菌剂	20%	悬浮种衣剂	种子包衣	玉米	蓟马，蚜虫，玉米螟，黏虫
PD20086296	福·克	杀菌剂	20%	悬浮种衣剂	种子包衣	玉米	地下害虫，茎基腐病
PD20091044	福·克	杀菌剂	20%	悬浮种衣剂	种子包衣	玉米	地下害虫，茎基腐病
PD20082133	福·克	杀虫剂/杀菌剂	20%	悬浮种衣剂	种子包衣	玉米	地下害虫，苗期茎基腐病
PD20084714	福·克	杀虫剂/杀菌剂	20%	悬浮种衣剂	种子包衣	玉米	地下害虫
PD20084814	福·克	杀虫剂/杀菌剂	20%	悬浮种衣剂	种子包衣	玉米	地老虎，金针虫，茎基腐病，蛴螬，蝼蛄
PD20085460	福·克	杀虫剂/杀菌剂	20%	悬浮种衣剂	种子包衣	玉米	茎基腐病，蚜虫
PD20085415	福·克	杀虫剂/杀菌剂	20%	悬浮种衣剂	种子包衣	玉米	地老虎，金针虫，黑穗病，蛴螬，蝼蛄
PD20090115	福·克	杀虫剂/杀菌剂	20%	悬浮种衣剂	种子包衣	玉米	地下害虫，茎基腐病
PD20090338	福·克	杀虫剂/杀菌剂	20%	悬浮种衣剂	种子包衣	玉米	地下害虫，茎基腐病，蚜虫
PD20090705	福·克	杀虫剂/杀菌剂	20%	悬浮种衣剂	种子包衣	玉米	金针虫，茎基腐病，苗期害虫，蛴螬
PD20091394	福·克	杀虫剂/杀菌剂	20%	悬浮种衣剂	种子包衣	玉米	金针虫，茎基腐病，蛴螬，蝼蛄
PD20091666	福·克	杀虫剂/杀菌剂	20%	悬浮种衣剂	种子包衣	玉米	地下害虫，蓟马，蚜虫，玉米螟，黏虫
PD20091785	福·克	杀虫剂/杀菌剂	20%	悬浮种衣剂	种子包衣	玉米	地下害虫，茎基腐病
PD20092044	福·克	杀虫剂/杀菌剂	20%	悬浮种衣剂	种子包衣	玉米	蚜虫
PD20092113	福·克	杀虫剂/杀菌剂	20%	悬浮种衣剂	种子包衣	玉米	地下害虫
PD20092303	福·克	杀虫剂/杀菌剂	20%	悬浮种衣剂	种子包衣	玉米	地老虎，金针虫，茎腐病，蛴螬，蝼蛄
PD20092543	福·克	杀虫剂/杀菌剂	20%	悬浮种衣剂	种子包衣	玉米	茎基腐病，蚜虫
PD20094528	福·克	杀虫剂/杀菌剂	20%	悬浮种衣剂	种子包衣	玉米	地下害虫，黑粉病
PD20094894	福·克	杀虫剂/杀菌剂	20%	悬浮种衣剂	种子包衣	玉米	地下害虫，黑粉病

登记证号	农药名称	农药类别	有效成分总含量	剂型	施用方法	作物/场所	防治对象
PD20095338	福·克	杀虫剂/杀菌剂	20%	悬浮种衣剂	种子包衣	玉米	地下害虫，茎腐病
PD20082964	福·克	杀虫剂	20%	种衣剂	种子包衣	玉米	蚜虫，蝼蛄
PD20085899	福·克	杀虫剂	20%	悬浮种衣剂	种子包衣	玉米	蓟马，蚜虫，玉米螟，黏虫
PD20092573	福·克	杀虫剂	20%	悬浮种衣剂	种子包衣	玉米	蓟马，蚜虫，玉米螟，黏虫
PD20084773	福·克	杀虫剂/杀菌剂	18%	悬浮种衣剂	种子包衣	玉米	地下害虫，茎腐病
PD20085980	福·克	杀虫剂/杀菌剂	18%	悬浮种衣剂	种子包衣	玉米	地下害虫，茎腐病
PD20090656	福·克	杀菌剂	15.50%	悬浮种衣剂	种子包衣	玉米	地下害虫，茎腐病
PD20092507	福·克	杀虫剂/杀菌剂	15.50%	悬浮种衣剂	种子包衣	玉米	地下害虫，茎基腐病
PD20084574	福·克	杀菌剂	15%	悬浮种衣剂	种子包衣	玉米	地下害虫，苗期病害
PD20083570	福·克	杀虫剂/杀菌剂	15%	悬浮种衣剂	种子包衣	玉米	地老虎，金针虫，苗期病害，蛴螬，蝼蛄
PD20084135	福·克	杀虫剂/杀菌剂	15%	悬浮种衣剂	种子包衣	玉米	地下害虫，茎基腐病
PD20084664	福·克	杀虫剂/杀菌剂	15%	悬浮种衣剂	种子包衣	玉米	地下害虫，苗期病害
PD20091487	福·克	杀虫剂/杀菌剂	15%	悬浮种衣剂	种子包衣	玉米	地下害虫，茎基腐病
PD20093139	福·克	杀虫剂/杀菌剂	15%	悬浮种衣剂	种子包衣	玉米	地老虎，金针虫，茎腐病，蛴螬，蝼蛄
PD20091636	福·克	杀虫剂/杀菌剂	15%	悬浮种衣剂	种子包衣	花生	立枯病，蛴螬
PD20084722	福·克	杀虫剂	15%	悬浮种衣剂	种子包衣	玉米	地下害虫，苗期茎基腐病
PD20111303	多·福	杀菌剂	15%	悬浮种衣剂	种子包衣	小麦	黑穗病
PD20120310	多·福	杀菌剂	15%	悬浮种衣剂	种子包衣	小麦	根腐病，黑穗病
PD20130068	多·福	杀菌剂	14%	悬浮种衣剂	种子包衣	小麦	根腐病，黑穗病
PD20084978	多·福	杀菌剂	14%	悬浮种衣剂	种子包衣	小麦	根腐病，黑穗病
PD20090096	多·福	杀菌剂	17%	悬浮种衣剂	种子包衣	小麦	根腐病，黑穗病
PD20091872	多·福	杀菌剂	15%	悬浮种衣剂	种子包衣	小麦	根腐病，散黑穗病
PD20093353	多·福	杀菌剂	15%	悬浮种衣剂	种子包衣	小麦	根腐病，黑穗病
PD20083469	多·福	杀菌剂	15%	悬浮种衣剂	种子包衣	水稻，玉米	苗期病害，茎基腐病
PD20084174	多·福	杀菌剂	15%	悬浮种衣剂	种子包衣	水稻，小麦	恶苗病，根腐病，黑穗病
PD20111428	多·福	杀菌剂	17%	悬浮种衣剂	种子包衣	水稻	立枯病
PD20085036	多·福	杀菌剂	20%	悬浮种衣剂	种子包衣	水稻	恶苗病
PD20085837	多·福	杀菌剂	15%	悬浮种衣剂	种子包衣	水稻	恶苗病
PD20091290	多·福	杀菌剂	15%	悬浮种衣剂	种子包衣	水稻	恶苗病

续表

登记证号	农药名称	农药类别	有效成分总含量	剂型	施用方法	作物/场所	防治对象
PD20097190	多·福	杀菌剂	20%	悬浮种衣剂	种子包衣	水稻	稻瘟病
PD20083775	多·福	杀菌剂	15%	种衣剂	种子包衣	水稻	苗期病害
PD20086058	多·福	杀菌剂	15%	悬浮种衣剂	种子包衣	棉花,小麦	立枯病,根腐病,黑穗病
PD20091396	多·福	杀菌剂	17%	悬浮种衣剂	种子包衣	棉花,水稻,小麦	苗期立枯病,炭疽病,恶苗病,根腐病,黑穗病
PD20120116	多·福	杀菌剂	15%	悬浮种衣剂	种子包衣	棉花	苗期立枯病
PD20092515	多·福	杀菌剂	20%	悬浮种衣剂	种子包衣	棉花	苗期病害
PD20180959	苯甲·吡虫啉	杀菌剂/杀虫剂	26%	悬浮种衣剂	种子包衣	小麦	纹枯病,蚜虫
PD20151231	苯甲·吡虫啉	杀菌剂/杀虫剂	26%	悬浮种衣剂	种子包衣	小麦	全蚀病,散黑穗病,纹枯病,蚜虫
PD20180395	苯甲·吡虫啉	杀菌剂	10%	悬浮种衣剂	种子包衣	小麦	全蚀病,蛴螬
PD20180277	苯甲·吡虫啉	杀菌剂	25%	悬浮种衣剂	种子包衣	小麦	纹枯病,蚜虫
PD20181101	苯甲·吡虫啉	杀菌剂	19%	悬浮种衣剂	种子包衣	小麦	全蚀病,蚜虫
PD20181547	苯甲·吡虫啉	杀菌剂	36%	悬浮种衣剂	种子包衣	小麦	全蚀病,蚜虫
PD20181944	苯甲·吡虫啉	杀菌剂	25%	悬浮种衣剂	种子包衣	小麦	全蚀病,蚜虫
PD20142412	苯甲·吡虫啉	杀菌剂	26%	悬浮种衣剂	种子包衣	水稻,小麦	稻飞虱,纹枯病,纹枯病,蚜虫
PD20172634	苯甲·吡虫啉	杀虫剂/杀菌剂	9%	悬浮种衣剂	种子包衣	小麦	全蚀病,蚜虫
PD20180887	苯甲·吡虫啉	杀虫剂/杀菌剂	26%	悬浮种衣剂	种子包衣	小麦	纹枯病,蚜虫
PD20171773	苯甲·吡虫啉	杀虫剂	48%	悬浮种衣剂	种子包衣	小麦	全蚀病,蚜虫
PD20130661	戊唑·福美双	杀菌剂	10.60%	悬浮种衣剂	种子包衣	玉米	丝黑穗病
PD20130911	戊唑·福美双	杀菌剂	11%	悬浮种衣剂	种子包衣	玉米	丝黑穗病
PD20094452	戊唑·福美双	杀菌剂	11%	悬浮种衣剂	种子包衣	玉米	丝黑穗病
PD20097608	戊唑·福美双	杀菌剂	8.60%	悬浮种衣剂	种子包衣	玉米	丝黑穗病
PD20120440	戊唑·福美双	杀菌剂	10.20%	悬浮种衣剂	种子包衣	小麦,玉米	散黑穗病,丝黑穗病
PD20091543	戊唑·福美双	杀菌剂	10.20%	悬浮种衣剂	种子包衣	小麦,玉米	散黑穗病,丝黑穗病
PD20130688	戊唑·福美双	杀菌剂	16%	悬浮种衣剂	种子包衣	小麦	黑穗病,纹枯病
PD20094185	戊唑·福美双	杀菌剂	6%	干粉种衣剂	种子包衣	小麦	散黑穗病
PD20110584	戊唑·福美双	杀菌剂	23%	悬浮种衣剂	种子包衣	小麦	根腐病
PD20132068	戊唑·吡虫啉	杀菌剂	5.40%	悬浮种衣剂	种子包衣	玉米	丝黑穗病,蚜虫
PD20150436	戊唑·吡虫啉	杀菌剂	11%	悬浮种衣剂	种子包衣	玉米	丝黑穗病,蚜虫
PD20142621	戊唑·吡虫啉	杀虫剂/杀菌剂	3%	悬浮种衣剂	种子包衣	玉米	丝黑穗病,蚜虫

登记证号	农药名称	农药类别	有效成分总含量	剂型	施用方法	作物/场所	防治对象
PD20121782	戊唑·吡虫啉	杀虫剂/杀菌剂	21%	悬浮种衣剂	种子包衣	小麦, 玉米	散黑穗病, 蚜虫, 丝黑穗病
PD20181684	戊唑·吡虫啉	杀菌剂	31%	悬浮种衣剂	种子包衣	小麦	散黑穗病, 蚜虫
PD20152153	戊唑·吡虫啉	杀菌剂	11%	悬浮种衣剂	种子包衣	小麦	散黑穗病, 蚜虫
PD20161035	戊唑·吡虫啉	杀菌剂	34%	悬浮种衣剂	种子包衣	小麦	全蚀病, 蚜虫
PD20181262	戊唑·吡虫啉	杀虫剂/杀菌剂	16%	悬浮种衣剂	种子包衣	小麦	纹枯病, 蚜虫
PD20170826	戊唑·吡虫啉	杀虫剂/杀菌剂	21%	悬浮种衣剂	种子包衣	花生, 玉米	叶斑病, 蛴螬, 灰飞虱, 丝黑穗病
PD20084915	克百·多菌灵	杀虫剂/杀菌剂	15%	悬浮种衣剂	种子包衣	玉米	地下害虫
PD20094645	克百·多菌灵	杀虫剂	17%	悬浮种衣剂	种子包衣	玉米	金针虫, 蛴螬, 蝼蛄
PD20084508	克百·多菌灵	杀虫剂	17%	悬浮种衣剂	种子包衣	小麦	地下害虫, 散黑穗病
PD20085212	克百·多菌灵	杀虫剂/杀菌剂	16%	悬浮种衣剂	种子包衣	小麦	地老虎, 金针虫, 纹枯病, 蛴螬, 蝼蛄
PD20090160	克百·多菌灵	杀虫剂	16%	悬浮种衣剂	种子包衣	小麦	金针虫, 蝼蛄
PD20090697	克百·多菌灵	杀虫剂	16%	悬浮种衣剂	种子包衣	小麦	苗期病害
PD20090263	克百·多菌灵	杀菌剂	25%	悬浮种衣剂	种子包衣	棉花	苗期立枯病, 蚜虫
PD20090018	克百·多菌灵	杀虫剂/杀菌剂	20%	悬浮种衣剂	种子包衣	花生, 棉花	地老虎, 金针虫, 立枯病, 蛴螬, 蝼蛄, 苗蚜
PD20091050	克百·多菌灵	杀虫剂/杀菌剂	25%	悬浮种衣剂	种子包衣	花生	茎枯病, 蚜虫
PD20141880	精甲·咯菌腈	杀菌剂	35 g/L	悬浮种衣剂	种子包衣	玉米	茎基腐病
PD20160037	精甲·咯菌腈	杀菌剂	35 g/L	悬浮种衣剂	种子包衣	玉米	茎基腐病
PD20170058	精甲·咯菌腈	杀菌剂	62.5 g/L	悬浮种衣剂	种子包衣	水稻	恶苗病
PD20171349	精甲·咯菌腈	杀菌剂	62.5 g/L	悬浮种衣剂	种子包衣	水稻	恶苗病, 烂秧病
PD20182728	精甲·咯菌腈	杀菌剂	62.5 g/L	悬浮种衣剂	种子包衣	水稻	恶苗病
PD20171905	精甲·咯菌腈	杀菌剂	35 g/L	悬浮种衣剂	种子包衣	花生, 水稻	根腐病, 恶苗病, 烂秧病
PD20096644	精甲·咯菌腈	杀菌剂	62.5 g/L	悬浮种衣剂	种子包衣	大豆, 水稻	根腐病, 恶苗病, 烂秧病
PD20150641	精甲·咯菌腈	杀菌剂	62.5 g/L	悬浮种衣剂	种子包衣	大豆, 水稻	根腐病, 恶苗病, 烂秧病
PD20172755	精甲·咯菌腈	杀菌剂	62.5 g/L	悬浮种衣剂	种子包衣	大豆, 水稻	根腐病, 恶苗病
PD20120142	福美·拌种灵	杀菌剂	15%	悬浮种衣剂	种子包衣	棉花	苗期立枯病
PD20081919	福美·拌种灵	杀菌剂	15%	悬浮种衣剂	种子包衣	棉花	苗期立枯病
PD20084629	福美·拌种灵	杀菌剂	10%	悬浮种衣剂	种子包衣	棉花	苗期病害
PD20084829	福美·拌种灵	杀菌剂	10%	悬浮种衣剂	种子包衣	棉花	苗期病害
PD20085099	福美·拌种灵	杀菌剂	40%	悬浮种衣剂	种子包衣	棉花	立枯病, 苗炭疽病

登记证号	农药名称	农药类别	有效成分总含量	剂型	施用方法	作物/场所	防治对象
PD20090154	福美·拌种灵	杀菌剂	10%	悬浮种衣剂	种子包衣	棉花	苗期立枯病，炭疽病
PD20090109	福美·拌种灵	杀菌剂	70%	可湿粉种衣剂	种子包衣	棉花	立枯病，炭疽病
PD20092662	福美·拌种灵	杀菌剂	10%	悬浮种衣剂	种子包衣	棉花	苗期病害
PD20121552	萎锈·福美双	杀菌剂	400 g/L	悬浮种衣剂	拌种	玉米	丝黑穗病
PD20084886	萎锈·福美双	杀菌剂	400 g/L	悬浮种衣剂	种子包衣	棉花，玉米	立枯病，丝黑穗病
PD20130107	萎锈·福美双	杀菌剂	400 g/L	悬浮种衣剂	种子包衣	棉花	立枯病
PD20130984	萎锈·福美双	杀菌剂	400 g/L	悬浮种衣剂	种子包衣	棉花	立枯病
PD20084946	萎锈·福美双	杀菌剂	400 g/L	悬浮种衣剂	种子包衣	棉花	立枯病
PD20093177	萎锈·福美双	杀菌剂	400 g/L	悬浮种衣剂	种子包衣	棉花	立枯病
PD20100376	萎锈·福美双	杀菌剂	400 g/L	悬浮种衣剂	拌种	棉花	立枯病
PD20120807	苯醚·咯菌腈	杀菌剂	4.80%	悬浮种衣剂	种子包衣	小麦	散黑穗病
PD20173288	苯醚·咯菌腈	杀菌剂	4.80%	悬浮种衣剂	种子包衣	小麦	散黑穗病
PD20141878	苯醚·咯菌腈	杀菌剂	4.80%	悬浮种衣剂	种子包衣	小麦	散黑穗病
PD20161337	苯醚·咯菌腈	杀菌剂	4.80%	悬浮种衣剂	种子包衣	小麦	散黑穗病
PD20161281	苯醚·咯菌腈	杀菌剂	4.80%	悬浮种衣剂	种子包衣	小麦	散黑穗病
PD20170937	噻虫·咯菌腈	杀虫剂/杀菌剂	25%	悬浮种衣剂	种子包衣	小麦	全蚀病，蚜虫
PD20170998	噻虫·咯菌腈	杀菌剂	22%	悬浮种衣剂	种子包衣	水稻	恶苗病，蓟马
PD20180028	噻虫·咯菌腈	杀虫剂/杀菌剂	22%	悬浮种衣剂	种子包衣	水稻	稻蓟马，恶苗病
PD20160611	噻虫·咯菌腈	杀菌剂	25%	悬浮种衣剂	种子包衣	棉花	立枯病，蚜虫
PD20181161	咪鲜·吡虫啉	杀菌剂/杀虫剂	1.30%	悬浮种衣剂	种子包衣	水稻	稻蓟马，恶苗病
PD20093235	咪鲜·吡虫啉	杀菌剂	1.30%	悬浮种衣剂	种子包衣	水稻	稻蓟马，恶苗病
PD20111338	咪鲜·吡虫啉	杀虫剂/杀菌剂	7%	悬浮种衣剂	种子包衣	水稻	恶苗病，蓟马
PD20094949	咪鲜·吡虫啉	杀虫剂/杀菌剂	2.50%	悬浮种衣剂	种子包衣	水稻	恶苗病，蓟马
PD20070345	咯菌·精甲霜	杀菌剂	35 g/L	悬浮种衣剂	种子包衣	玉米	茎基腐病
PD20150736	咯菌·精甲霜	杀菌剂	35 g/L	悬浮种衣剂	种子包衣	玉米	茎基腐病
PD20171139	咯菌·精甲霜	杀菌剂	35 g/L	悬浮种衣剂	种子包衣	水稻，玉米	恶苗病，茎基腐病
PD20171173	咯菌·精甲霜	杀菌剂	35 g/L	悬浮种衣剂	种子包衣	水稻	恶苗病
PD20152093	丁硫·戊唑醇	杀菌剂	8%	悬浮种衣剂	种子包衣	玉米	金针虫，丝黑穗病，蛴螬，蝼蛄
PD20170434	丁硫·戊唑醇	杀虫剂/杀菌剂	8%	悬浮种衣剂	种子包衣	玉米	地老虎，金针虫，丝黑穗病，蚜虫，蛴螬，蝼蛄

登记证号	农药名称	农药类别	有效成分总含量	剂型	施用方法	作物/场所	防治对象
PD20170510	丁硫·戊唑醇	杀菌剂/杀虫剂	4%	悬浮种衣剂		小麦	地老虎，金针虫，纹枯病，蛴螬，蝼蛄
PD20181934	戊唑·噻虫嗪	杀虫剂/杀菌剂	7%	悬浮种衣剂	种子包衣	玉米	丝黑穗病，蚜虫
PD20161039	戊唑·噻虫嗪	杀虫剂/杀菌剂	10%	悬浮种衣剂	种子包衣	玉米	灰飞虱，丝黑穗病
PD20092089	戊唑·克百威	杀虫剂/杀菌剂	7.30%	悬浮种衣剂	种子包衣	玉米	地下害虫，丝黑穗病
PD20090870	戊唑·克百威	杀虫剂	7.50%	悬浮种衣剂	种子包衣	玉米	地下害虫，丝黑穗病
PD20172520	吡虫·硫双威	杀虫剂	35%	悬浮种衣剂	种子包衣	玉米	小地老虎
PD20173237	吡虫·硫双威	杀虫剂	48%	悬浮种衣剂	种子包衣	花生	蛴螬
PD20161415	噻虫·咪鲜胺	杀菌剂/杀虫剂	35%	悬浮种衣剂	种子包衣	水稻	恶苗病，蓟马
PD20170252	噻虫·咪鲜胺	杀虫剂/杀菌剂	35%	悬浮种衣剂	种子包衣	水稻	恶苗病，蓟马
PD20085294	甲枯·福美双	杀菌剂	20%	悬浮种衣剂	种子包衣	棉花	苗期立枯病，炭疽病
PD20094257	甲枯·福美双	杀菌剂	20%	悬浮种衣剂	种子包衣	棉花	苗期立枯病
PD20084156	丁硫·福美双	杀菌剂/杀虫剂	25%	悬浮种衣剂	种子包衣	玉米	地下害虫，黑穗病，茎基腐病
PD20132251	丁硫·福美双	杀虫剂/杀菌剂	25%	悬浮种衣剂	种子包衣	大豆，玉米	地下害虫，根腐病，茎基腐病
PD20180117	咪鲜·咯菌腈	杀菌剂	5%	悬浮种衣剂	种子包衣	水稻	恶苗病
PD20182227	咪鲜·咯菌腈	杀菌剂	5%	悬浮种衣剂	种子包衣	水稻	恶苗病
PD20172232	唑醚·甲菌灵	杀菌剂	41%	悬浮种衣剂	种子包衣	花生，棉花，玉米	根腐病，立枯病，茎基腐病
PD20090795	唑醇·福美双	杀菌剂	24%	悬浮种衣剂	种子包衣	小麦	黑穗病，锈病
PD20131791	辛硫·多菌灵	杀虫剂/杀菌剂	16%	悬浮种衣剂	种子包衣	花生	根腐病，蛴螬
PD20095804	烯唑·福美双	杀菌剂	15%	悬浮种衣剂	种子包衣	玉米	丝黑穗病
PD20151913	戊唑·氟虫腈	杀虫剂/杀菌剂	8%	悬浮种衣剂	种子包衣	玉米	丝黑穗病，蛴螬
PD20121525	五硝·辛硫磷	杀菌剂	15%	悬浮种衣剂	种子包衣	小麦	地老虎，黑穗病，金针虫，蛴螬，蝼蛄
PD20121301	五氯·福美双	杀菌剂	20%	悬浮种衣剂	拌种	棉花	立枯病
PD20150920	萎锈·吡虫啉	杀虫剂/杀菌剂	30%	悬浮种衣剂	种子包衣	花生	白绢病，根腐病，蛴螬
PD20181931	噻呋·嘧菌酯	杀菌剂	30%	悬浮种衣剂	种子包衣	马铃薯	黑痣病
PD20181871	噻呋·呋虫胺	杀虫剂/杀菌剂	15%	悬浮种衣剂	种子包衣	小麦	纹枯病，蚜虫
PD20171764	咪鲜·恶霉灵	杀菌剂	3%	悬浮种衣剂	种子包衣	水稻	恶苗病，立枯病
PD20141837	咪鲜·多菌灵	杀菌剂	6%	悬浮种衣剂	种子包衣	水稻	恶苗病
PD20111339	氯氰·福美双	杀菌剂	13%	悬浮种衣剂	种子包衣	玉米	地老虎，金针虫，茎枯病，蛴螬

续表

登记证号	农药名称	农药类别	有效成分总含量	剂型	施用方法	作物/场所	防治对象
PD20084563	克百·三唑酮	杀虫剂/杀菌剂	9%	悬浮种衣剂	种子包衣	玉米	地老虎，金针虫，蛴螬
PD20090344	克百·甲硫灵	杀虫剂	12%	悬浮种衣剂	种子包衣	玉米	地下害虫
PD20141655	精甲·苯醚甲	杀菌剂	10%	悬浮种衣剂	种子包衣	玉米	茎基腐病，丝黑穗病
PD20085622	腈菌·戊唑醇	杀菌剂	0.80%	悬浮种衣剂	种子包衣	小麦，玉米	全蚀病，丝黑穗病
PD20132269	甲霜·戊唑醇	杀菌剂	6%	悬浮种衣剂	种子包衣	玉米	茎基腐病，丝黑穗病
PD20172263	甲霜·嘧菌酯	杀菌剂	10%	悬浮种衣剂	种子包衣	玉米	茎基腐病
PD20084705	甲霜·福美双	杀菌剂	15%	悬浮种衣剂	种子包衣	水稻	恶苗病，立枯病
PD20111341	甲霜·多菌灵	杀菌剂	13%	悬浮种衣剂	种子包衣	大豆	根腐病
PD20093112	甲霜·百菌清	杀菌剂	2.20%	悬浮种衣剂	种子包衣	西瓜	枯萎病
PD20151802	咯菌·戊唑醇	杀菌剂	10%	悬浮种衣剂	种子包衣	小麦	散黑穗病
PD20180598	咯菌·噻霉酮	杀菌剂	4%	悬浮种衣剂	种子包衣	小麦	根腐病，腥黑穗病
PD20183391	咯菌·噻虫胺	杀虫剂/杀菌剂	33%	悬浮种衣剂	种子包衣	花生，小麦	根腐病，蛴螬，金针虫
PD20161272	咯菌·嘧菌酯	杀菌剂	10%	悬浮种衣剂	种子包衣	花生，马铃薯，棉花，水稻，小麦，玉米	根腐病，黑痣病，立枯病，恶苗病，纹枯病，茎基腐病
PD20150145	氟腈·噻虫嗪	杀虫剂	30%	悬浮种衣剂	种子包衣	玉米	灰飞虱
PD20150474	氟腈·毒死蜱	杀虫剂	18%	悬浮种衣剂	种子包衣	花生	蛴螬
PD20182547	吡虫·高氟氯	杀虫剂	18%	悬浮种衣剂	种子包衣	玉米	金针虫
PD20150381	吡虫·氟虫腈	杀虫剂	20%	悬浮种衣剂	种子包衣	玉米	灰飞虱，蓟马，金针虫，蛴螬
PD20170394	苯甲·噻虫嗪	杀虫剂/杀菌剂	34%	悬浮种衣剂	种子包衣	小麦	全蚀病，蚜虫
PD20172369	苯甲·咪鲜胺	杀菌剂	30%	悬浮种衣剂	种子包衣	水稻	恶苗病
PD20152625	苯甲·毒死蜱	杀菌剂	8%	悬浮种衣剂	种子包衣	小麦，玉米	全蚀病，散黑穗病，蛴螬，丝黑穗病
PD20180398	阿维·噻虫嗪	杀菌剂	30%	悬浮种衣剂	种子包衣	小麦	线虫

*截止到 2023 年 5 月 12 日仍在有效期以内

附表3　种衣剂（三元混剂）登记信息*

登记证号	农药名称	农药类别	有效成分总含量	剂型	施用方法	作物/场所	防治对象
PD20084720	多·福·克	杀菌剂	35%	悬浮种衣剂	种子包衣	大豆	根腐病，蓟马，蚜虫
PD20091307	多·福·克	杀菌剂	30%	悬浮种衣剂	种子包衣	玉米	地老虎，金针虫，根腐病，蛴螬，蝼蛄
PD20092830	多·福·克	杀菌剂	25%	悬浮种衣剂	种子包衣	大豆	根腐病，线虫
PD20084032	多·福·克	杀虫剂/杀菌剂	30%	悬浮种衣剂	种子包衣	大豆	地老虎，根腐病，金针虫，蛴螬，蝼蛄
PD20084542	多·福·克	杀虫剂/杀菌剂	25%	种衣剂	种子包衣	大豆	根腐病，线虫
PD20084547	多·福·克	杀虫剂/杀菌剂	25%	悬浮种衣剂	种子包衣	大豆	根腐病，金针虫，小地老虎，蛴螬
PD20084907	多·福·克	杀虫剂/杀菌剂	30%	悬浮种衣剂	种子包衣	大豆	地下害虫，根腐病
PD20085025	多·福·克	杀虫剂/杀菌剂	35%	悬浮种衣剂	种子包衣	大豆	地下害虫，根腐病
PD20084963	多·福·克	杀虫剂/杀菌剂	30%	悬浮种衣剂	种子包衣	大豆	地下害虫，根腐病
PD20085098	多·福·克	杀虫剂/杀菌剂	35%	悬浮种衣剂	种子包衣	大豆	地老虎，根腐病，金针虫，蛴螬
PD20085703	多·福·克	杀虫剂/杀菌剂	38%	种衣剂	种子包衣	大豆	根腐病，金针虫，蛴螬，蝼蛄
PD20086273	多·福·克	杀虫剂/杀菌剂	35%	悬浮种衣剂	种子包衣	大豆	根腐病，孢囊线虫
PD20090334	多·福·克	杀虫剂/杀菌剂	35%	悬浮种衣剂	种子包衣	大豆	根腐病，蚜虫
PD20091792	多·福·克	杀虫剂/杀菌剂	26%	悬浮种衣剂	种子包衣	大豆	地下害虫，根腐病
PD20091901	多·福·克	杀虫剂/杀菌剂	25%	悬浮种衣剂	种子包衣	大豆	地下害虫，根腐病
PD20092093	多·福·克	杀虫剂/杀菌剂	30%	悬浮种衣剂	种子包衣	大豆	地下害虫，根腐病
PD20092263	多·福·克	杀虫剂/杀菌剂	35%	悬浮种衣剂	种子包衣	大豆	根腐病，蓟马，蚜虫
PD20092756	多·福·克	杀虫剂/杀菌剂	30%	悬浮种衣剂	种子包衣	大豆	地下害虫，根腐病
PD20093558	多·福·克	杀虫剂/杀菌剂	30%	悬浮种衣剂	种子包衣	大豆	地下害虫，根腐病
PD20095069	多·福·克	杀虫剂/杀菌剂	35%	悬浮种衣剂	种子包衣	大豆	根腐病，蓟马，蚜虫
PD20096504	多·福·克	杀虫剂/杀菌剂	28%	悬浮种衣剂	种子包衣	大豆	地下害虫，根腐病
PD20084449	多·福·克	杀虫剂	35%	悬浮种衣剂	种子包衣	大豆	地下害虫，根腐病，孢囊线虫
PD20084569	多·福·克	杀虫剂	30%	悬浮种衣剂	种子包衣	大豆，玉米	地下害虫，根腐病
PD20084573	多·福·克	杀虫剂	35%	悬浮种衣剂	种子包衣	大豆	根腐病，蓟马，蚜虫
PD20091663	多·福·克	杀虫剂	20%	悬浮种衣剂	种子包衣	大豆	地下害虫，根腐病
PD20171129	苯醚·咯·噻虫	杀菌剂/杀虫剂	22%	悬浮种衣剂	种子包衣	小麦	全蚀病，蚜虫
PD20180345	苯醚·咯·噻虫	杀菌剂/杀虫剂	9%	悬浮种衣剂	种子包衣	小麦	全蚀病，纹枯病，蚜虫
PD20181729	苯醚·咯·噻虫	杀菌剂	27%	悬浮种衣剂	种子包衣	小麦	金针虫，散黑穗病
PD20183268	苯醚·咯·噻虫	杀菌剂	9%	悬浮种衣剂	种子包衣	小麦	全蚀病，蚜虫

登记证号	农药名称	农药类别	有效成分总含量	剂型	施用方法	作物/场所	防治对象
PD20171237	苯醚·咯·噻虫	杀虫剂/杀菌剂	27%	悬浮种衣剂	种子包衣	小麦	全蚀病，蚜虫
PD20171563	苯醚·咯·噻虫	杀虫剂/杀菌剂	27%	悬浮种衣剂	种子包衣	小麦	金针虫，散黑穗病
PD20183424	苯醚·咯·噻虫	杀虫剂/杀菌剂	27%	悬浮种衣剂	种子包衣	小麦	根腐病，金针虫
PD20151131	苯醚·咯·噻虫	杀虫剂/杀菌剂	27%	悬浮种衣剂	种子包衣	小麦	金针虫，散黑穗病
PD20172758	苯醚·咯·噻虫	杀虫剂	12%	悬浮种衣剂	种子包衣	小麦	根腐病，金针虫
PD20180571	苯醚·咯·噻虫	杀虫剂/杀菌剂	24%	悬浮种衣剂	种子包衣	花生，水稻，小麦，玉米	根腐病，恶苗病，蓟马，全蚀病，蚜虫，金针虫，丝黑穗病
PD20161551	苯醚·咯·噻虫	杀虫剂/杀菌剂	27%	悬浮种衣剂	种子包衣	花生，小麦	根腐病，蛴螬，金针虫，散黑穗病
PD20171348	苯醚·咯·噻虫	杀菌剂/杀虫剂	22%	悬浮种衣剂	种子包衣	花生，小麦	根腐病，纹枯病，蚜虫
PD20171858	苯醚·咯·噻虫	杀菌剂	25%	悬浮种衣剂	种子包衣	花生，水稻	根腐病，蛴螬，恶苗病，蓟马
PD20180989	苯醚·咯·噻虫	杀菌剂	27%	悬浮种衣剂	种子包衣	花生，马铃薯，水稻，小麦	根腐病，蛴螬，黑痣病，蚜虫，恶苗病，蓟马，金针虫，散黑穗病
PD20183149	苯醚·咯·噻虫	杀菌剂	27%	悬浮种衣剂	种子包衣	花生	根腐病，蛴螬
PD20183747	苯醚·咯·噻虫	杀菌剂	38%	悬浮种衣剂	种子包衣	花生	茎腐病，蚜虫
PD20181906	苯醚·咯·噻虫	杀虫剂/杀菌剂	38%	悬浮种衣剂	种子包衣	花生	茎腐病，蚜虫
PD20183846	苯醚·咯·噻虫	杀虫剂/杀菌剂	38%	悬浮种衣剂	种子包衣	花生	茎腐病，蚜虫
PD20161183	苯醚·咯·噻虫	杀虫剂/杀菌剂	38%	悬浮种衣剂	种子包衣	花生	茎腐病，蚜虫
PD20150430	噻虫·咯·霜灵	杀菌剂/杀虫剂	29%	悬浮种衣剂	种子包衣	玉米	灰飞虱，茎基腐病
PD20160187	噻虫·咯·霜灵	杀菌剂/杀虫剂	29%	悬浮种衣剂	种子包衣	玉米	灰飞虱，茎基腐病
PD20161058	噻虫·咯·霜灵	杀菌剂/杀虫剂	29%	悬浮种衣剂	种子包衣	玉米	灰飞虱，茎基腐病
PD20183736	噻虫·咯·霜灵	杀虫剂/杀菌剂	26%	悬浮种衣剂	种子包衣	玉米	根腐病，蚜虫
PD20180484	噻虫·咯·霜灵	杀菌剂	20%	悬浮种衣剂	种子包衣	水稻	恶苗病，蓟马
PD20171882	噻虫·咯·霜灵	杀虫剂/杀菌剂	25%	悬浮种衣剂	种子包衣	水稻	恶苗病，蓟马
PD20182824	噻虫·咯·霜灵	杀虫剂/杀菌剂	25%	悬浮种衣剂	种子包衣	棉花	立枯病，蚜虫，猝倒病
PD20181288	噻虫·咯·霜灵	杀菌剂	29%	悬浮种衣剂	种子包衣	花生，玉米	根腐病，蛴螬，灰飞虱，茎基腐病
PD20171354	噻虫·咯·霜灵	杀虫剂/杀菌剂	29%	悬浮种衣剂	种子包衣	花生，玉米	根腐病，蛴螬，灰飞虱，茎基腐病
PD20183791	噻虫·咯·霜灵	杀虫剂/杀菌剂	29%	悬浮种衣剂	种子包衣	花生，玉米	根腐病，蛴螬，茎基腐病，蚜虫
PD20183904	噻虫·咯·霜灵	杀虫剂/杀菌剂	29%	悬浮种衣剂	种子包衣	花生，玉米	根腐病，蛴螬，灰飞虱，茎基腐病

登记证号	农药名称	农药类别	有效成分总含量	剂型	施用方法	作物/场所	防治对象
PD20173146	噻虫·咯·霜灵	杀虫剂/杀菌剂	25%	悬浮种衣剂	种子包衣	花生，水稻	根腐病，蛴螬，蓟马，烂秧病，立枯病
PD20172045	噻虫·咯·霜灵	杀虫剂/杀菌剂	25%	悬浮种衣剂	种子包衣	花生，棉花，水稻，小麦	根腐病，蛴螬，立枯病，蚜虫，猝倒病，恶苗病，蓟马，烂秧病
PD20161443	噻虫·咯·霜灵	杀虫剂/杀菌剂	25%	悬浮种衣剂	种子包衣	花生，棉花，水稻	根腐病，蛴螬，立枯病，蚜虫，猝倒病，恶苗病，蓟马，烂秧病
PD20150729	噻虫·咯·霜灵	杀虫剂/杀菌剂	25%	悬浮种衣剂	种子包衣	花生，棉花，人参	根腐病，蛴螬，立枯病，蚜虫，猝倒病，金针虫，锈腐病，疫病
PD20173344	噻虫·咯·霜灵	杀菌剂	25%	悬浮种衣剂	种子包衣	花生	根腐病，蛴螬
PD20182725	噻虫·咯·霜灵	杀虫剂/杀菌剂	25%	悬浮种衣剂	种子包衣	花生	根腐病，蛴螬
PD20161535	精甲·咯·嘧菌	杀菌剂	11%	悬浮种衣剂	种子包衣	小麦	全蚀病，蚜虫
PD20170309	精甲·咯·嘧菌	杀菌剂	6%	悬浮种衣剂	种子包衣	水稻	恶苗病，立枯病
PD20160154	精甲·咯·嘧菌	杀菌剂	11%	悬浮种衣剂	种子包衣	棉花，水稻	立枯病，恶苗病
PD20120464	精甲·咯·嘧菌	杀菌剂	11%	悬浮种衣剂	种子包衣	棉花，玉米	立枯病，猝倒病，茎基腐病
PD20150317	精甲·咯·嘧菌	杀菌剂	11%	悬浮种衣剂	种子包衣	棉花，玉米	立枯病，猝倒病，茎基腐病
PD20161187	精甲·咯·嘧菌	杀菌剂	11%	悬浮种衣剂	种子包衣	棉花，水稻	立枯病，猝倒病，恶苗病，烂秧病
PD20172692	精甲·咯·嘧菌	杀菌剂	11%	悬浮种衣剂	种子包衣	棉花	立枯病
PD20151783	精甲·咯·嘧菌	杀菌剂	11%	悬浮种衣剂	种子包衣	棉花	立枯病，猝倒病
PD20170311	精甲·咯·嘧菌	杀菌剂	11%	悬浮种衣剂	种子包衣	花生，玉米	根腐病，茎基腐病
PD20170893	精甲·咯·嘧菌	杀菌剂	11%	悬浮种衣剂	种子包衣	花生，棉花，玉米	根腐病，立枯病，茎基腐病
PD20150418	精甲·咯·嘧菌	杀菌剂	11%	悬浮种衣剂	种子包衣	花生，马铃薯，玉米	白绢病，根腐病，黑痣病，茎基腐病
PD20170639	精甲·咯·嘧菌	杀菌剂	11%	悬浮种衣剂	种子包衣	花生	根腐病
PD20180188	精甲·咯·嘧菌	杀菌剂	11%	悬浮种衣剂	种子包衣	花生	根腐病
PD20180482	精甲·咯·嘧菌	杀菌剂	11%	悬浮种衣剂	种子包衣	花生	根腐病
PD20160134	精甲·咯·嘧菌	杀菌剂	11%	悬浮种衣剂	种子包衣	花生	根腐病
PD20173284	精甲·咯·嘧菌	杀菌剂	10%	悬浮种衣剂	种子包衣	花生	根腐病

登记证号	农药名称	农药类别	有效成分总含量	剂型	施用方法	作物/场所	防治对象
PD20172014	吡虫·咯·苯甲	杀菌剂/杀虫剂	52%	悬浮种衣剂	种子包衣	小麦	纹枯病，蚜虫
PD20181414	吡虫·咯·苯甲	杀菌剂/杀虫剂	52%	悬浮种衣剂	种子包衣	小麦	纹枯病，蚜虫
PD20182130	吡虫·咯·苯甲	杀菌剂/杀虫剂	52%	悬浮种衣剂	种子包衣	小麦	散黑穗病，蚜虫
PD20172209	吡虫·咯·苯甲	杀菌剂/杀虫剂	23%	悬浮种衣剂	种子包衣	小麦	全蚀病，纹枯病，蚜虫
PD20183730	吡虫·咯·苯甲	杀菌剂/杀虫剂	23%	悬浮种衣剂	种子包衣	小麦	全蚀病，纹枯病，蚜虫
PD20171451	吡虫·咯·苯甲	杀菌剂/杀虫剂	23%	悬浮种衣剂	种子包衣	花生，小麦	根腐病，金针虫，全蚀病，纹枯病，蚜虫
PD20085742	克·酮·多菌灵	杀菌剂	17%	悬浮种衣剂	种子包衣	小麦	白粉病，地下害虫
PD20085784	克·酮·多菌灵	杀菌剂	17%	悬浮种衣剂	种子包衣	小麦	白粉病，地下害虫
PD20091183	克·酮·多菌灵	杀虫剂	17%	悬浮种衣剂	种子包衣	小麦	白粉病，地下害虫
PD20100208	克·酮·多菌灵	杀虫剂/杀菌剂	17%	悬浮种衣剂	种子包衣	小麦	白粉病，地下害虫
PD20091806	克·酮·多菌灵	杀虫剂/杀菌剂	22.70%	悬浮种衣剂	种子包衣	棉花	地老虎，红腐病，金针虫，蚜虫，蛴螬，蝼蛄
PD20093216	克·戊·三唑酮	杀虫剂/杀菌剂	9.10%	悬浮种衣剂	种子包衣	玉米	地下害虫，丝黑穗病
PD20092008	克·戊·三唑酮	杀虫剂/杀菌剂	8.10%	悬浮种衣剂	种子包衣	玉米	地下害虫，丝黑穗病
PD20093554	克·戊·三唑酮	杀菌剂/杀虫剂	8.10%	悬浮种衣剂	种子包衣	玉米	地下害虫，黑穗病
PD20097786	克·戊·三唑酮	杀菌剂	8.10%	悬浮种衣剂	种子包衣	玉米	苗期害虫，丝黑穗病
PD20084990	多·咪·福美双	杀菌剂	20%	悬浮种衣剂	种子包衣	水稻	恶苗病
PD20084885	多·咪·福美双	杀菌剂	18%	悬浮种衣剂	种子包衣	水稻	恶苗病
PD20094254	多·咪·福美双	杀菌剂	18%	悬浮种衣剂	种子包衣	水稻	恶苗病，立枯病
PD20170360	多·咪·福美双	杀菌剂	11%	悬浮种衣剂	种子包衣	水稻	恶苗病
PD20090631	克·醇·福美双	杀菌剂	20%	悬浮种衣剂	种子包衣	玉米	地下害虫，丝黑穗病
PD20083199	克·醇·福美双	杀虫剂/杀菌剂	16%	悬浮种衣剂	种子包衣	玉米	金针虫，丝黑穗病，小地老虎，蚜虫，蛴螬，蝼蛄
PD20090691	克·醇·福美双	杀虫剂	15%	悬浮种衣剂	种子包衣	玉米	地下害虫，黑穗病
PD20090090	多·福·立枯磷	杀菌剂	26%	悬浮种衣剂	种子包衣	棉花	苗期立枯病
PD20101131	多·福·立枯磷	杀菌剂	26%	悬浮种衣剂	种子包衣	棉花	苗期立枯病，猝倒病
PD20141021	多·福·立枯磷	杀菌剂	13%	悬浮种衣剂	种子包衣	水稻	立枯病
PD20180694	噻虫·福·萎锈	杀菌剂/杀虫剂	44%	悬浮种衣剂	种子包衣	小麦	全蚀病，蚜虫
PD20183028	噻虫·福·萎锈	杀虫剂/杀菌剂	35%	悬浮种衣剂	种子包衣	大豆，花生，棉花，水稻，小麦	根腐病，蚜虫，立枯病，蓟马，散黑穗病
PD20180432	咪·霜·噁霉灵	杀菌剂	3%	悬浮种衣剂	种子包衣	水稻	恶苗病，立枯病
PD20160737	咪·霜·噁霉灵	杀菌剂	3%	悬浮种衣剂	种子包衣	水稻	恶苗病，立枯病

登记证号	农药名称	农药类别	有效成分总含量	剂型	施用方法	作物/场所	防治对象
PD20084938	克·酮·福美双	杀菌剂	15%	悬浮种衣剂	种子包衣	小麦，玉米	地下害虫，黑穗病，茎基腐病
PD20091116	克·酮·福美双	杀虫剂/杀菌剂	15%	悬浮种衣剂	种子包衣	玉米	地老虎，金针虫，茎基腐病，蛴螬，蝼蛄
PD20094370	多·福·毒死蜱	杀虫剂/杀菌剂	25%	悬浮种衣剂	种子包衣	花生	地下害虫，根腐病
PD20097188	多·福·毒死蜱	杀虫剂/杀菌剂	38%	悬浮种衣剂	种子包衣	大豆	地下害虫，根腐病
PD20132359	丁·戊·福美双	杀菌剂/杀虫剂	20.60%	悬浮种衣剂	种子包衣	玉米	地老虎，金针虫，丝黑穗病，蛴螬，蝼蛄
PD20094885	丁·戊·福美双	杀虫剂/杀菌剂	20.60%	悬浮种衣剂	种子包衣	玉米	地下害虫，根腐病
PD20171947	唑醚·菱·噻虫	杀虫剂/杀菌剂	40%	悬浮种衣剂	种子包衣	棉花	立枯病，蚜虫
PD20172783	烯肟·苯·噻虫	杀虫剂/杀菌剂	45%	悬浮种衣剂	种子包衣	小麦	纹枯病，蚜虫，丝黑穗病
PD20094972	戊·氯·吡虫啉	杀虫剂/杀菌剂	6.50%	悬浮种衣剂	种子包衣	玉米	金针虫，丝黑穗病
PD20083245	菱·克·福美双	杀虫剂/杀菌剂	25%	悬浮种衣剂	种子包衣	玉米	金针虫，小地老虎，丝黑穗病，蛴螬，蝼蛄
PD20170556	噻虫·咯·精甲	杀虫剂/杀菌剂	25%	悬浮种衣剂	种子包衣	花生，水稻	根腐病，蛴螬，恶苗病，蓟马，烂秧病
PD20180227	嘧·咪·噻虫嗪	杀虫剂/杀菌剂	30%	悬浮种衣剂	种子包衣	花生，小麦	根腐病，蚜虫，根腐病，黑穗病
PD20098030	克·硝·福美双	杀虫剂/杀菌剂	25%	悬浮种衣剂	种子包衣	棉花	立枯病，蚜虫
PD20083362	克·戊·福美双	杀虫剂/杀菌剂	63%	干粉种衣剂	种子包衣	玉米	地下害虫，丝黑穗病
PD20182674	精甲·戊·嘧菌	杀菌剂	10%	悬浮种衣剂	种子包衣	水稻，玉米	恶苗病，茎基腐病，丝黑穗病
PD20183527	精甲·咯·灭菌	杀菌剂	30%	悬浮种衣剂	种子包衣	玉米	茎基腐病，丝黑穗病
PD20180783	精·咪·噻虫胺	杀虫剂/杀菌剂	27%	悬浮种衣剂	种子包衣	玉米	灰飞虱，茎基腐病
PD20090281	腈·克·福美双	杀菌剂	20.75%	悬浮种衣剂	种子包衣	玉米	地下害虫，茎基腐病，丝黑穗病
PD20151817	甲·戊·嘧菌酯	杀菌剂	10%	悬浮种衣剂	种子包衣	玉米	茎基腐病，丝黑穗病
PD20181701	甲·菱·种菌唑	杀菌剂	14%	悬浮种衣剂	种子包衣	玉米	苗期茎基腐病
PD20142522	甲·嘧·甲霜灵	杀菌剂	12%	悬浮种衣剂	种子包衣	花生，水稻	立枯病，恶苗病
PD20132548	福·唑·毒死蜱	杀虫剂/杀菌剂	20.30%	悬浮种衣剂	种子包衣	玉米	金针虫，丝黑穗病，蛴螬，蝼蛄
PD20151477	福·戊·氯氰	杀菌剂	6%	悬浮种衣剂	种子包衣	玉米	金针虫，丝黑穗病
PD20084444	多·酮·福美双	杀菌剂	15%	悬浮种衣剂	种子包衣	棉花	红腐病
PD20130341	多·咪鲜·甲霜	杀菌剂	20%	悬浮种衣剂	种子包衣	水稻	立枯病
PD20098360	多·福·唑醇	杀菌剂	20%	悬浮种衣剂	种子包衣	小麦	纹枯病

登记证号	农药名称	农药类别	有效成分总含量	剂型	施用方法	作物/场所	防治对象
PD20150678	多·福·甲维盐	杀菌剂/杀虫剂	20.50%	悬浮种衣剂	种子包衣	大豆	根腐病，孢囊线虫
PD20094343	丁硫·福·戊唑	杀虫剂/杀菌剂	20%	悬浮种衣剂	拌种	玉米	地下害虫，丝黑穗病
PD20180523	吡醚·咯·噻虫	杀菌剂/杀虫剂	30%	悬浮种衣剂	种子包衣	花生，小麦	根腐病，蛴螬，纹枯病，蚜虫
PD20182814	吡虫·毒·苯甲	杀虫剂/杀菌剂	15%	悬浮种衣剂	种子包衣	小麦	金针虫，全蚀病，蚜虫
PD20121630	吡·戊·福美双	杀虫剂/杀菌剂	20%	悬浮种衣剂	种子包衣	玉米	地下害虫，丝黑穗病
PD20093694	吡·萎·福美双	杀虫剂/杀菌剂	63%	干粉种衣剂	种子包衣	棉花	立枯病，蚜虫
PD20110473	吡·萎·多菌灵	杀虫剂	16%	悬浮种衣剂	种子包衣	棉花	棉蚜，苗期病害
PD20120543	吡·福·烯唑醇	杀虫剂/杀菌剂	15%	悬浮种衣剂		玉米	地老虎，金针虫，丝黑穗病，蛴螬，蝼蛄
PD20084721	吡·多·福美双	杀菌剂	25%	悬浮种衣剂	种子包衣	棉花	立枯病，蚜虫
PD20132486	吡·拌·福美双	杀虫剂/杀菌剂	20%	悬浮种衣剂	种子包衣	棉花	立枯病，棉蚜
PD20110907	拌·福·乙酰甲	杀菌剂	18.60%	悬浮种衣剂	种子包衣	棉花	蓟马，立枯病
PD20130473	阿维·多·福	杀线虫剂/杀菌剂	35.60%	悬浮种衣剂	种子包衣	大豆	根腐病，孢囊线虫

*截止到 2023 年 5 月 12 日仍在有效期以内

（何　睿）